21世纪全国高职高专计算机系列实用规划教材

全新修订

数据结构(C#语言描述)
(第2版)

主　编　陈　广
副主编　林　沣

北京大学出版社
PEKING UNIVERSITY PRESS

内 容 简 介

本书使用C#语言及面向对象的方法讲解数据结构的基础知识，并针对数据结构中的难点及关键点制作了配套的视频教程，使用动画加讲解的方式对数据结构及算法进行详细的介绍。

全书共分9章，第1～5章主要介绍线性表、栈、队列、树、图这些基本的数据结构；第6～8章介绍查找和排序算法及哈希表；第9章是综合实训部分，通过实例演示数据结构及算法在程序中的应用。第2～8章的结尾部分均配备了实训指导，以加深读者对各个章节理论知识的理解。二维码内容为与本书配套使用的视频教程。

本书体系新颖，层次清晰，特别注重可读性和实用性，并结合数据结构知识深入C#类库进行解析。全书通俗易懂、由浅入深，不但能使读者了解数据结构知识，而且能使读者对C#语言有更进一步的认识。

本书可以作为高等职业院校计算机及相关专业的教材，也适合作为自学教材以及C#程序开发人员的参考书。

图书在版编目(CIP)数据

数据结构：C#语言描述/陈广主编. —2版. —北京：北京大学出版社，2014.9

(21世纪全国高职高专计算机系列实用规划教材)

ISBN 978-7-301-24776-1

Ⅰ. ①数… Ⅱ. ①陈… Ⅲ. ①数据结构—高等职业教育—教材②C语言—程序设计—高等职业教育—教材 Ⅳ. ①TP311.12②TP312

中国版本图书馆CIP数据核字(2014)第208316号

书　　名：数据结构(C#语言描述)(第2版)

著作责任者：陈　广　主编

策 划 编 辑：李彦红

责 任 编 辑：陈颖颖

数 字 编 辑：刘　蓉

标 准 书 号：ISBN 978-7-301-24776-1/TP・1346

出 版 发 行：北京大学出版社

地　　址：北京市海淀区成府路205号　100871

网　　址：http://www.pup.cn　新浪官方微博：@北京大学出版社

电 子 信 箱：pup_6@163.com

电　　话：邮购部010-62752015　发行部010-62750672　编辑部010-62750667　出版部010-62754962

印　刷　者：北京虎彩文化传播有限公司

经　销　者：新华书店

787毫米×1092毫米　16开本　15.25印张　365千字

2009年4月第1版

2014年9月第2版　2020年7月修订版　2020年7月第4次印刷

定　　价：40.00元

修订版前言

数据结构是计算机科学中最重要的课程之一，它对程序设计思想的建立和提升有着重要意义，既可以为后续计算机课程学习奠定扎实的基础，又能提高读者分析和解决问题的能力，并且能够显著地减少读者在学习新技术时学习曲线的坡度。

承蒙广大师生及网友的厚爱，本书第 1 版取得了不错的销售成绩。在使用本书授课过程中，发现了一些不足之处，主要是部分章节难度过大，高职学生无法适应；部分实训指导过于复杂，学生难以完成，遂在第 2 版做了如下主要改动。

(1) 第 1 章简化部分算法的时间复杂度计算，用更易懂的方式表现出来。

(2) 第 2 章删除原实训指导“虚拟线性表”内容，将原“约瑟夫问题”移为实训指导内容。

(3) 第 3 章删除实训指导“虚拟循环队列”，将原“进制转换”移为实训指导项目一，并增加“打印杨辉三角”作为实训项目二。

(4) 删除第 4 章“串”。

(5) 原第 5 章“树”变为第 4 章，并删除 5.4“线索二叉树”、5.6“可绘制二叉树的设计”、5.7“二叉树画树算法”这三节。将实训指导“虚拟二叉树”改为“二叉树求解四则运算”。

(6) 原第 6 章“图”变为第 5 章。

(7) 原第 7 章“查找”变为第 6 章，考虑到 C#类库中实现了红黑树，对此类树的理解非常有必要，本章增加了和红黑树原理类似，但比红黑树更为简单的 AVL 树的相关内容。

(8) 原第 8 章“哈希表”变为第 7 章，将实训指导“虚拟哈希表”改为“几种高效查找表的测试和对比”。

(9) 原第 9、10 章变为第 8、9 章，并稍微做了调整。

1. 本书特点

1) 减少数学公式的使用

数学对于相当一部分高职生来说并不是那么精通，减少数学公式的使用可以有效降低数据结构的学习门槛。使用其他方式也可以把数据结构描述得很清楚。

2) 抛弃伪代码

本书的所有代码均为可运行代码，它可以让读者看到实实在在的结果，也可以通过断点调试、单步运行、修改参数等方式查看数据变化，更深刻地理解数据结构。

3) 配套视频教程

使用动画并配以适当讲解所产生的效果是文字无法替代的，为此编者在制作的配套 PPT 中加入了大量的动画演示，教师用来授课可以使课堂讲解更为轻松、易懂。另外编者还专门针对各种数据结构和算法制作了视频教程，极大降低了数据结构的学习难度，只需使用手机扫一扫书中二维码即可观看视频。

4) 深入C#类库

本书很大一部分代码都是由C#类库中的代码简化而来，书中所介绍的很多数据结构在C#集合类中都有实现，如果对这些集合类没有深刻的理解，是很难写好程序的。本书以数据结构为切入点，深入到C#类库中剖析部分常用集合类的实现原理，以帮助读者将编程能力提高至另一个层次。

2. 本书适用对象

阅读本书需要有较好的C#语言基础，但即使通过其他语言学习数据结构，观看本书的配套视频也会有所收获。

本书非常适合作为高职高专计算机及相关专业的教材，同时也适合作为自学教材以及C#程序开发人员的参考书。

3. 本书约定

本书所配套的视频只有配合书本使用方能发挥最大的作用。在阅读本书时如果发现二维码则应先观看视频，然后再阅读后面的段落。第2版由于改动较大，并删除了一章，部分视频里提到的章节及页码数会与第2版教材不匹配，重新制作视频的成本较高，且没有必要，请读者见谅。

4. 学时分配

建议课程安排102课时，其中，理论教学为36课时，实验教学为36课时，综合实训为30学时。

本书由广西机电职业技术学院的陈广担任主编，林沣担任副主编。

由于编者水平所限，加之时间仓促，书中疏漏之处在所难免，如果读者有任何疑问或意见，可通过电子邮件(cgbluesky@126.com)和编者联系。

编　者

2020年7月

目　录

第1章　绪论......1

1.1　什么是数据结构......2

1.1.1　数据结构的产生与发展......3

1.1.2　数据和数据结构......4

1.1.3　数据的逻辑结构......5

1.1.4　数据结构的组成部分......6

1.1.5　数据的物理结构......6

1.2　算法与算法分析......7

1.2.1　算法......7

1.2.2　算法的分析......8

1.3　本章小结......12

1.4　习题......12

第2章　线性表......15

2.1　线性表的定义......16

2.2　线性表的顺序存储结构——顺序表......16

2.2.1　顺序表的特点......16

2.2.2　数组......17

2.2.3　System.Collections.ArrayList......18

2.2.4　类型安全......24

2.3　线性表的链式存储结构——链表......26

2.3.1　单向链表......26

2.3.2　循环链表......31

2.3.3　双向链表......32

2.4　本章小结......33

2.5　实训指导：约瑟夫问题......35

2.6　习题......40

第3章　栈和队列......43

3.1　栈......44

3.1.1　栈的概念及操作......44

3.1.2　System.Collections.Stack......45

3.1.3　双向栈......47

3.2　队列......47

3.2.1　队列的概念及操作......47

3.2.2　循环队列......48

3.2.3　System.Collections.Queue......50

3.3　本章小结......53

3.4　实训指导：栈和队列的使用......53

3.5　习题......56

第4章　树......58

4.1　树的基本概念......59

4.1.1　树的定义......59

4.1.2　树的表示......59

4.1.3　树的基本术语......60

4.2　二叉树......62

4.2.1　二叉树的基本概念......62

4.2.2　二叉树的存储结构......63

4.3　二叉树的遍历......65

4.3.1　二叉树的深度优先遍历......65

4.3.2　二叉树的广度优先遍历......69

4.4　树和森林......71

4.4.1　树的存储结构......71

4.4.2　森林、树、二叉树的相互转换......73

4.5　本章小结......75

4.6　实训指导：二叉树求解四则运算......75

4.7　习题......82

第5章　图......84

5.1　图的基本概念和术语......85

5.2　图的存储结构......88

5.2.1　邻接矩阵表示法......88

5.2.2　邻接表表示法......89

5.3 图的遍历......94
5.3.1 深度优先搜索遍历......94
5.3.2 广度优先搜索遍历......96
5.3.3 非连通图的遍历......98
5.4 生成树和最小生成树......99
5.4.1 生成树......99
5.4.2 最小生成树......99
5.4.3 普里姆算法......100
5.4.4 克鲁斯卡尔算法......104
5.5 最短路径......108
5.5.1 单源点最短路径......108
5.5.2 所有顶点之间的最短路径......112
5.6 本章小结......114
5.7 实训指导：迷宫最短路径问题......115
5.8 习题......123
第6章 查找......126
6.1 查找的基本概念......127
6.2 顺序查找......127
6.3 二分查找......128
6.3.1 二分查找的基本原理......128
6.3.2 二分查找的算法实现......129
6.3.3 Array. BinarySearch 方法......130
6.3.4 剖析 System.Collections.SortedList......131
6.4 分块查找......136
6.5 二叉查找树......136
6.5.1 二叉查找树的定义......137
6.5.2 二叉查找树的查找......137
6.5.3 二叉查找树的插入......138
6.5.4 二叉查找树的删除......139
6.6 平衡二叉树......140
6.6.1 AVL 树的平衡......140
6.6.2 AVL 树的构造......141
6.6.3 AVL 树结点的插入......143
6.6.4 AVL 树结点的删除......145
6.6.5 AVL 树的代码实现......146
6.6 本章小结......146
6.7 实训指导：Array. BinarySearch 的使用......147
6.8 习题......150
第7章 哈希表......153
7.1 概念引入......154
7.2 构造哈希函数的方法......157
7.3 哈希冲突解决方法......158
7.3.1 闭散列法......159
7.3.2 开散列法......160
7.4 剖析 System.Collections.Hashtable......161
7.4.1 Hashtable 的实现原理......162
7.4.2 Hashtable 的代码实现......164
7.5 剖析 Dictionary<TKey, TValue>......173
7.5.1 Dictionary<TKey, TValue>类实现原理......173
7.5.2 Dictionary<TKey, TValue>的代码实现......177
7.6 本章小结......182
7.7 实训指导：几种高效查找表的测试和对比......182
7.8 习题......185
第8章 排序......187
8.1 排序的基本概念......188
8.2 插入排序......188
8.2.1 直接插入排序......188
8.2.2 希尔排序......190
8.3 交换排序......192
8.3.1 冒泡排序......192
8.3.2 快速排序......193
8.4 选择排序......195
8.4.1 直接选择排序......195
8.4.2 堆排序......196
8.5 归并排序......199
8.5.1 二路归并排序......199

8.5.2　二路归并排序的实现 200
8.6　本章小结 201
8.7　实训指导：使用 IComparable<T>和 IComparer<T>接口进行排序 202
8.8　习题 206

第 9 章　综合实训——八数码问题 209

9.1　什么是八数码问题 209
9.2　八数码问题的解析 210
9.2.1　从初始状态到达目标状态是否有解 210
9.2.2　使用什么方法求解八数码问题的最优解 211
9.2.3　如何避免重复访问一个状态 211
9.2.4　怎样记录查找路径 212
9.2.5　使用什么数据结构表示棋盘状态 212
9.3　设计目标 214
9.4　界面设计 214
9.5　代码编写 215
9.5.1　MoveDirection.cs 215
9.5.2　AIResult.cs 215
9.5.3　HashHelpers.cs 215
9.5.4　SimpleDictionary.cs 216
9.5.5　NumSwitch.cs 220
9.5.6　IEightNumAI.cs 222
9.5.7　BFS_AI.cs 222
9.5.8　MainForm.cs 224
9.6　调试运行 231
9.7　思考与改进 231

参考文献 233

第1章 绪论

教学提示

数据结构是一门非常有趣的课程，很多算法是智慧的结晶，学习算法是去发现算法之美、感受计算机编程技术的魅力。

教学要求

知识要点	能力要求	相关知识
数据结构的概念	(1) 理解数据的逻辑结构 (2) 理解数据的物理结构	(1) 数据的逻辑结构分类 (2) 数据的物理结构
算法与算法分析	(1) 掌握简单程序的时间复杂度的计算方法 (2) 掌握空间复杂度的计算方法	(1) 算法的时间复杂度 (2) 算法的空间复杂度

在面向对象技术中，数据的组织方式对于一个软件的优劣、效率和质量具有举足轻重的作用，程序设计实质上就是对确定的问题选择一种好的结构，加上设计一种好的算法，也就是人们常说的“程序设计=数据结构+算法”。因此要编写出一个“好”软件，就必须分析所需处理的对象特性以及各种对象之间存在的关系。这些问题就是“数据结构”这门学科所要研究的主要问题。

1.1 什么是数据结构

在现实生活中，需要由计算机处理的数据越来越多，数据类型也随之增多，在数据类型增多的同时，数据结构也更加复杂。这时候就需要一些更为科学有效的手段(如表、树和图等数据结构)的帮助，才能更好地处理问题。

先通过以下 3 个例子来简单地认识数据结构。

【例 1-1】当新生入学时，需要注册每个学生的基本信息，包括学生的班级、姓名、性别、籍贯、出生年月和民族等，并为每个学生分配一个学号，见表 1-1。通过这个表可以看出每个学生的学号是唯一的，并且是按照一定顺序进行排列的，而这就是一种简单的数学模型，通常称为线性表的数据结构。

表 1-1 学生信息表

学号	班级	姓名	性别	籍贯	出生年月	民族
07080901	软件 001	陈明	男	广西	1987.7	汉
07080902	软件 001	李德庆	男	广西	1988.8	壮
07080903	软件 001	张基德	男	山西	1987.3	侗
07080904	软件 001	邱仲全	男	海南	1987.5	汉
07080905	软件 001	徐明明	女	广东	1986.12	汉
07080906	软件 001	齐飞鸿	男	贵州	1986.11	苗

【例 1-2】Windows 操作系统中的文件系统如图 1.1 所示。这是一个层次结构：在结构图中，顶点结点代表整个文件系统，用根目录“我的电脑”表示；它的下一层结点代表各个盘符，如 C:\、D:\、F:\等；再下一层结点代表各盘符的文件目录，如 WINDOWS、Program Files，如此类推，直到底层，即可执行程序或文件，如\Program Files\Microsoft Office\Word.exe。这样的结构就像是一棵倒长的“树”，也称为树形结构。

【例 1-3】公路运输问题，假设要从广东运送货物到黑龙江，从路程和经济效益考虑该如何运送最节省成本。这时则需要建立部分城市的公路交通模型，如图 1.2 所示。通常这种交通、道路问题的数学模型是一种称为“图”的数据结构。图中每一个顶点表示一个省市，而两个省市之间的连线表示一条通路，没有连线则表示不能通行。广东到黑龙江的路线可以是广东→上海→辽宁→黑龙江，或者是广东→河南→北京→黑龙江等。

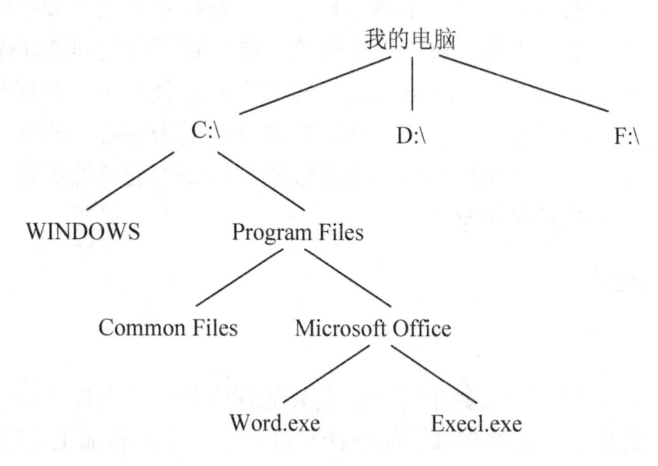

图 1.1　文件系统结构图

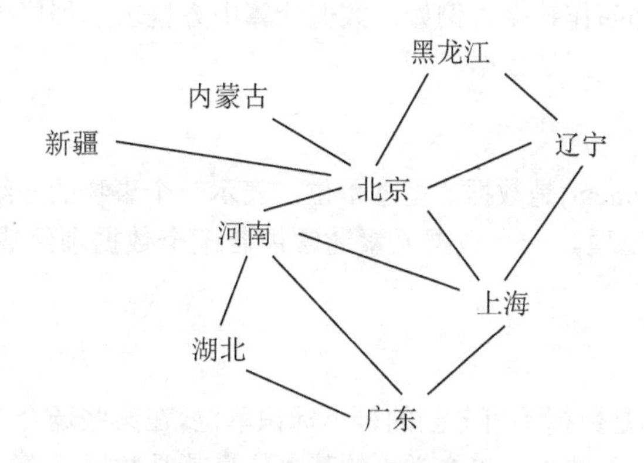

图 1.2　部分城市公路运输网络图

综上 3 个例子可见，描述这类非数值计算问题的数学模型不再是数学方程，而是类似表、树、图之类的结构。因此，简单地说，数据结构是一门研究非数值计算的程序设计问题中的操作对象，以及它们之间的关系和操作等相关问题的学科。

1.1.1　数据结构的产生与发展

数据结构与程序设计的发展密切相关。迄今为止，程序设计经历了从无结构到结构化程序设计，以及现在的面向对象三个阶段。

无结构阶段：从 20 世纪 40 年代至 20 世纪 60 年代，程序设计主要针对科学计算，所涉及的数据对象简单，程序多以算法为中心，程序的设计语言是机器语言或汇编语言。

结构化程序设计阶段：20 世纪 60 年代末至 20 世纪 80 年代，这一阶段出现了大型的程序，软件也相对独立，此时人们已经意识到了规范化程序设计的重要性，提出程序结构模块化。与此同时，计算机开始广泛应用于非数值处理领域，操作系统、数据库等系统软件的设计也已进入方法化时期，人们开始注意到了数据表示与操作的结构化，程序中常用的一些数据结构，如表、栈、队列、树、图等被单独研究。1968 年，美国高德纳教授的著作《计算机编程艺术》的第一卷《基本算法》第一次系统地阐述了数据的逻辑结构和存储结构与其基本操作的设置与实现，对数据结构的发展起到了巨大的推动作用。

面向对象技术兴起于 20 世纪 80 年代初，在面向对象技术中，数据是程序的主体，对象是划分与构造软件系统的基本单位，这与之前的以功能为中心，软件开发采用功能分解的方法有本质的区别。面向对象技术实质上是数据结构概念的自然扩展与延续，数据结构也在随着面向对象技术的发展而发展。

1.1.2 数据和数据结构

1. 数据

数据(Data)是利用文字符号、数字符号以及其他规定的符号对现实世界的事物及其活动所做的抽象描述。数据是信息的载体，能被计算机识别、存储和加工处理。在计算机领域，整数、实数、表格、声音、图形、图像等都是数据，或者说能够被计算机输入、存储、处理和输出的一切信息都叫作数据。例如，数值计算中方程求解程序中的处理对象，一段影片中声音、图片和影像等都是数据。

2. 数据元素

数据元素(Data Element)是数据的基本单位，表示一个事物的一组数据，在程序中作为一个整体加以考虑和处理。一个数据元素通常由若干个数据项组成，也被称为结点或者记录。

3. 数据项

数据项(Data Item)是数据不可分割的最小标识单位。在某些场合下，数据项也称为字段。例如，在学生档案管理系统中，单个学生的基本信息就是数据元素，它由学号、姓名、性别、籍贯、出生年月等数据项组成，每一项都是不可分割的最小单位。

4. 数据对象

数据对象(Data Object)也称为数据记录(Data Record)，是性质相同的数据元素的集合，是数据的一个子集。例如，整数数据对象的集合 $N=\{0,\pm1,\pm2,\cdots\}$，字母字符数据对象的集合 $C=\{$ ‘A’ , ‘B’ ,$\cdots$, ‘Z’ $\}$。数据对象可以是有限的集合，也可以是无限的集合。

5. 数据类型

数据类型(Data Type)是具有相同性质的计算机数据的集合及定义在这个数据集合上的一组操作的总称。例如，整数数据对象的集合 $N=\{0,\pm1,\pm2,\cdots\}$及定义在该集合上的加、减、乘、除和取模等算术运算操作。

按照取值的不同，数据类型可以分为以下两类。

(1) 原子类型：一个数据元素由一个数据项组成的不可再分解的基本类型，如整型、实型、字符型等。

(2) 结构类型：由多个不同的类型的数据项组成，是可以再分解的，如数据表由多个字段组成。

6. 抽象数据类型

抽象数据类型(Abstract Data Type，ADT)是指一个数学模型以及定义在此数学模型上的一组操作。抽象数据类型是与表示无关的数据类型，是一个数据模型及定义在该模型上的一组运算。对一个抽象数据类型进行定义时，必须给出它的名字及各运算的运算符名，即函数名，并且规定这些函数的参数性质。一旦定义了一个抽象数据类型及具体实现，程序设计中就可以像使用基本数据类型那样，十分方便地使用抽象数据类型。

7. 数据结构

数据结构(Data Structure)是相互之间存在的一种或多种特定关系的数据元素的集合。数据结构这个概念至今还没有一个统一的定义，而本书的定义说明数据结构是由数据对象及其相互之间的关系两大部分组成，即有关系的数据对象集合才是数据结构。

1.1.3 数据的逻辑结构

数据元素之间的关系称为结构。根据数据元素之间关系的不同特性，通常有下列 4 种基本结构形式。

1. 集合结构

结构中的数据元素之间除了“同属于一个集合”之外，别无其他关系，称之为集合，如图 1.3 所示。

2. 线性结构

结构中的元素存在一对一的关系，除第一个和最后一个元素外，其他每个数据元素有且仅有一个直接前驱和一个直接后继，如图 1.4 所示。

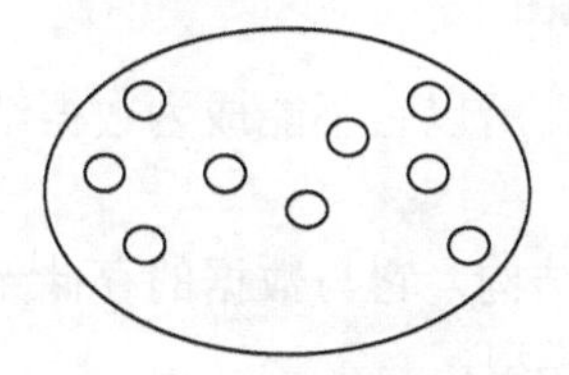

图 1.3 数据的集合关系

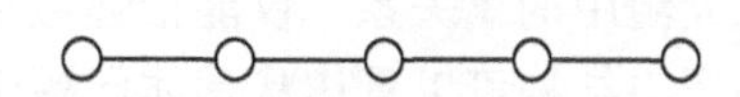

图 1.4 数据的线性关系

3. 树形结构

数据元素之间存在一对多的关系。一个数据元素可以与一个或多个数据元素存在关系，其结构形式如同倒生长的树，如图 1.5 所示。

4. 图状结构或网状结构

数据元素之间存在多个多对多的关系。在这种关系中，数据之间的关系不受任何限制，如图 1.6 所示。

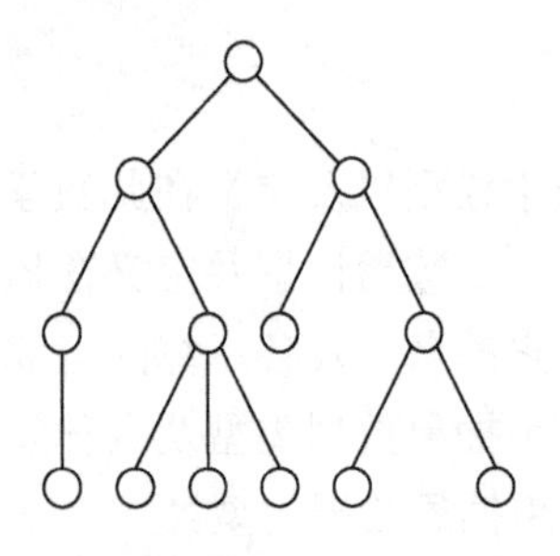

图 1.5　数据的树形关系

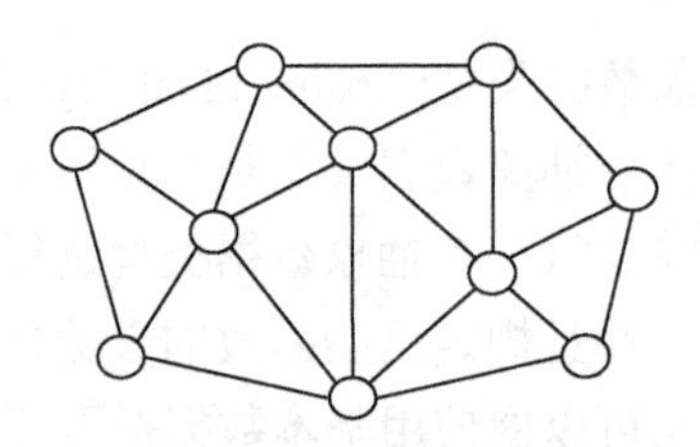

图 1.6　数据的图状关系

1.1.4　数据结构的组成部分

数据结构在形式上可以定义为一个二元组：

数据结构 =< 数据对象,关系 >

记为

$$Data\_Structure =(D,S)$$

其中，D 是数据元素的有限集；S 是 D 上关系的有限集。

【例 1-4】一周 7 天的数据结构可表示为

$$One\ Week =(D,S)$$

其中，D={星期日,星期一,星期二,星期三,星期四,星期五,星期六}；

S={<星期日,星期一>,<星期一,星期二>,<星期二,星期三>,<星期三,星期四>,<星期四,星期五>,<星期五,星期六>,<星期六,星期日>}。

以上数据结构如图 1.7 所示。

星期日 → 星期一 → 星期二 → 星期三 → 星期四 → 星期五 → 星期六

图 1.7　一周 7 天的数据结构图

但是这种二元组并不能真正地反映数据结构的内涵，所以它不能成为数据结构的标准定义。

二元组中的“关系”仅能描述数据元素之间的逻辑结构，它与数据的存储无关。因此数据的逻辑结构可以看作从具体问题中抽象出来的数学模型。

1.1.5　数据的物理结构

数据结构在计算机中的存储方式称为数据的物理结构，又称存储结构。它包含数据元素及数据元素之间关系的表示，它不同于逻辑结构，是依赖于计算机语言的、具体的。通常，在计算机内数据元素用一组连续的二进制位串来表示，位串称为结点。结点之间的关系，即数据元素之间的关系，在计算机内有两种基本的存储表示方法。

1. *顺序存储结构*

顺序存储结构(Sequence Storage Structure)是将逻辑上相邻的结点存储在物理位置上也相邻的存储单元里，结点之间的逻辑关系由存储单元的邻接关系来表示，这样只需要存储结点的值，不需要存储结点之间的关系，这种存储方式称为顺序存储结构。它主要应用于线性的数据结构，非线性的数据结构也可以通过某种线性化的处理后，进行顺序存储，如图1.8所示。

图1.8　顺序存储示意图

顺序存储结构的主要特点如下。

(1) 结点中只有自身信息域，没有连接信息域。因此，存储密度大，存储空间利用率高。

(2) 可以通过计算直接确定任意一个结点作为存储的地址。

(3) 插入和删除都将改变结点的位置。

2. 链式存储结构

链式存储结构(Linked Storage Structure)不要求逻辑上相邻的结点在物理位置上也相邻，在结点中附设指针域来存储与该结点相邻的结点的地址来实现结点间的逻辑关系。这样将所有地址域串联在一起，称为链式存储结构，即链式存储结构不仅存储结点的值，而且还存储结点之间的关系，如图1.9所示。

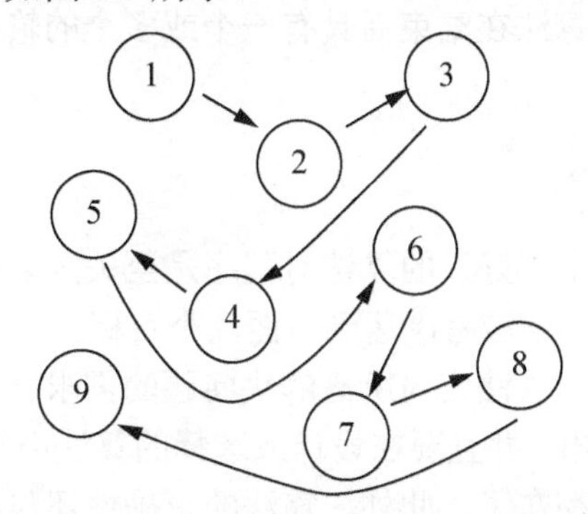

图1.9　链式存储示意图

链式存储结构的主要特点如下。

(1) 结点中除自身信息外，还有连接信息的地址域，因此，比顺序存储结构的存储密度小，存储空间利用率较低。

(2) 逻辑上相邻的结点，在物理上不必邻接，可用于线性表、树、图等多种逻辑结构的存储表示。

(3) 删除和插入操作灵活方便，不必移动结点，只要改变结点中地址域的值即可。

1.2　算法与算法分析

1.2.1　算法

算法(Algorithm)是有限时间内，解决某个问题的一系列逻辑步骤，在编写一个算法时，可以采用流程图、自然语言、伪代码和程序设计语言进行描述。

其中，流程图形式简单、直观、易懂，但在描述复杂算法时，显得不够方便；自然语言同样形式简单、易懂，但是难以把算法清晰地描述出来；伪代码介于自然语言和程序设计语言之间，忽略程序设计语言中对各种类型的定义，比程序设计语言更容易描述和理解；程序设计语言是要严格按照高级语言的语法来描述算法，可以直接在计算机上运行获取结果。

此外，一个算法应该具备以下 5 个特性。

(1) 确定性(Unambiguousness)：算法的每一个步骤都必须有确切的含义，不会使读者的理解产生二义性。并且，算法只能有唯一的一条执行路径，对于相同的输入只能有相同的输出。

(2) 可行性(Realizability)：算法中的每一步都可以通过已经实现的基本运算的有限次运行来实现。

(3) 有穷性(Finity)：一个算法必须是在执行有穷步之后结束，即算法的执行时间是有限的。

(4) 输入(Input)：一个算法具有 0 个、1 个或多个输入。输入在算法开始之前提供给算法。这些输入是某数据结构中的数据对象。

(5) 输出(Output)：一个算法在结束后具有一个或多个的输出，并且这些输出与输入之间存在着某种特定的关系。

1.2.2 算法的分析

在本书的开始便提及一个“好”的算法对程序是至关重要的，那如何设计一个“好”的算法？设计一个“好”的算法应考虑达到下面几个目标。

(1) 正确性(Correctness)。算法应与所需解决问题的需求一致。一个大型问题的需求，要以特定的规格说明方式给出，并且要在设计或选择的算法中正确地反映这种需求，否则，衡量算法正确性的准则就不存在了。此外，算法的正确性还包括对于输入、输出处理的明确而无歧义的描述。

(2) 可读性(Readability)。算法主要是为了便于人们阅读和交流，其次才是机器的执行。所以，一个算法应当具备思路清晰、层次分明、简单明了、易读易懂等特性；隐晦难懂的程序容易隐藏错误，难以调试和修改。同时，一个可读性强的算法也有助于对算法中隐藏错误的排除和算法的移植。

(3) 健壮性(Robustness)。算法应该具有较强的容错能力，当输入非法的数据时，算法应当能做适当的处理，而不会产生莫名其妙的输出结果或者死机。健壮性要求算法要全面细致地考虑所有可能出现的边界情况和异常情况，并对这些边界情况和异常情况做出妥善的处理，尽可能使算法在实现的时候没有意外的情况发生。

(4) 算法的时间复杂度(Time Complexity)，又称为计算复杂度(Computational Complexity)，是算法有效性的度量之一。算法的时间复杂度是一个算法运行时间的相对度量。而一个算法的运行时间是指在计算机上从开始运行到结束整个算法所使用的时间，大致等于计算机执行一种基本操作(如赋值、比较、计算、转向、返回、输入、输出等)所需要的时间与算法中进行基本操作次数的乘积。因为执行一种基本操作所需要的时间因机器而异，它是由机器本身的软、硬件环境决定的，与算法无关，所以本节只讨论影响运行时间的另一个因素——算法中进行基本操作的次数。

不管是简单或者是复杂的算法，都必须是经过编译后，将算法分解成基本操作来具体执行的，因此，每个算法都对应着一定的基本操作的次数。显然，如果一个算法中进行基本操作的次数越少，那么它运行的时间也就相对越少；反之，如果次数越多，其运行的时间也就相对越多。所以，通常用它来衡量一个算法的运行时间性能或称计算性能。

下面通过几个例子来分析算法中基本操作的次数。

【例 1-5】 求 1 到 n 的整数和。

```
1    int sum = 0;
2    for(int i = 1; i <= n; i++)
3    {
4        sum += i;
5    }
```

下面计算这个程序中基本操作的次数，计算机执行这个算法时，语句 1 为定义并赋初值语句，执行 1 次基本操作。语句 2 为 for 循环语句，所包含的基本操作需进行分解："int i=1"为定义并赋初值语句，执行 1 次；"i<=n"为条件判断，执行 n+1 次；"i++"为基本操作语句，执行 n 次。语句 4 为循环体内执行的语句，执行 n 次。把每一条语句的执行次数加起来，就得到了它包含的基本操作的次数，即为 $3n+2$。

【例 1-6】 两个 $n×n$ 维矩阵相加。

```
1    void MatrixAdd(int[,] arr1, int[,] arr2, int[,] sum)
2    {
3        int i, j;
4        for(i = 0; i < n; i++)
5        {
6            for(j = 0; j < n; j++)
7            {
8                sum[i, j] = arr1[i, j] + arr2[i, j];
9            }
10       }
11   }
```

运行此算法需要执行的基本操作的次数等于双重 for 循环语句所包含的基本操作"sum[i][j]=arr1[i][j]+arr2[i][j];"的次数，计算机在执行这个算法时，语句 3 为定义语句，执行 1 次基本操作，语句 4 开始进入算法的第一个循环，"i=0"执行 1 次；"i<n"执行 n+1 次；"i++"执行 n 次，语句 6 为第二个循环，"j=0"执行 1 次；"j<n"执行 $n×(n+1)$ 次；"j++"执行 $n×n$ 次，语句 8 执行了 $n×n$ 次。进行相加后，最后得出上述算法所包含的基本操作的次数是 $3n^2+3n+3$。

从上述两个例子可以看出，分析一个算法的运行时间的计算是相当烦琐的，对于比较复杂的算法更是如此。但是实际上，不一定要精确地去计算出算法的运行时间，只要计算出相应的数量级(Order)即可。

一般情况下，算法的运行时间 T 是问题规模 n 的函数 $f(n)$，算法的时间度量记作

$$T(n)=O(f(n))$$

表示当问题规模 n 增大时，算法的执行时间的增长率和 $f(n)$的增长率相同，称作算法的渐进时间复杂度(Asymptotic Time Complexity)，简称时间复杂度，用数学符号“O”表示，也称大 O 表示法。

采用数量级的形式表示算法的时间复杂度后，求一个算法的 $f(n)$就很方便了。此时，不必对每一步都进行详细的分析，只需要分析影响算法时间复杂度的主要部分即可；同时，在分析算法主要部分的时候也可以相对简化，因为算法一般的控制结构只有顺序、选择和循环 3 种(对于递归算法要特殊分析)，而顺序、选择结构都不会增加时间复杂度，所以一般只要分析清楚最里层循环体内基本操作的执行次数或递归函数的调用次数即可。例如，对于例 1-5 中的算法，只要确定 for 循环中的基本操作被执行的次数 n，就可以求出时间复杂度为 $O(n)$；在例 1-6 中，有两层循环，最里层循环体内的基本操作的执行次数为 n^2，得出时间复杂度为 $O(n^2)$。下面再通过例子来分析时间复杂度。

【例 1-7】分析下列程序段的时间复杂度。

```
1   for(i = 1; i <= n; i++)
2   {
3      for(j = 1; j <= n; j++)
4      {
5         for(k = 1; k <= n; k++)
6         {
7           x = i + j + k;
8         }
9       }
10   }
```

首先找出最里层循环体内的基本操作。最里层循环体内的基本操作为“x=i+j+k;”。

其次，计算基本操作的执行次数

$$\begin{aligned} f(n) &= 1+(1+2)+(1+2+3)+\cdots+(1+2+3+\cdots+n) \\ &= \sum_{k=1}^{n}(1+2+3+\cdots+k) \\ &= \sum_{k=1}^{n}\frac{k(k+1)}{2}\sum_{k=1}^{n}\frac{k^2}{2}+\sum_{k=1}^{n}\frac{k}{2} \\ &= \frac{1}{2}\left[\frac{n(n+1)(2n+1)}{6}+\frac{n(n+1)}{2}\right] \end{aligned}$$

最后转化为数量级形式，即

$$O(f(n))=O(n^3)$$

如果一个算法只存在顺序和选择结构，没有循环结构，那么算法中基本操作的执行频度与问题规模 n 无关，算法的时间复杂度记作 $O(1)$，也称为常数阶。如果算法只有一个一重循环，则算法的基本操作的执行频度与问题规模 n 呈线性增大关系，算法复杂度记作 $O(n)$，也叫线性阶。算法的时间复杂度通常还有多种形式。例如，对数组进行排序的各种

简单算法时间复杂度为平方阶 $O(n^2)$；两个 n 维矩阵的乘法运算其时间复杂度为立方阶 $O(n^3)$；有序表上进行二分查找的算法时间复杂度则是对数阶 $O(\log_2 n)$；n 个元素集合的所有子集的算法，其时间复杂度为指数阶 $O(2^n)$。

如图 1.10 所示，随着问题规模 n 的增大，其所对应的时间复杂度的增长速度是不同的，对数的增长速度是最慢的，线性值次之，其余的依次为线性的平方、立方和指数。

可以表示为：$O(1)\leqslant O(\log_2 n)\leqslant O(n)\leqslant O(n\log_2 n)\leqslant O(n^2)\leqslant O(n^3)\leqslant O(2^n)$

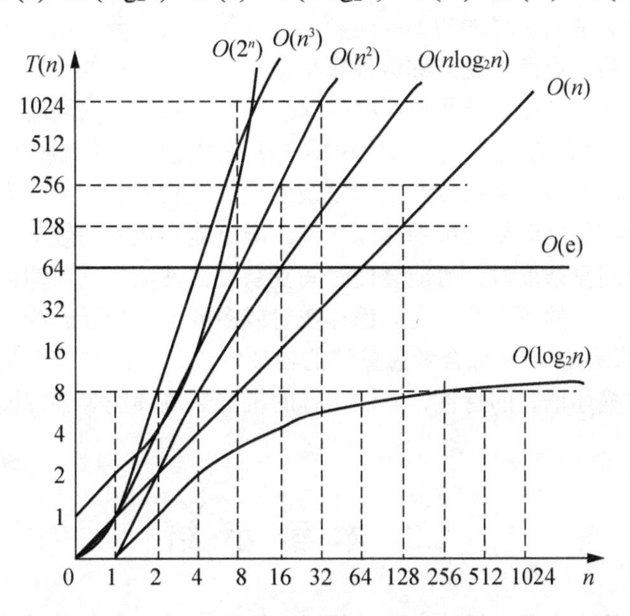

图 1.10　常见的 $T(n)$ 随 n 变化的增长率

一个算法的时间复杂度还可以分为最好、最坏和平均 3 种情况。例如，在 n 个数的升序排序算法中，基本操作是两个数据的交换。最好情况是当初始数据由小到大的排序时，基本操作的执行次数为 0，可见最好情况的时间复杂度是很容易求出来，但是通常没有实际意义，因为数据一般都是随机分布的，出现最好情况分布的概率极小；最坏情况是初始数据由大到小排列时，基本操作的执行次数为 $n(n-1)/2$，也很容易求出来，但是它比最好情况有实际意义，因为可以通过它来估算算法运行时的相对最长时间，并且能够让用户懂得如何通过改变数据的排列次序去避免或减少这种情况的发生；平均情况下的时间复杂度的计算相对困难，因为分析它往往需要更高深的数学知识，但平均情况的时间复杂度最具实际意义，能确切反映出一个算法的平均快慢程度，通常用它来表示一个算法的时间复杂度。对于一般的算法，平均和最坏这两种情况下的时间复杂度的数量级形式大多相同，它们的主要区别在最高次幂的系数上，此外，有些算法的三种情况的时间复杂度或对应的数量级都是相同的。

(5) 空间复杂度(Space Complexity)，是对一个算法在运行过程中临时占用存储空间大小的量度。一个算法在计算机存储器上所占用的存储空间，包括存储算法本身所占用的存储空间，算法的输入输出数据所占用的存储空间和算法在运行过程中临时占用的存储空间这三个方面。

存储空间包括内存和外存，一般用字节作为空间的基本度量单位，问题的规模(或大小)为 n，算法所需的空间单元数 S 一般是问题规模 n 的函数 $f(n)$。记作

$$S(n)=O(f(n))$$

算法的输入输出数据所占用的存储空间是由要解决的问题决定的，是通过参数表由调用函数传递而来的，它不随本算法的不同而改变。存储算法本身所占用的存储空间与算法书写的长短成正比，要压缩这方面的存储空间，就必须编写出较短的算法。算法在运行过程中临时占用的存储空间随算法的不同而异，有的算法只需要占用少量的临时工作单元，而且不随问题规模的大小而改变，称这种算法是“就地”进行的，是节省存储的算法，有的算法需要占用的临时工作单元数与解决问题的规模 n 有关，它随着 n 的增大而增大，当 n 较大时，将占用较多的存储单元，如快速排序和归并排序算法就属于这种情况。

对于一个算法，其时间复杂度和空间复杂度往往是相互影响的。当追求一个较好的时间复杂度时，可能会使空间复杂度的性能变差，即可能导致占用较多的存储空间；反之，追求一个较好的空间复杂度时，可能会使时间复杂度的性能变差，即可能导致占用较长的运行时间。另外，算法的所有性能之间都存在着或多或少的相互影响。因此，当设计一个算法(特别是大型算法)时，要综合考虑算法的各项性能、算法的使用频率、算法处理的数据量的大小、算法描述语言的特性、算法运行的机器系统环境等各方面因素，才能够设计出比较好的算法。

1.3 本章小结

数据结构研究的内容是数据的表示和数据之间的关系。本章介绍了数据的 4 种逻辑结构：集合、线性结构、树形结构和图状结构，以及两种存储结构：顺序结构和链式结构。

在算法中介绍了算法的几个设计目标：正确性、可读性、健壮性和时间复杂度。

学习本章后，在设计一个算法时，尤其是处理的数据量巨大时，要综合考虑算法的各项指标和性能、算法的使用频率、算法描述的语言特性、算法运行的机器系统环境等诸多因素，通过权衡利弊才能设计出好的算法。

1.4 习　题

一、选择题

1. 数据结构是一门研究非数字计算的程序设计问题中的计算机的(　　)以及它们之间的(　　)和运算等的学科。

A. 操作对象　　B. 计算方法　　C. 逻辑存储　　D. 数据映像
E. 结构　　F. 关系　　G. 运算　　H. 算法

2. 在数据结构的图状结构中，数据元素之间存在(　　)的关系。

A. 零对零　　B. 一对一　　C. 一对多　　D. 多对多

3．数据的(　　)包括集合、线性结构、树形结构和图状结构。

A．存储结构　　B．逻辑结构　　C．基本运算　　D．算法描述

4．数据结构被形式地定义为(D,S)，其中 D 是(　　)的有限集合，S 是 D 上的(　　)有限集合。

A．算法　　B．数据元素　　C．数据操作　　D．逻辑结构

E．操作　　F．映像　　G．存储　　H．关系

5．计算机算法是指(　　)。

A．计算方法　　B．排序方法

C．解决问题的有限运算序列　　D．调度方法

6．算法具备输入、输出和(　　)等 5 个特性。

A．可行性、可移植性和可扩充性

B．可行性、确定性和有穷性

C．确定性、有穷性和稳定性

D．有穷性、确定性和连续性

7．算法分析的两个主要方面是(　　)。

A．时间复杂度和空间复杂度

B．正确性和简明性

C．可读性和文档性

D．健壮性和科学性

8．(　　)的时间复杂度最好，执行时间最短。

A．$O(n)$　　B．$O(\log_2 n)$　　C．$O(2^n)$　　D．$O(n^2)$

二、判断题

1．从逻辑上可以把数据结构分为线性结构和非线性结构两大类。(　　)

2．viod 不属于一种数据类型。(　　)

3．在图状结构中存在多对多的关系。(　　)

4．顺序存储和链式存储都属于线性存储结构。(　　)

5．数据结构中评价算法的重要指标是算法的时间复杂度。(　　)

6．输入和输出属于算法的特性。(　　)

7．算法的时间复杂度取决于问题的规模和待处理数据的初态。(　　)

8．$O(\log_2 n)$的执行时间是算法时间复杂度中最短的。(　　)

三、填空题

1．数据逻辑结构包括__________、__________、__________和__________4 种类型。

2．在线性结构中，第一个结点_____前驱结点，其余每个结点有且仅有_____个前驱结点，最后一个结点_____后续结点，其余每个结点有且仅有_____个后续结点。

3. 在树形结构中，树根结点没有_____结点，其余每个结点有且仅有_____个前驱结点。

4．在图状结构中，每个结点的前驱结点和后续结点可以是_____。

5．线性结构存在______的关系，树形结构存在______的关系，图状结构存在______的关系。

6．算法的5个重要特性是__________、__________、__________、__________、__________。

7．下面程序段的时间复杂度是________。

```
i=0, s=0;
while(s<n)
 {
   i++;
   s+=i;
 }
```

8．下面程序段的时间复杂度是_____。

```
i=1;
  while(i<=n)
   {
      i=i*3;
   }
```

四、简答题

1．什么是数据、数据元素、数据对象和数据结构？
2．数据的存储结构有哪几种？有什么特点？
3．算法的设计目标包括哪些？
4．什么是算法的时间复杂度？

【第1章答案】

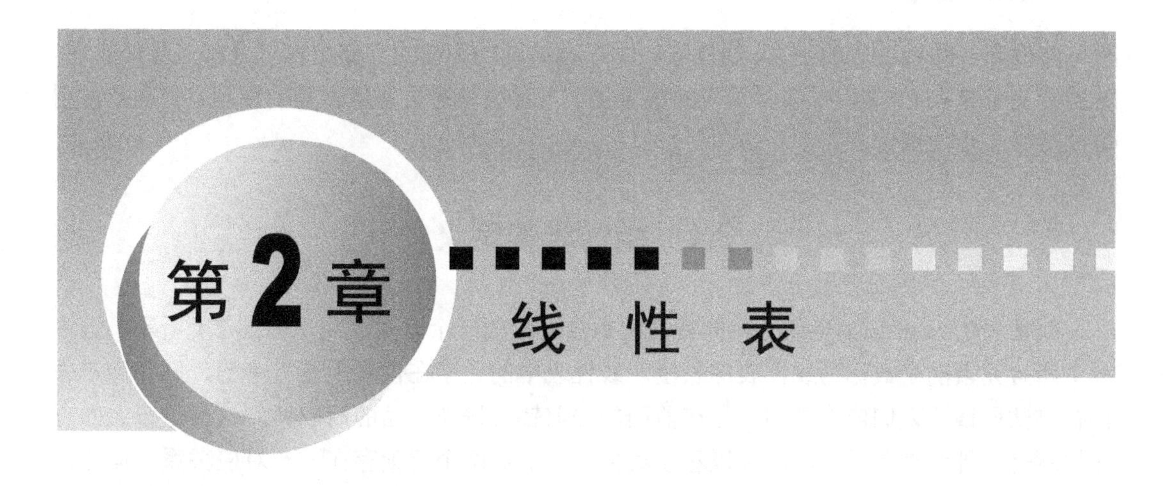

第2章 线性表

教学提示

线性表是最简单也在编程中使用最多的一种数据结构。例如，英文字母表(*A*,*B*,…,*Z*)是一个线性表，表中的每一个英文字母都是一个数据元素；又如成绩单也是一个线性表，表中的每一行是一个数据元素，每个数据元素又由学号、姓名、成绩等数据项组成。顺序表和链表作为线性表的两种重要存在形式，它们是后续课程中堆栈、队列、树、图等数据结构的实现基础。

教学要求

知识要点	能力要求	相关知识
线性表	(1) 理解线性表的特性 (2) 理解顺序表和链表的区别	(1) 线性表的概念 (2) 顺序表和链表逻辑和物理上的特性
顺序表	(1) 掌握数组的原理及使用方法 (2) 掌握 ArrayList 的原理和使用方法	(1) 顺序表的特点 (2) ArrayList 的原理
链表	(1) 掌握单向链表的原理和使用方法 (2) 掌握双向链表的原理和使用方法 (3) 掌握循环链表的原理和使用方法	(1) 单向链表的原理 (2) 双向链表的原理 (3) 循环链表的原理

本章将介绍线性表的定义、线性表的顺序存储结构和链式存储结构以及相关算法实现。这些存储结构在 C#类库中都有相应的集合类，本章也将对这些集合类的原理、实现及使用方法做进一步的探讨。

2.1 线性表的定义

线性表(Linear List)是具有相同特性的数据元素的一个有限序列，如图 2.1 所示。该序列中所含元素的个数称为线性表的长度。线性表中的元素在位置上是有序的，好比储户去银行排队取钱，人们依次排列，排在前面的先取钱，排在后面的后取钱。这种位置上的有序性就是一种线性关系。由此可以看出线性表的前后两个元素存在一一对应关系。但是需要注意，这种前后关系是逻辑意义上而非物理意义上的。就好比银行进行了改革，使用排队机进行排队，所有储户分散在银行的各个角落，他们取钱的顺序是依据储户从排队机获取的纸条上的号码来决定的。

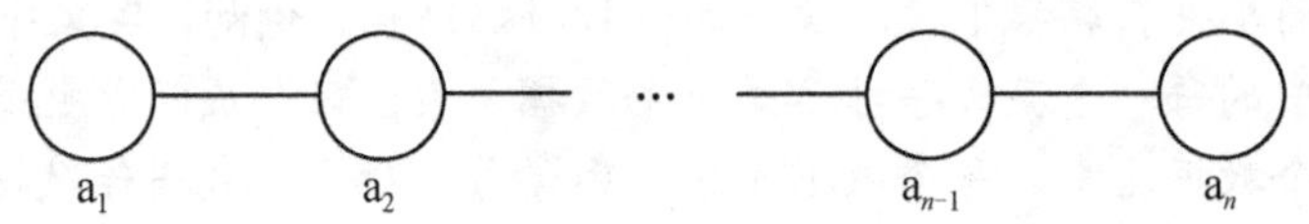

图 2.1 线性表

2.2 线性表的顺序存储结构——顺序表

线性表的顺序存储结构是指用一块地址连续的存储空间依次存储线性表中的数据元素。这种存储方式好像改革前的银行，需要在业务窗口前排队取钱。由此可以看出顺序表中逻辑上相邻的元素在物理上也是相邻的。

2.2.1 顺序表的特点

1. 容量固定

存储在顺序表中的元素需要一整块内存空间，因而顺序表的容量一旦确定，便不能更改。当为某个表分配了固定的内存空间后，这个空间周围的其他内存空间极有可能马上被占用，因此无法任意改变已分配的内存空间的大小。

2. 访问速度快

在顺序表中使用索引访问数据元素非常简单，由于线性表中的每个元素所占用的空间是相同的，只需按照公式计算便可以快速地访问指定元素。如图 2.2 所示，假设顺序表中的第一个元素的位置是 Loc，每个数据元素所占用的存储空间为 n，那么可以很快地计算出第 i 个元素的存储地址为：$\mathrm{Loc} + (i - 1) \times n$。

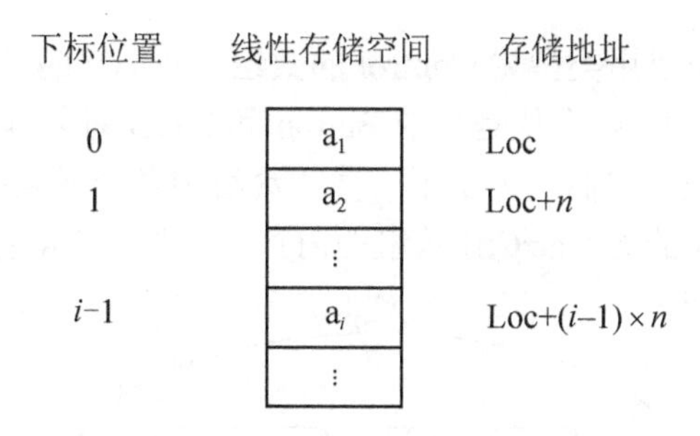

图 2.2 顺序表

2.2.2 数组

日常编程中，在处理一组数据时，最常使用的数据类型就是数组。数组存在于 System 命名空间中，是一种内置数据类型，它是线性表的顺序存储结构在 C#中最直接的表现形式。数组是最基础也是存取速度最快的一种集合类型。它是引用类型，保存它所需的内存空间会在托管堆上分配，一旦数组被创建，其中的所有元素将被初始化为它们的默认值。

```
int[] arrInt = new int[5];
arrInt[2] = 5;
arrInt[4] = 3;
```

以上代码声明了一个值类型 int 的数组，并把它的长度初始化为 5，最后分别给第 3 个和第 5 个元素赋值。它在内存中的分布如图 2.3 所示。

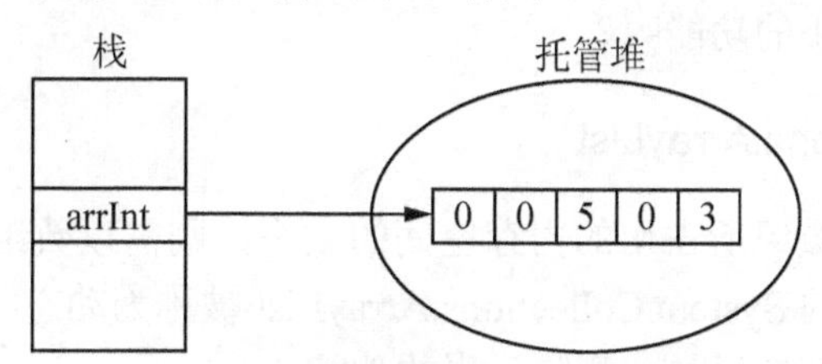

图 2.3 整型数组内存分布图

由图 2.3 可知，new int[5]会在托管堆中划分一块能够存放 5 个整型数据的内存空间，并且每个元素都会被初始化为 0，这意味着数组在被创建的同时就拥有了值。另外，数组的长度一旦确定就不能再被更改，这使得数组没有添加和删除元素的操作。任何对于数组的添加和删除元素的操作都只能是逻辑意义上的。

注意： 在托管堆中创建数组时，除了数组元素，数组对象所占用的内存块中还包含类型对象指针、同步索引等额外成员。也就是说 new int[5]在内存中划分的空间大于 20 个字节，图 2.3 省略了这些额外成员。

当数组元素为值类型时，数组对象存放的是值类型对象本身。当元素为引用类型时，数组对象存放的则是对象的引用(指针)。

```
Control[] arrCtrl = new Control[5];
arrCtrl[0] = new Button();
arrCtrl[3] = new Label();
```

以上代码声明了一个引用类型为 Control 的数组，并把它的长度初始化为 5，最后分别给第 1 个和第 4 个元素赋值。两个值是分别 Button 和 Label 对象，虽然它们都继承自 Control 类，但两者却是不同的类，它们的大小不一样。数组中各个元素的大小是相同的，这些大小不同的对象是如何存储的呢？arrCtrl 数组的内存分布如图 2.4 所示。

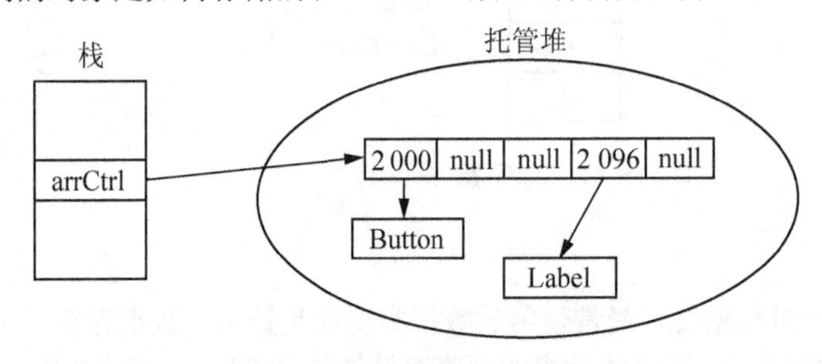

图 2.4　arrCtrl 数组内存分布图

【视频 2-1】

由图 2.4 可知，new Control[5]在托管堆中划分了一块能够存放 5 个指针的内存空间，并且每个元素都被初始化为 null。当使用 arrCtrl[0]=new Button( )给数组元素赋值时，首先在托管堆中创建一个 Button 对象，然后把这个 Button 对象的内存地址存放在数组的第一个元素中，这样就可以通过数组中的指针访问 Button 对象了。

数组有很多优点，但它的缺点也非常明显。在实际编程中，经常需要对集合中的元素进行添加和删除，也需要动态地改变集合的大小，数组显然无法满足这些需求。怎样才能使数组具有改变空间大小的功能呢？

2.2.3　System.Collections.ArrayList

如果要动态地改变数组所占用的内存空间的大小，则需以数组为基础做进一步抽象，以实现这个功能。C#中的 System.Collections.ArrayList 被称为动态数组，它的存储空间可以被动态地改变，同时还拥有添加、删除元素的功能。

事实上内存空间一旦分配，是没有办法更改其大小的，那么 ArrayList 是如何实现动态改变存储空间的呢？ArrayList 是用搬家的方法来实现这个功能的，当房子住不下这么多人时，换个更大的新房就可以了。当 ArrayList 需要扩充容量时，会在内存空间中开辟一块新的区域，容量为原来的 2 倍，并把所有元素复制到新内存空间中。

【视频 2-2】

下面列出了 ArrayList 的部分核心代码。

【例 2-1　ArrayList.cs】动态数组的实现。

```
1   using System;
2   public class ArrayList
3   {
4       // 成员变量
5       private const int _defaultCapacity = 4; //默认初始容量
6       private object[] _items; //用于存放元素的数组
7       private int _size; //指示当前元素个数
8       //元素个数为零时的数组状态
9       private static readonly object[] emptyArray = new object[0];
```

```
10     // 方法
11     public ArrayList() //默认构造方法
12     {  //这样做可以避免元素个数为零时访问出错
13        this._items = emptyArray;
14     }
15     //指定 ArrayList 初始容量的构造方法
16     public ArrayList(int capacity)
17     {
18        if (capacity < 0)
19        {  //当容量参数为负数时引发异常
20           throw new ArgumentOutOfRangeException("capacity",
21              "为 ArrayList 指定的初始容量不能为负数");
22        }
23        //按照 capacity 参数指定的长度的值初始化数组
24        this._items = new object[capacity];
25     }
26     //添加元素的方法
27     public virtual int Add(object value)
28     {  //当空间满时
29        if (this._size == this._items.Length)
30        {  //调整空间
31           this.EnsureCapacity(this._size + 1);
32        }
33        this._items[this._size] = value; //添加元素
34        return this._size++; //使长度加 1
35     }
36     //动态调整数组空间
37     private void EnsureCapacity(int min)
38     {
39        if (this._items.Length < min)
40        {  //空间加倍
41           int num = (this._items.Length == 0) ?
42              _defaultCapacity : (this._items.Length * 2);
43           if (num < min)
44           {
45              num = min;
46           }
47           //调用 Capacity 的 set 访问器按照 num 的值调整数组空间
48           this.Capacity = num;
49        }
50     }
51     //在指定索引处插入指定元素
52     public virtual void Insert(int index, object value)
53     {
54        if ((index < 0) || (index > this._size))
55        {
56           throw new ArgumentOutOfRangeException("index", "索引超出范围");
57        }
58        if (this._size == this._items.Length)
```

```
59          {   //当空间满时调整空间
60              this.EnsureCapacity(this._size + 1);
61          }
62          if (index < this._size)
63          {   //插入点后面的所有元素向后移动一位
64              Array.Copy(this._items, index,
65                      this._items, index + 1, this._size - index);
66          }
67          this._items[index] = value; //插入元素
68          this._size++; //使长度加 1
69      }
70      //移除指定索引的元素
71      public virtual void RemoveAt(int index)
72      {
73          if ((index < 0) || (index >= this._size))
74          {
75              throw new ArgumentOutOfRangeException("index", "索引超出范围");
76          }
77          this._size--; //使长度减 1
78          if (index < this._size)
79          {   //使被删除元素后的所有元素向前移动一位
80              Array.Copy(this._items, index + 1,
81                      this._items, index, this._size - index);
82          }
83          this._items[this._size] = null; //最后一位空出的元素置空
84      }
85      //裁减空间，使存储空间正好适合元素个数
86      public virtual void TrimToSize()
87      {
88          this.Capacity = this._size;
89      }
90      // 属性
91      public virtual int Capacity //指示 ArrayList 的存储空间
92      {
93          get
94          {
95              return this._items.Length;
96          }
97          set
98          {
99              if (value != this._items.Length)
100             {
101                 if (value < this._size)
102                 {
103                     throw new ArgumentOutOfRangeException("value","容量太小");
104                 }
105                 if (value > 0)
106                 {   //开辟一块新的内存空间存储元素
107                     object[] destinationArray = new object[value];
```

```
108                 if (this._size > 0)
109                 {   //把元素搬迁到新空间内
110                     Array.Copy(this._items, 0,
111                             destinationArray, 0, this._size);
112                 }
113                 this._items = destinationArray;
114             }
115             else //最小空间为_defaultCapacity所指定的数目，这里是4
116             {
117                 this._items = new object[_defaultCapacity];
118             }
119         }
120     }
121 }
122 public virtual int Count //只读属性，指示当前元素个数
123 {
124     get
125     {
126         return this._size;
127     }
128 }
129 public virtual object this[int index] //索引器
130 {
131     get //获取指定索引的元素值
132     {
133         if ((index < 0) || (index >= this._size))
134         {
135           throw new ArgumentOutOfRangeException("index", "索引超出范围");
136         }
137         return this._items[index];
138     }
139     set //设置指定索引的元素值
140     {
141         if ((index < 0) || (index >= this._size))
142         {
143           throw new ArgumentOutOfRangeException("index", "索引超出范围");
144         }
145         this._items[index] = value;
146     }
147 }
148 }
```

上述代码通过在一个数组(第6行代码的成员变量_items)的基础上做进一步抽象，构建了一个可动态改变空间的顺序表 ArrayList，并实现了一些基础操作，下面对其进行一一介绍。

1. *初始化*

这里实现了两种构造方法，第一种为11～14行代码，它把顺序表初始化为一个0长度

数组。这样做的目的是为了调用方便。作为成员变量 object 类型的数组_items 默认会被初始化为 null，如果不把它初始化为 0 长度数组，在使用代码 ArrayList arr = new ArrayList( ) 来创建 ArrayList 并试图访问它的 Count 属性时将会导致错误发生。

第二种初始化方法为 16～25 行代码，它根据 capacity 参数所指定的值来初始化_items 数组的长度，如果初始化一个长度为 100 的 ArrayList 数组，则可以使用如下代码：

```
ArrayList arr = new ArrayList(100);
```

当可以预见 ArrayList 所操作的大概元素个数时，使用这种方法可以在一定程度上避免数组重复创建和数据迁移，以提高性能和减少内存垃圾回收的压力。

2. 动态改变存储空间操作

37～50 行的 EnsureCapacity(int min)方法用于空间不足时使空间加倍，从代码

```
int num = (this._items.Length == 0) ? _defaultCapacity : (this._items.Length * 2);
```

可以得知，当元素个数为 0 时，空间增长为 4，否则将翻倍。改变空间大小的代码是在 Capacity 属性的 set 访问器中实现的(代码 97～120 行)。其中代码

```
object[] destinationArray = new object[value];
```

创建了一个新的 object 数组，它在内存中开辟了一个新的空间用于存放元素。代码

```
Array.Copy(this._items, 0, destinationArray, 0, this._size);
```

把_items 数组中的元素全部复制到新数组 destinationArray 中，可以把它理解为数据搬新家。最后通过

```
this._items = destinationArray;
```

使用于存放数据的成员变量_items 指向新的数组对象 destinationArray。

86～89 行的 TrimToSize( )方法用于裁减多余空间，实际的裁减操作也是在 Capacity 属性的 set 访问器中实现的。这个操作会导致数组的重新创建和数据迁移，建议一般情况下不使用此操作，除非集合中的剩余空间很多。

3. 元素的读写操作

129～147 行代码实现了一个索引器，这样就可以使用中括号加索引号来读取元素值和为元素赋值，使 ArrayList 的使用看上去和数组很相似。

4. 元素的添加和插入操作

27～35 行的 Add(object value)方法实现了添加元素的功能。元素添加在集合的末尾，成员变量_size 用于指示当前元素个数，它总是指向集合中的最后一个元素。

52～69 行的 Insert(int index, object value)方法用于在指定索引处插入一个元素。为了保证顺序表中的每个元素物理上相邻，插入点后面的所有元素都将后移一位，其效果如图 2.5(a) 所示。

5. 元素的删除操作

71～84 行的 RemoveAt(int index)方法用于删除指定索引的元素，删除指定元素后，删除点后的所有元素将向前移动一位，其效果如图 2.5(b)所示。下面对 ArrayList 类进行测试。

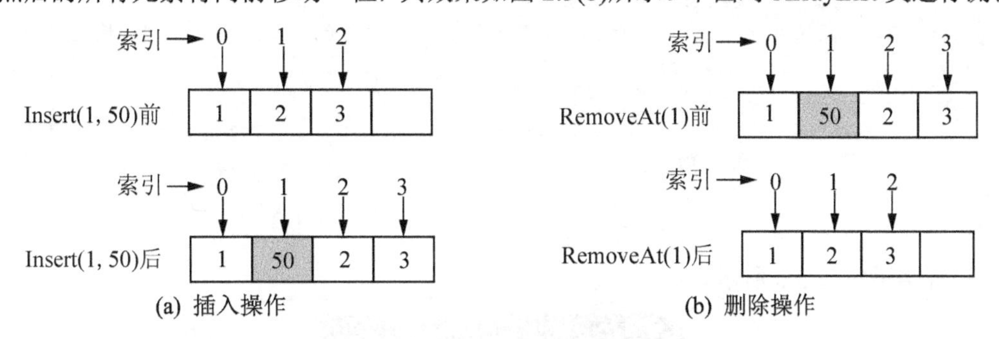

图 2.5 插入和删除操作

【例 2-1 Demo2-1.cs】测试 ArrayList。

```
1  using System;
2  class Demo2_1
3  {
4     static void Main(string[] args)
5     {
6        ArrayList arr = new ArrayList();
7        Console.WriteLine("arr 现在的容量为: " + arr.Capacity + "  长度为:"
8           + arr.Count);
9        arr.Add(1); //添加一个元素
10       Console.WriteLine("arr 现在的容量为: " + arr.Capacity + "  长度为:"
11          + arr.Count);
12       for (int i = 2; i <= 5; i++)
13       {  //添加 4 个元素，完成后元素总数达到 5 个
14          arr.Add(i);
15       }
16       Console.WriteLine("arr 现在的容量为: " + arr.Capacity + "  长度为:" +
17          arr.Count);
18       for (int i = 6; i <= 9; i++)
19       {  //添加 4 个元素，完成后元素总数达到 9 个
20          arr.Add(i);
21       }
22       Console.WriteLine("arr 现在的容量为: " + arr.Capacity + "  长度为:"
23          + arr.Count);
24       for (int i = 0; i < arr.Count; i++) //打印所有元素
25       {
26          Console.Write(arr[i] + "  ");
27       }
28       //删除两个元素
29       arr.RemoveAt(arr.Count - 1);
30       arr.RemoveAt(arr.Count - 1);
31       Console.WriteLine(); //换行
```

```
32          for (int i = 0; i < arr.Count; i++) //打印所有元素
33          {
34             Console.Write(i + "  ");
35          }
36          Console.WriteLine(); //换行
37          Console.WriteLine("arr 现在的容量为: " + arr.Capacity + "  长度为:"
38              + arr.Count);
39          arr.TrimToSize(); //裁减多余空间
40          Console.WriteLine("arr 现在的容量为: " + arr.Capacity + "  长度为:"
41             + arr.Count);
42      }
43 }
```

运行结果如图 2.6 所示。

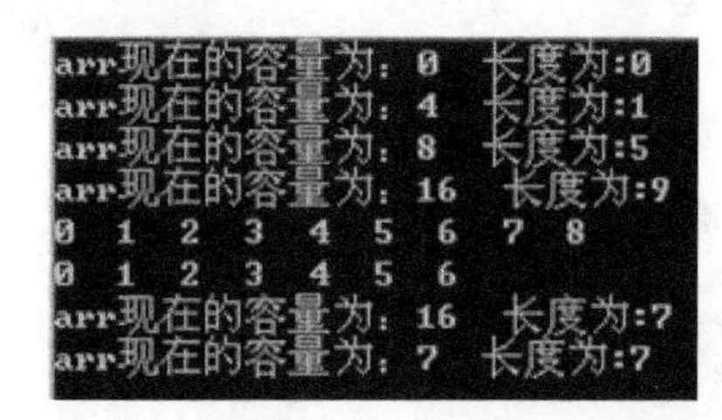

图 2.6 【例 2-1 Demo2-1.cs】运行结果

由运行结果可知，数组对象 arr 的容量随着元素的不断增加，从 0→4→8→16 不断改变，在删除两个元素之后，容量还保持在 16 不变，然后通过调用 TrimToSize( )裁减空间，容量最终变为 7。

2.2.4 类型安全

数组和 ArrayList 的本质区别在于前者是类型安全的，而后者不是类型安全的。ArrayList 为了兼容所有类型的对象，使用了 object 数组，这给使用带来了一些麻烦。

【例 2-2 Demo2-2.cs】数组和 ArrayList 的对比。

```
1  using System;
2  using System.Collections;
3  class Demo2_2
4  {
5     static void Main()
6     {
7        int[] arr = new int[2]; //声明数组
8        arr[0] = 5;
9        arr[1] = 6;
10       int result = arr[0] * arr[1]; //使用数组元素
11       Console.WriteLine(result);
12       ArrayList arrL = new ArrayList(); //声明 ArrayList
13       arrL.Add(5);
14       arrL.Add(6);
15       result = (int)arrL[0] * (int)arrL[1]; //使用 ArrayList 元素
```

```
16          Console.WriteLine(result);
17      }
18 }
```

运行结果如下：

```
30
30
```

本例使用数组和 ArrayList 分别做了相同的操作，但使用方法却大相径庭。

首先，数组在创建时就已经确定只接收 int 类型的数据，并且它的长度是固定的。而 ArrayList 则可以接收任意 object 类型的数据，事实上，C#中的所有类均是 object 类型的子类。

其次，数组没有添加元素的功能，因为在数组创建时，各个元素就已经存在，只是被初始化为 0 而已，只能通过下标改变各个元素的值。而 ArrayList 只有把元素添加进去后才可以通过下标访问相应的元素。

再次，在使用集合中的元素时，数组不需要进行强制类型转换，而 ArrayList 必须要经过强制类型转换才能使用。这是因为 ArrayList 实际存放的是 object 对象，要按照这些对象原本的类型来使用就必须使用强制类型转换。

ArrayList 的这个特点带来了类型安全问题，如：

```
ArrayList arrL = new ArrayList();
arrL.Add(5);
arrL.Add("Hello World");
arrL.Add(new Button());
```

以上代码在集合中存放了各种各样的数据类型，但这样做是被允许的。这种类型的不安全一方面给程序带来了隐患，另一方面如果集合中存放的是值类型还会产生装箱和拆箱操作，降低了程序的性能。

NET 2.0 版本的泛型的出现完美地解决了上述问题，新版本使用 System.Collections.Generic 命名空间下的 List<T>类取代了原来的 ArrayList 类。以下代码演示了泛型 List<T>类的使用。

```
List<int> arrL=new List<int>();
arrL.Add(1);
arrL.Add(2);
```

可以看到，第一行代码在集合创建时就已经把元素类型限定为 int，它是安全的，同时避免了装箱和拆箱操作。强烈建议在实际编程中使用 List<T>代替 ArrayList。

C#中另一个经常使用的实现了顺序表数据结构的集合类型是 System.Collections.BitArray，它用于位标志。关于 BitArray 的详细介绍，可参考《C#程序设计基础教程与实训(第 2 版)》一书配套素材中的《索引器 3》《索引器 4》两节。

2.3　线性表的链式存储结构——链表

线性表的另一种常见的存在形式——链式存储结构，又称链表(Linked List)。顺序表必须占用一整块事先分配好的存储空间，而链表则不需要。链表中逻辑上相邻的元素在物理位置上可以不相邻，就好比使用排队机进行排队的银行，人们办理业务的顺序是由手上的小纸条的号码来决定的。在某些特定场合，使用链表优于使用顺序表。

在链式存储中，每个存储结点不仅包含所存元素本身的信息，而且包含元素之间逻辑关系的信息，即前驱结点包含后继结点的地址信息(指针域)，这样可以通过前驱结点的指针域很方便地找到后继结点的位置。一般情况下，每个结点有一个或多个这样的指针域。若一个结点中的某个指针域不需要任何结点，则把它的值设为空，用常量 null 表示。

由于顺序表中的每个元素至多只有一个前驱元素和一个后继元素，即数据元素之间是一对一的逻辑关系，所以进行链式存储时，一种最简单的方法是：每个结点除包含数据域外，只设置一个指针域，用以指向其后继结点，这样构成的链表称为单向链表，简称单链表。另一种可以采用的方法是：每个结点除包含数值域外，设置两个指针域，分别用以指向其前驱结点和后继结点，这样构成的链表称为双向链表，简称双链表。

在线性表的链式存储结构中，为了便于插入和删除算法的实现，每个链表都带有一个头指针(用 head 表示)，并通过头指针唯一标识该链表。从头指针所指的头结点出发，沿着结点的链(即指针域的值)可以访问到每个结点。

2.3.1　单向链表

单链表的结构如图 2.7 所示。

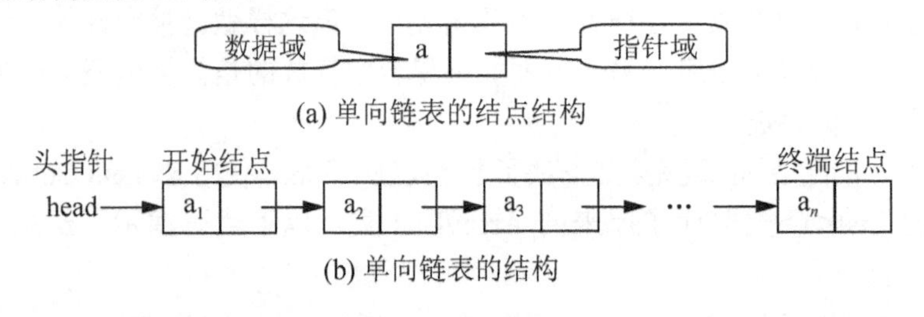

(a) 单向链表的结点结构

(b) 单向链表的结构

图 2.7　单向链表

单向链表元素间的表面物理关系如同一盘散沙。如果每个元素只包含元素有用的数据内容，则这些元素之间将毫无任何内在逻辑关系。单向链表的终端结点的指针域为空，表示链表的结束。

【视频 2-3】

下面是单向链表的代码实现。

【例 2-3　LinkedList.cs】单向链表的实现。

```
1   using System;
2   public class LinkedList
3   {
4       //成员
```

```
5       private int count;                //记录元素个数
6       private Node head;                //头指针
7       //方法
8       public void Add(object value)     //在链表的结尾添加元素
9       {
10          Node newNode = new Node(value);
11          if (head == null)
12          {   //如果链表为空则直接作为头指针
13              head = newNode;
14          }
15          else //否则插入到链表结尾
16          {
17              GetByIndex(count - 1).next = newNode;
18          }
19          count++;
20      }
21      //在指定索引处插入元素
22      public void Insert(int index, object value)
23      {
24          Node tempNode;
25          if (index == 0)               //如果在开始结点处插入
26          {
27              if (head == null)
28              {
29                  head = new Node(value);
30              }
31              else
32              {
33                  tempNode = new Node(value);
34                  tempNode.next = head;
35                  head = tempNode;
36              }
37          }
38          else
39          {
40              Node prevNode = GetByIndex(index - 1);//查找插入点的前驱结点
41              Node nextNode = prevNode.next;         //插入点的后继结点
42              tempNode = new Node(value);            //新结点
43              prevNode.next = tempNode;              //前驱结点的后继结点为新结点
44              tempNode.next = nextNode;              //指定新结点的后继结点
45          }
46          count++;
47      }
48      public void RemoveAt(int index)                //删除指定索引元素
49      {
50          if (index == 0)                            //如果要删除开始结点
51          {
52              head = head.next;
53          }
```

```
54          else
55          {
56              Node prevNode = GetByIndex(index - 1); //查找删除结点的前驱结点
57              if (prevNode.next == null)
58              {
59                throw new ArgumentOutOfRangeException("index", "索引超出范围");
60              }
61              prevNode.next = prevNode.next.next;  //删除
62          }
63          count--;
64      }
65      public override string ToString()            //打印整个链表，仅用于测试
66      {
67          string s = "";
68          for (Node temp = head; temp != null; temp = temp.next)
69          {
70              s += temp.ToString() + " ";
71          }
72          return s;
73      }
74      private Node GetByIndex(int index)           //查找指定索引的元素
75      {
76          if ((index < 0) || (index >= this.count))
77          {
78              throw new ArgumentOutOfRangeException("index", "索引超出范围");
79          }
80          Node tempNode = this.head;
81          for (int i = 0; i < index; i++)
82          {
83              tempNode = tempNode.next;
84          }
85          return tempNode;
86      }
87      //属性
88      public int Count //指示链表中的元素个数
89      {
90          get { return count; }
91      }
92      public object this[int index]                //索引器
93      {
94          get { return GetByIndex(index).item; }
95          set { GetByIndex(index).item = value; }
96      }
97      //嵌套类，表示单个结点
98      private class Node
99      {
100         public Node(object value)
101         {
102             item = value;
```

```
103         }
104         public object item;                         //数据域
105         public LinkedList.Node next;                //指针域，指向后继结点
106         public override string ToString()
107         {
108            return item.ToString();
109         }
110     }
111 }
```

上述代码实现了一个单向链表类——LinkedList，并使用 LinkedList 类的一个嵌套类 Node 作为链表的结点。Node 类只有两个成员：item 用于存放数据，next 则是指向后继结点的指针。next 本质上是存在于栈上的一个指向托管堆中的 LinkedList.Node 对象的内存地址(指针)。LinkedList 类中的成员变量 head 表示头指针，当它的值为空时，表示链表为一个空表。LinkedList 类实现了单向链表的一些基本操作，下面对其进行一一介绍。

1. 元素的添加

元素是添加在链表的结尾的，只需把终端结点的 next 指向新添加的元素即可。由于 LinkedList 内只记录了开始结点的位置，所以要获得终端结点，必须从开始结点出发，遍历所有结点方能最终找到。当链表中的元素较多时，这样做的效率是非常低的。8～20 行代码实现了添加元素的操作。

2. 元素的插入

22～47 行的 Insert(int index, object value)方法用于在指定索引(index)处插入一个元素(value)。元素插入的过程如图 2.8 所示。

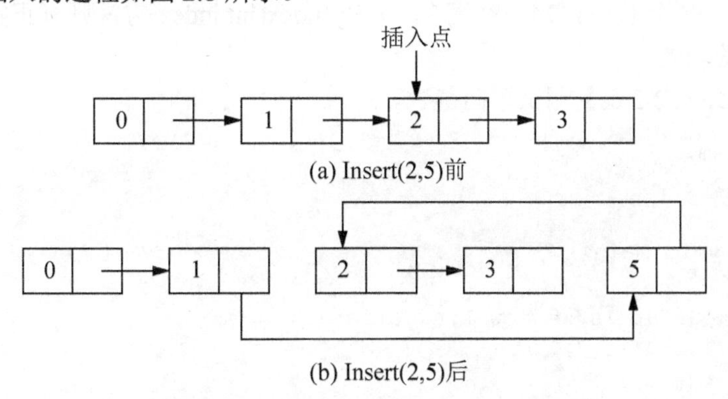

图 2.8 单向链表的插入操作

由图 2.8 可知，插入操作其实是把插入点的前驱结点的指针域指向新结点，然后把新结点的指针域指向插入点处原来的结点。这个操作不需要移动任何元素，非常简单，稍显遗憾的是需要从开始结点出发依次访问各个元素以寻找插入点。

3. 元素的删除

48～64 行的 RemoveAt(int index)方法用于删除指定索引处的元素，删除过程如图 2.9 所示。

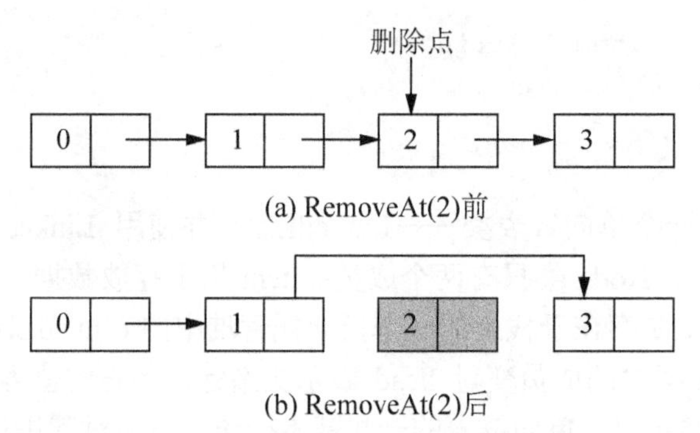

图 2.9 单向链表的删除操作

由图 2.9 可知，删除操作非常简单，它只是把删除点前驱结点的指针域指向删除点后继结点。这里需要注意，被删除的结点并没有在内存中被真正删除，它还会在原来的位置，直到.NET 的自动垃圾回收运行时，才会被真正删除。

4. 元素的访问

在顺序表中，使用索引访问元素非常方便，只需做一次计算即可，但使用索引访问链表则非常麻烦，只能通过链表的头指针依次查找结点并处理数据。如果访问的是链表前端的元素，则速度非常快，而访问链表后部元素则效率很低。LinkedList 类使用了索引器对元素进行访问(92～96 行代码)。74～86 行的 GetByIndex(int index)方法则真正实现了按照索引查找相应元素的功能。

【例 2-3 Demo2-3.cs】测试单向链表。

```
1 using System;
2 class Demo2_3
3 {
4     static void Main()
5     {
6         LinkedList lst = new LinkedList();
7         lst.Add(0); //添加
8         lst.Add(1);
9         lst.Add(2);
10        lst.Add(3);
11        lst.Insert(2, 50); //插入
12        Console.WriteLine(lst.ToString());
13        lst.RemoveAt(1); //删除
14        lst[2] = 9; //访问
15        Console.WriteLine(lst.ToString());
16    }
17 }
```

运行结果如下：

```
0 1 50 2 3
0 50 9 3
```

经过前面的分析可以得知，单向链表的各种操作都非常简单，不像顺序表那样需要移动元素，但都因为元素定位的问题而导致效率的下降，特别是当单向链表的元素增多时这种影响更为明显。在C#中，只有一个集合类属于单向链表——System.Collections.Specialized.ListDictionary，它是基于键/值对(key/value)的集合。微软给出的使用建议是：通常用于包含10个或10个以下项的集合。

思考： 对于元素添加时所遇到的效率问题，可以考虑给LinkedList类添加一个结尾指针(tail)用于指向终端结点，这样在添加元素时就不需要再遍历整个链表来定位终端结点，从而使添加元素的效率变得非常高。可尝试更改LinkedList代码，添加tail指针。

由此可知，单向链表在使用上的意义并不十分大，但它也并非一无是处。假设需要这样一个集合：频繁添加元素而极少进行删除和插入操作，不需要按索引访问元素而只做遍历访问操作。这时使用带有tail指针的单向链表无疑是最为适合并且是效率最高的。

2.3.2 循环链表

循环链表是另一种形式的链式存储结构。在单向链表中，每个结点的指针都指向其下一个结点，最后一个结点的指针为空，表示链表的结束。若把这种结构修改一下，使其最后一个结点的指针指向第一个结点，这样就形成了一个环，这种形式的链表就叫做单向循环链表，如图2.10所示。另外还有双向循环链表，它是在稍后讨论的双向链表的基础上实现的，它的构造跟单向链表基本相同。本节只讨论单向循环链表。

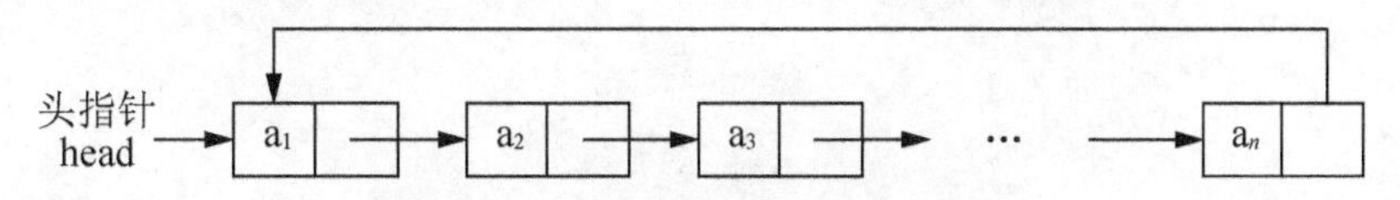

图2.10 使用头指针的单向循环链表

在循环链表结构中从表的任一结点出发均可找到表中的其他结点。如果从表头指针出发，访问链表的最后一个结点，必须扫描表中所有的结点。若把循环链表的头指针改用尾指针代替，则从尾指针出发，不仅可以立即访问最后一个结点，而且也可以十分方便地找到第一个结点，如图2.11所示。设tail为循环链表的尾指针，则开始结点a_1的存储位置可用tail.next表示。

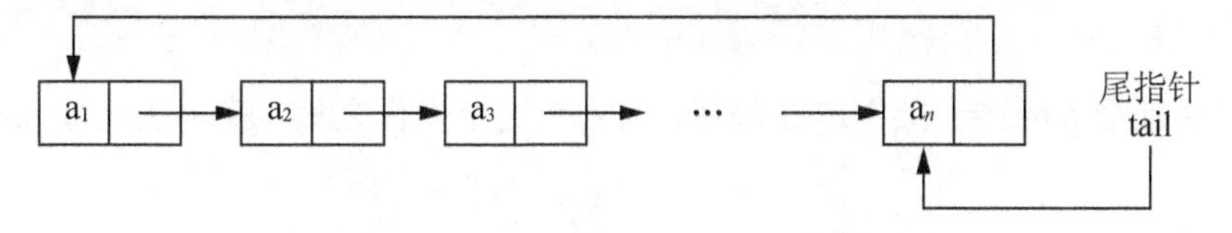

图2.11 使用尾指针的单向循环链表

2.3.3 双向链表

在单链表中，通过一个结点找到它的后继结点比较方便，而要找到它的前驱结点则很麻烦，只能从该链表的头指针开始，顺着各结点的 next 指针域一个结点一个结点地进行查找。这是因为单链表的各结点只有指向其后继结点的指针域 next，只能顺着一个方向寻找。如果希望很方便地查找前驱结点，可以给每个结点再加一个指向前驱结点的指针域，使链表可以进行双方向查找。结点的结构如图 2.12(a)所示，用这种结点结构组成的链表称为双向链表，简称双链表，如图 2.12(b)所示。

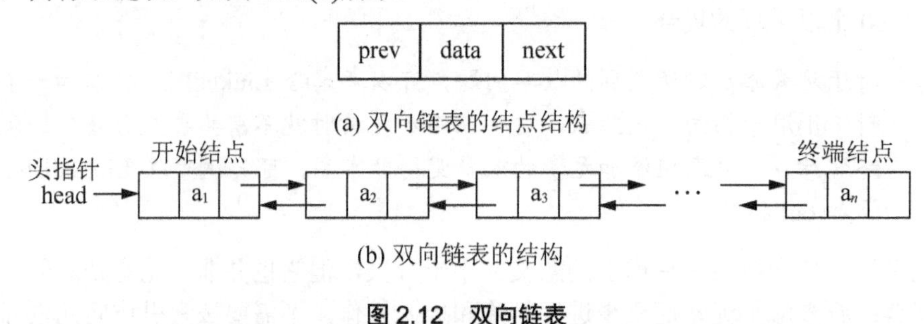

图 2.12 双向链表

由于双链表有两个指针域，所以在表中移动较方便。但是在插入或删除结点时，对一个结点就要修改两个指针域，而且要有先后顺序，所以要比单链表复杂。

1. 双链表中结点的插入

如图 2.13 所示，在双链表中插入结点需要经过 4 次指针操作，但需要注意指针操作的顺序。

如果当前结点为 n，在 n 前面插入 s 结点的算法如下。

```
s.prev = n.prev;
s.next = n;
n.prev.next = s;
n.prev = s;
```

注意：n.prev=s 应该放在最后，因为在这个操作之后，就无法通过 n.prev 找到 p 结点了。

如果当前结点为 p，在 p 后面插入 s 结点的算法如下。

```
s.prev = p;
s.next = p.next;
p.next.prev = s;
p.next = s;
```

必须要保证把 p.next=s 操作放在最后，因为在这个操作之后，就无法通过 p.next 找到 n 结点了。

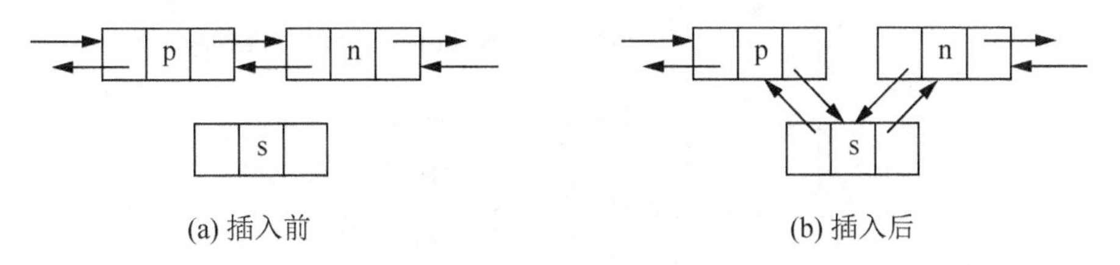

图 2.13　双向链表的插入操作

2. 双链表中结点的删除

如图 2.14 所示，在双链表中删除结点需要经过 2 次指针操作，算法如下。

```
s.prev.next=n;
s.next.prev=p;
```

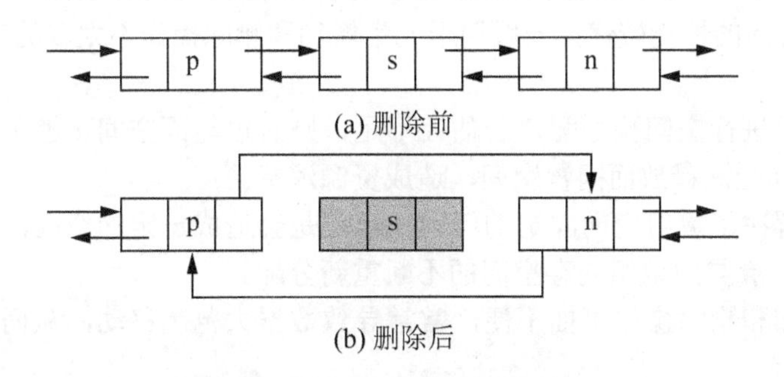

图 2.14　双向链表的删除操作

【视频 2-4】

C#中实现了双向链表的数据结构是泛型集合类 System.Collections.Generic.LinkedList<T>。它是一个通用链表类，不支持随机访问(就是使用索引访问)。它实现了很多添加元素的方法。

AddAfter：在现有结点后添加新的结点或值。

AddBefore：在现有结点前添加新的结点或值。

AddFirst：在开头处添加新的结点或值。

AddLast：在结尾处添加新的结点或值。

LinkedList<T>的具体使用方法可参照 MSDN 文档。

2.4 本 章 小 结

本章讲解了线性表这种最常用的数据结构，线性表的分类如图 2.15 所示。

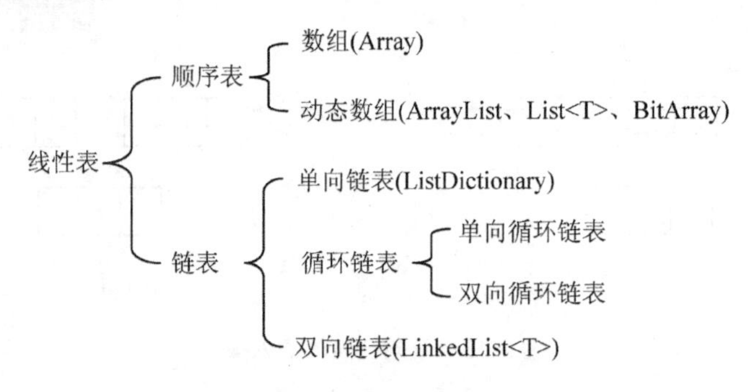

图 2.15　线性表分类

下面对线性表的顺序存储和链式存储做一个性能小结。

1. 顺序表性能小结

1) 优点

(1) 算法实现简单，不会为描述元素间的逻辑关系而增加额外的内存空间。

(2) 基于索引随机访问的性能较优，一般用于元素增加和删除操作不太多的应用领域。

2) 缺点

(1) 数组需由程序员进行空间预分配，若估计不足，则有可能因空间不够无法增加而溢出；反之则因独占空间无法释放而闲置空间，造成资源浪费。

(2) 动态数组虽然解决了数组空间固定的问题，但还是会造成一定的空间浪费，并且当频繁进行添加操作时，会导致数组内存空间的不断重新分配。

(3) 数组元素的添加和删除操作笨拙不便，常常导致数据大范围移动，从而影响了算法速度。

2. 链表性能小结

1) 优点

(1) 链表在需要空间时才申请，不需要时即可以释放，它可以有效地利用和共享内存空间。

(2) 链表结点的增删和调整只需修改几个相关结点的指针地址即可，方便、快捷，可用于需要经常增删结点的领域。

(3) 双向链表从两个方向搜索结点，能够大大简化算法的复杂度。若链表其中一条链损坏，仍可从另一条链来完成操作，并修复其中的链表损伤。

2) 缺点

(1) 链表算法实现较为复杂和抽象，算法实现需要额外的内存空间，以保存结点间的逻辑关系。

(2) 链表结点只能顺序访问，随机访问性能不佳。

(3) 单向链表结点均含有其后继结点的地址信息，无法方便、快捷地获取其前驱结点的地址。

(4) 链表有可能会把它的结点存放在托管堆的任一角落。这使得强制垃圾回收在处理托管堆中的结点对象时需要更多的开销。

随着计算机硬件技术的飞速发展，内存容量不断增加，更多时候都不需要考虑内存空间浪费的问题，所以在大多数情况下顺序表是优于链表的。在C#的集合类中，很多数据结构均是在顺序表的基础上实现的，从这点可以看出顺序表在C#集合类中占据了主导地位。

本书后面所讨论的所有数据结构均是在线性表的基础之上实现的，从物理上说，所有数据结构的存储方式只有顺序表和链表两种。对于线性表的掌握及.NET内存管理机制的理解对后面的学习至关重要。

2.5 实训指导：约瑟夫问题

一、实训目的

掌握单向循环链表的实现原理。

二、实训内容

加斯帕·蒙日(1746—1818年)是法国数学家，画法几何的创始人。他在《数学的游戏问题》中讲了一个故事：15个教徒和15个非教徒在深海上遇险，必须将一半的人投入海中，其余的人才能幸免于难，于是想了一个办法，30个人围成一个圆圈，从第一个人开始依次报数，每数到第9个人(用数字M表示)就将他扔入大海，如此循环进行直到仅余15个人为止。问怎样排法，才能使每次投入大海的都是非教徒？这就是著名的约瑟夫问题，循环链表非常适合解决这类问题。

接下来思考如何针对约瑟夫问题构建一个单向循环链。前面讲解的单向链表存在着一些缺点，如添加和删除结点时必须遍历整个链表。添加结点问题在使用尾指针代替头指针后得到了很好的解决，而由于删除结点时必须寻找其前驱结点而导致的链表的遍历则需要另外考虑，是否可以使用当前结点的前驱结点来标识这个当前结点呢？这样所有的问题就迎刃而解了。

三、实训步骤

【视频2-5】

首先实现单向循环链表。

【CircularLinkedList.cs】单向循环链表。

```
1   using System;
2   public class CircularLinkedList
3   {
4       //成员
5       private int count;                  //记录元素个数
6       private Node tail;                  //尾指针
7       private Node currentPrev;           //使用前驱结点来标识当前结点
8       //方法
9       public void Add(object value)       //在链表的结尾添加元素
10      {
```

```
11          Node newNode = new Node(value);
12          if (tail == null)
13          {   //如果链表为空则新元素既是尾指针也是头指针
14              tail = newNode;
15              tail.next = newNode;
16              currentPrev = newNode;
17          }
18          else //否则插入到链表结尾
19          {
20              newNode.next = tail.next; //新结点的指针域指向头结点
21              tail.next = newNode;      //原终端结点指针域指向新结点
22              if (currentPrev == tail)
23              {
24                  currentPrev = newNode;
25              }
26              tail = newNode;           //把尾指针指向新结点
27          }
28          count++;
29      }
30      public void RemoveCurrentNode() //删除当前结点
31      {
32          if (tail == null)             //如果为空表
33          {
34              throw new NullReferenceException("集合中没有任何元素");
35          }
36          else if (count == 1)
37          {   //当只有一个元素时，删除后为空
38              tail = null;
39              currentPrev = null;
40          }
41          else
42          {
43              if (currentPrev.next == tail)
44              {   //当删除的是尾指针所指向的结点时
45                  tail = currentPrev;
46              }
47              currentPrev.next = currentPrev.next.next;
48          }
49          count--;
50      }
51      public void Move(int step)        //让当前结点向前移动指定步数
52      {
53          if (step < 0)
54          {
55              throw new ArgumentOutOfRangeException("step",
56                                                "移动步数不能小于零");
57          }
```

```
58          if (tail == null)              //如果为空表
59          {
60              throw new NullReferenceException("集合中没有任何元素");
61          }
62          for (int i = 0; i < step; i++)    //移动指针
63          {
64              currentPrev = currentPrev.next;
65          }
66      }
67      public override string ToString()    //打印整个链表，仅用于测试
68      {
69          if (tail == null)
70          {
71              return string.Empty;
72          }
73          string s = "";
74          Node temp = tail.next;
75          for (int i = 0; i < count; i++)
76          {
77              s += temp.ToString() + " ";
78              temp = temp.next;
79          }
80          return s;
81      }
82      //属性
83      public int Count                        //指示链表中的元素个数
84      {
85          get { return count; }
86      }
87      public object Current                   //指示当前结点中的值
88      {
89          get { return currentPrev.next.item; }
90      }
91      //嵌套类，表示单个结点
92      private class Node
93      {
94          public Node(object value)
95          {
96              item = value;
97          }
98          public object item;                 //数据域
99          public CircularLinkedList.Node next; //指针域，指向后继结点
100         public override string ToString()
101         {
102             return item.ToString();
103         }
104     }
105 }
```

以上代码实现了一个简单的单向循环链表——CircularLinkedList，它同样使用了单向链表中的嵌套类 Node 作为存放元素的结点类。由于使用了尾指针代替单链表的头指针，算法实现也有很大的不同，而且还增加了一个 Current 属性用于读取当前结点中存放的值。由于 CircularLinkedList 类专门针对约瑟夫问题而设计，故只实现了一些很简单的功能。

1. 元素的添加

由于新结点添加到链表的末尾，故只需把添加前的终端结点指向新结点，把 tail 指针指向新结点，并使新结点指向开始结点即可。由于通过 tail 指针可以很快地找到原终端结点和开始结点，所以添加的效率非常高。其过程如图 2.16 所示。

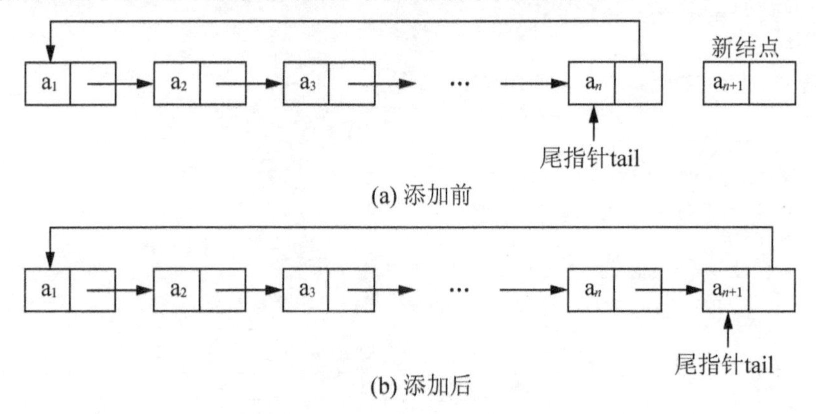

图 2.16 单向循环链表的添加操作

2. 当前元素的删除

CircularLinkedList 类使用了 currentPrev 来指示当前结点的前驱结点，这使得在删除结点时不需要再遍历链表以寻找前驱结点。虽然它导致算法的实现代码增多，但效率比单向链表高很多。其运算过程如图 2.17 所示。

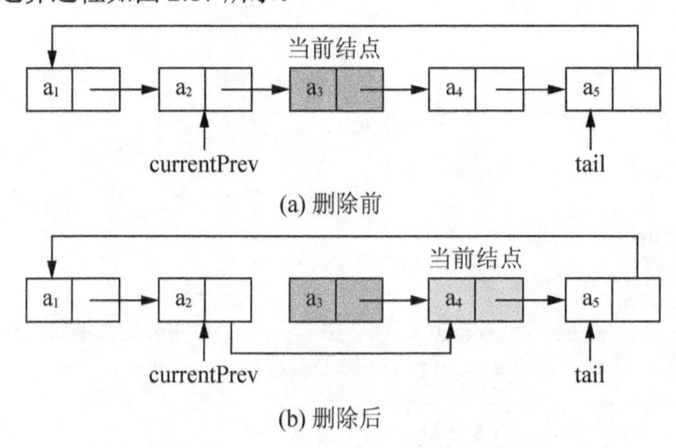

图 2.17 单向循环链表的删除操作

3. 按指定步数移动当前指针

实现这个功能很简单，移动多少步就执行多少次 currentPrev.next，使用循环实现即可。

【Demo2-4.cs】约瑟夫问题求解。

```
1  using System;
2  class Demo2_4
3  {
4      static void Main(string[] args)
5      {
6          CircularLinkedList cLst = new CircularLinkedList();
7          string s = string.Empty; //用于记录出队顺序
8          Console.WriteLine("请输入总人数：");
9          int count = int.Parse(Console.ReadLine());
10         Console.WriteLine("请输入数字 M 的值：");
11         int m = int.Parse(Console.ReadLine());
12         Console.WriteLine("游戏开始");
13         for (int i = 1; i <= count; i++)
14         {   //添加元素
15             cLst.Add(i);
16         }
17         Console.Write("所有人：" + cLst.ToString());
18         while (cLst.Count > 1)
19         {
20             cLst.Move(m); //数数
21             s += cLst.Current.ToString() + "  ";
22             cLst.RemoveCurrentNode(); //出队
23             Console.Write("\r\n 剩余的人：" + cLst.ToString());
24             Console.Write("  开始数数的人：" + cLst.Current);
25         }
26         Console.WriteLine("\r\n 出队顺序：" + s + cLst.Current);
27     }
28 }
```

运行结果如图 2.18 所示。

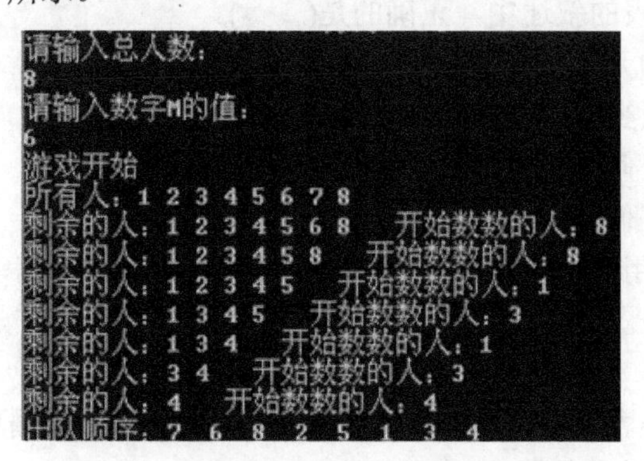
请输入总人数：
8
请输入数字M的值：
6
游戏开始
所有人：1 2 3 4 5 6 7 8
剩余的人：1 2 3 4 5 6 8   开始数数的人：8
剩余的人：1 2 3 4 5 8   开始数数的人：8
剩余的人：1 2 3 4 5   开始数数的人：1
剩余的人：1 3 4 5   开始数数的人：3
剩余的人：1 3 4   开始数数的人：1
剩余的人：3 4   开始数数的人：3
剩余的人：4   开始数数的人：4
出队顺序：7 6 8 2 5 1 3 4

图 2.18 【例 2-4 Demo2-4.cs】运行结果

根据出队顺序就可以知道如何排列教徒和非教徒。

思考：带密码的约瑟夫问题：编号为 1,2,…,n 的 n 个人按照顺时针方向围坐一圈，每个人有且只有一个密码(正整数)。一开始任选一个正整数作为报数上限值，从第一个人开始顺时针方向自 1 开始报数，报到 m 时停止。报 m 的人出队，将他的密码作为新的 m 值，从他在顺时针方向的下一个人开始重新报数，如此下去，直到所有人全部出队为止。设计一个程序来求出出队顺序。可思考如何修改单向循环链表以求解这个问题。

2.6 习　　题

一、选择题

1．线性表若采用链式存储结构，要求内存中可用存储单元的地址(　　)。

A．必须是连续的　　B．部分地址必须是连续的

C．一定不是连续的　　D．连续或不连续都可以

2．对于线性表最常用的操作是查找指定序号的元素和在末尾插入元素，则选择(　　)最节省时间。

A．顺序表　　B．带头结点的双循环链表

C．单链表　　D．带尾结点的单循环链表

3．(　　)是顺序表的特点。

A．容量固定和访问速度慢　　B．容量不固定和访问速度快

C．容量固定和访问速度快　　D．容量不固定和访问速度慢

4．用链表表示线性表的优点是(　　)。

A．便于随机存取

B．花费的存储空间较顺序存储少

C．便于插入和删除

D．数据元素的物理顺序与逻辑顺序相同

5．下列有关线性表的叙述中，正确的是(　　)。

A．线性表中的元素之间是线性关系

B．线性表中至少有一个元素

C．线性表中任何一个元素有且仅有一个直接前驱

D．线性表中任何一个元素有且仅有一个直接后继

6．某链表中最常用的操作是在最后一个元素之后插入一个元素和删除最后一个元素，则采用(　　)存储方式最节省运算时间。

A．单链表　　B．双链表

C．单向循环链表　　D．带头结点的双循环链表

7．循环链表的主要优点是(　　)。

A．不再需要头指针

B．已知某个结点的位置后，能够容易找到它的直接前驱

C. 在进行插入、删除运算时，能更好地保证链表不断开

D. 从表中的任意结点出发都能扫描到整个链表

8. 若某线性表中最常用的操作是取第 i 个元素和找第 i 个元素的前驱元素，则采用(　　)存储方式最节省运算时间。

A. 单链表　　B. 顺序表　　C. 双链表　　D. 单循环链表

二、判断题

1. 线性表的逻辑顺序与存储顺序总是一致的。(　　)

2. 顺序存储的线性表可以按序号随机存取。(　　)

3. 顺序表的插入和删除一个数据元素，每次操作平均只有近一半的元素需要移动。(　　)

4. 线性表中的元素可以是各种各样的，但同一线性表中的数据元素具有相同的特性，因此是属于同一类型的数据对象。(　　)

5. 在线性表的顺序存储结构中，逻辑上相邻的两个元素在物理位置上并不一定紧邻。(　　)

6. 在线性表的链式存储结构中，逻辑上相邻的元素在物理位置上不一定相邻。(　　)

7. 线性表的链式存储结构优于顺序存储结构。(　　)

8. 在线性表的顺序存储结构中，插入和删除时，移动元素的个数与该元素的位置有关。(　　)

三、填空题

1. 线性表 $L=(a_1,a_2,\cdots,a_n)$用数组表示，假定删除表中任一元素的概率相同，则删除一个元素平均需要移动元素的个数是_______。

2. 线性表的顺序存储通过_______来反映元素之间的逻辑关系，而链式存储结构通过_______来反映元素之间的逻辑关系。

3. 当对一个线性表经常进行的是存取操作，而很少进行插入和删除操作时，则采用_______存储结构最节省时间，相反当经常进行插入和删除操作时，则采用_______存储结构最节省时间。

4. 顺序表中逻辑上相邻的元素的物理位置_______紧邻。单链表中逻辑上相邻的元素的物理位置_______紧邻。

5. 在单链表中设置头结点的作用是_______________________________________。

6. 循环单链表的最大优点是_______________________________________。

7. 对于双向链表，在两个结点之间插入一个新结点需修改的指针共_______个，单链表为_______个。

8. 某线性表采用顺序存储结构，每个元素占据 4 个存储单元，首地址为 100，则下标为 11(第 12 个)的元素的存储地址为_______。

四、简答题

1．简述线性表的特点。

2．在什么情况下用顺序表或者链表进行存储？

3．简述链表的缺点。

4．简述单链表和双链表的区别。

五、算法设计题

设顺序表 va 中的数据元素递增有序。试设计一个算法，将 x 插入到顺序表的适当位置以保持该表的有序性。

【第2章答案】

第3章 栈和队列

教学提示

栈和队列是程序设计中常用的两种数据结构，它们的逻辑结构和线性表相同。不同之处在于，栈和队列的相关操作具有特殊性，它们只是线性表相关操作的一个子集。更准确地说，一般线性表上的插入、删除操作不受限制，而栈和队列上的插入、删除操作均受某种特殊限制。因此，栈和队列也被称为操作受限的线性表。本章介绍栈和队列的基本概念和应用实例。

教学要求

知识要点	能力要求	相关知识
栈	(1) 理解栈的基本概念及原理 (2) 掌握 System.Collections.Stack 的原理和使用方法	栈的初始化、进栈及出栈的实现
队列	(1) 理解队列的基本概念及原理 (2) 掌握 System.Collections.Queue 的原理和使用方法	(1) 普通队列及循环队列的区别 (2) 队列的初始化、进队及出队的实现

3.1 栈

现实生活中的事情往往都能总结归纳成一定的数据结构，如餐馆中餐盘的堆叠和使用，羽毛球筒里装的羽毛球等这些都是典型的栈。而在.NET 中，值类型在栈上分配，引用类型在托管堆上分配，这里所说的“栈”也正是这种数据结构。

3.1.1 栈的概念及操作

1. 特征

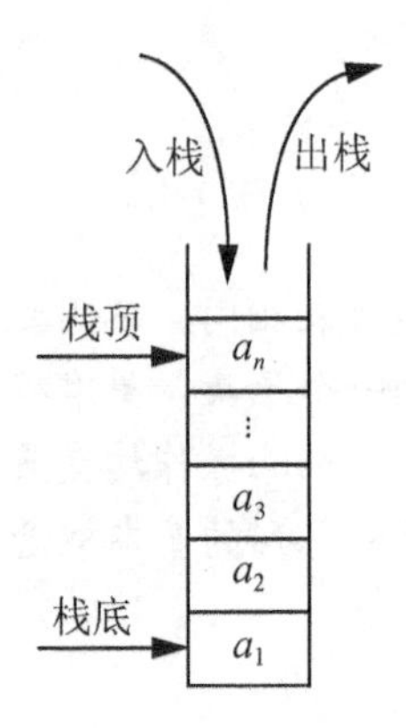

图 3.1 栈结构示意图

栈(Stack)是线性表的一个特例，如图 3.1 所示。栈只能对线性表的固定一端进行插入和删除操作，对其他位置不能进行操作。栈数据的主要特点是“后进先出”(Last In First Out，LIFO)或“先进后出”(First In Last Out，FILO)。

2. 基本概念

(1) 栈顶(Top)：栈中允许进行数据插入和删除的那一端。

(2) 栈底(Bottom)：栈中无法进行数据操作的那一端。

(3) 栈上溢(Full)：在栈内空间已存满数据时，如果仍然希望能做入栈操作，就会产生“上溢出”，这是一种空间不足的出错状态。

(4) 栈下溢(Empty)：在栈内空间已无数据时，如果仍然希望能做出栈操作，就会产生“下溢出”，这是一种数据不足的出错状态。

3. 基本操作

(1) 进栈或入栈(Push)：指将数据插入栈顶处。

(2) 弹出或出栈(Pop)：指取出并删除栈顶处的数据。

图 3.2 所示的是一个栈的动态示意图，图中箭头表示当前栈顶元素的位置。图 3.2(a)表示一个空栈；图 3.2(b)表示插入一个元素 a 以后的状态；图 3.2(c)表示插入元素 b、c、d 以后的状态；图 3.2(d)表示删除一个元素 d 以后的状态。

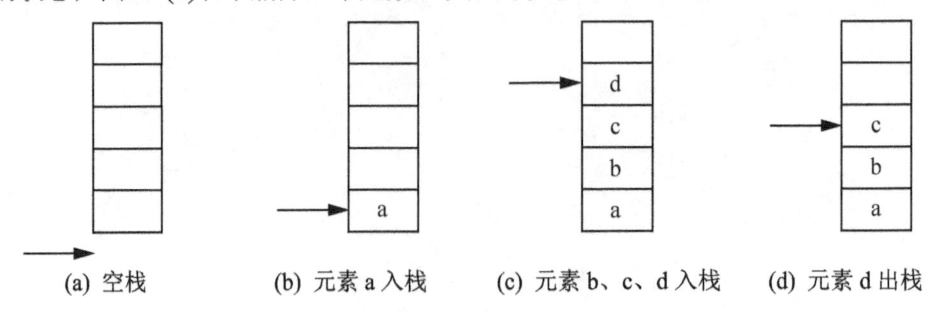

图 3.2 栈操作

3.1.2 System.Collections.Stack

由于栈是一种特殊的线性表，所以栈的实现也可以分为顺序存储结构和链式存储结构。在 C#中与栈这种数据结构相对应的 System.Collections.Stack 类和 System.Collections.Generic.Stack<T>类使用的是顺序存储结构。这里只针对 Stack 类进行讲解，Stack<T>类是 Stack 类的泛型版本，两者在算法上没有什么不同。

【视频 3-1】

【例 3-1 Stack.cs】栈的实现。

```
1  using System;
2  public class Stack
3  {
4     // 成员
5     private object[] _array; //存放元素的数组
6     private const int _defaultCapacity = 10; //默认空间
7     private int _size; //指示元素个数
8     // 方法
9     public Stack()
10    {
11       this._array = new object[_defaultCapacity];
12       this._size = 0;
13    }
14    public Stack(int initialCapacity)
15    {
16       if (initialCapacity < 0)
17       {
18          throw new ArgumentOutOfRangeException("栈空间不能小于零");
19       }
20       if (initialCapacity < _defaultCapacity)       //栈空间不能小于 10
21       {
22          initialCapacity = _defaultCapacity;
23       }
24       this._array = new object[initialCapacity];    //分配栈空间
25       this._size = 0;
26    }
27    public virtual object Pop()                      //出栈
28    {
29       if (this._size == 0)
30       {
31          throw new InvalidOperationException("栈下溢，栈内已无数据！");
32       }
33       object obj2 = this._array[--this._size];      //取栈顶元素
34       this._array[this._size] = null;       //删除栈顶元素
35       return obj2;
36    }
```

```
37    public virtual void Push(object obj)      //进栈
38    {
39        if (this._size == this._array.Length)
40        {   //如果空间已满则使用新空间并使空间容量为原来的2倍
41            object[] destinationArray = new object[2 * this._array. Length];
42            Array.Copy(this._array, 0, destinationArray, 0, this._size);
43            this._array = destinationArray;
44        }
45        this._array[this._size++] = obj;      //进栈
46    }
47    // 属性
48    public virtual int Count                  //元素个数
49    {
50        get
51        {
52            return this._size;
53        }
54    }
55 }
```

上述代码通过在一个数组(第5行代码的成员变量_array)的基础上做进一步抽象，构建了一个可动态改变空间的栈Stack，并实现了一些基础操作，下面进行具体说明。

1. *初始化*

这里实现了两种初始化方法，第一种为9～13行代码，通过这个构造方法可以看到，栈被创建的同时就把存放元素的数组初始化为10个长度，这一点跟ArrayList的0长度数组有所不同。虽然初始化了10个长度的数组空间，但里面没有任何元素，此时，它还是一个空栈。

第二种初始化方法为14～26行代码，它根据initialCapacity参数所指定的值来初始化_array数组的长度，当参数值小于10时，按10来分配空间，也就是说，栈空间的最小值为10。

当可以预见Stack所操作的大概元素个数时，使用这种方法可以在一定程度上避免数组重复创建和数据迁移，以提高性能和减少内存垃圾回收的压力。

2. *进栈(Push)操作*

37～46行的Push(object obj)方法为进栈操作。当发生栈上溢时，则重新分配元素空间，并使元素空间增加至原来的2倍，这一点跟ArrayList相类似。在Stack中，指向栈顶的指针实际为指示元素个数的成员变量_size，它的值比栈顶元素在数组中的索引值大1。当_size为0时，表示这是一个空栈。

3. 出栈(Pop)操作

27～36 行的 Pop( )方法为出栈操作。需要注意，当发生栈下溢时会引发异常，如果不希望出栈操作引发异常，就需要在出栈操作前判断 Count 属性是否为 0。

3.1.3 双向栈

双向栈是两个栈高效共享同一数组空间的简捷方法，它是将两个栈的栈底设在数组空间的两端，两个栈顶指针分别向中间移动，即数据压入左栈时，左栈的栈顶指针加 1，数据压入右栈时，右栈的栈顶指针减 1，如图 3.3 所示。

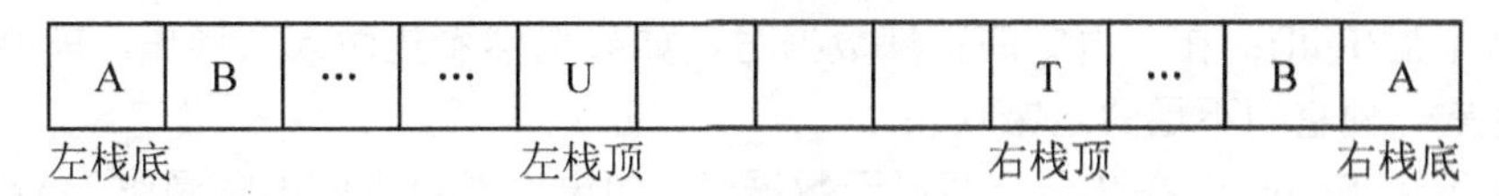

图 3.3 双向栈结构示意图

这样左右两个栈可以互相调节空间，逻辑上可以使用整个数组空间，只有在整个数组空间被两个栈占满时才会发生上溢出，这样产生上溢出的概率会比两个栈独立设置时小得多，算法的具体实现这里不再赘述。

3.2 队 列

在日常生活中，队列的例子比比皆是，如车站排队买票，排在队头的处理完离开，后来的则必须排在队尾等待。在程序设计中，队列也具有广泛的应用，如计算机的任务调度系统及仿真研究、模拟各种可能的购物排队情况等。有一种特殊类型的队列叫优先队列。它允许队列中拥有最高优先级的项目优先被删除。优先队列可用于医院紧急病房的研究，例如，心脏病突发的病人比手臂受伤的病人更需要护理。在后面的章节中将看到，树的广度优先遍历也需要借助队列来实现。

3.2.1 队列的概念及操作

1. 队列的定义

队列(Queue)是只允许在一端进行插入，在另一端进行删除的线性表。它所有的插入操作均限定在表的一端进行，该端称为队尾，所有的删除操作则限定在表的另一端进行，该端则称为队头。如果元素按照 $a_1,a_2,a_3,\cdots,a_n$ 的顺序进入队列，则出队的顺序不变，也是 $a_1,a_2,a_3,\cdots,a_n$。队列结构如图 3.4 所示。可见队列具有“先进先出”(First In First Out，FIFO)的特性。

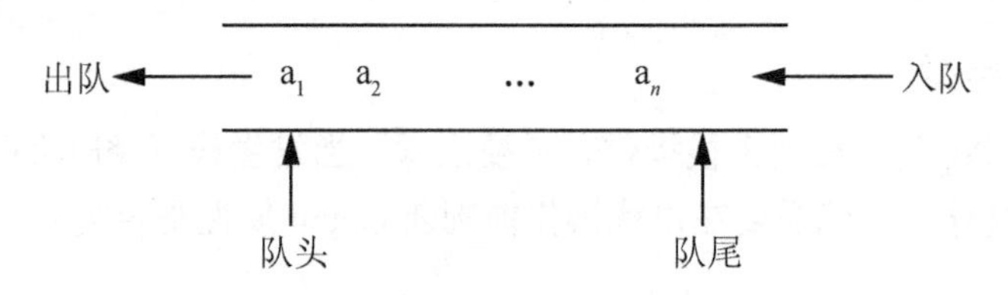

图 3.4 队列结构示意图

2. 基本概念

(1) 队头(Head)：队列中允许数据删除的那一端。

(2) 队尾(Tail)：队列中允许数据插入的那一端。

(3) 队上溢(Full)：在队内空间存满数据时，如果仍然希望做入队操作，就会产生“上溢出”，这是一种空间不足的出错状态。

(4) 队下溢(Empty)：在队内空间已无数据时，如果仍然希望做出队操作，就会产生“下溢出”，这是一种数据不足的出错状态。

3. 基本操作

(1) 入队(Enqueue)：将一个数据插入队尾的操作。

(2) 出队(Dequeue)：读取队头结点数据并删除该结点的操作。

3.2.2 循环队列

由于数组在删除元素时，需要花费大量时间移动大量元素，因此基于数组的队列在执行出队操作时，速度较慢，很少有实际应用，所以多采用循环队列方式。

为了避免大量的数据移动，通常将一维数组中的各个元素看成是一个首尾相接的封闭的圆环，即第一个元素是最后一个元素的下一个元素，这种形式的顺序队列称为循环队列，如图 3.5 所示。当使用数组实现队列时，可以把队头指向第一个元素，把队尾指向最后一个元素的下一个位置(这样的设置是为了使某些操作更为方便，并不是唯一的方法)。

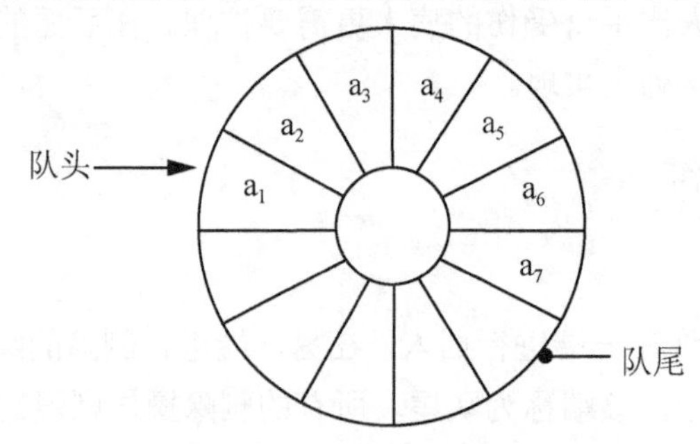

图 3.5 循环队列示意图

图 3.6 所示的是一个使用数组实现的循环队列的动态示意图，图中箭头表示队头(Head)，圆形箭头表示队尾(Tail)。每个图形上方的矩形表示每个元素在数组中的状态，可以把它看作队列的物理状态。为了方便理解，使用下方的环形来表示队列元素的逻辑状态。下面针对图 3.6(a)到图 3.6(h)这 8 次操作进行讲解。

图 3.6(a)：表示空队列，它是一个队列的初始状态，此时队头和队尾都指向数组的第一个元素，即 Head=Tail=0。

图 3.6(b)：元素 a_1 入队，在不考虑溢出的情况下，入队操作队尾指针加 1，即 Head=0，而 Tail=1。

图 3.6(c)：元素 a_2～a_7 依次入队，队尾也随之增加，此时 Head=0，Tail=7。

图 3.6(d)：元素 a_1～a_4 依次出队，在不考虑队空的情况下，出队操作队头指针加 1，此时 Head=4，Tail=7。

图 3.6(e)：随着入队、出队的进行，整个队列整体向后移动，随着 a_8 的入队，数组的最后一个空间被占用，再有元素入队就会出现溢出，而事实上此时队中并未真的“满员”，这种现象称为“假溢出”。解决假溢出问题的方法之一是将 Tail 指针重新指向数组头部，使 Tail=0，而图 3.6(d)中 Tail 的值为 7，而 7 加 1 等于 8，并不是等于 0。此时简单地加 1 运算并不能使队尾指针重新指向数组头部，所以需要改进算法，在每次入队时，使队尾加 1 的结果跟数组长度进行模运算，即

$$\text{Tail} = (\text{Tail} + 1) \% 8$$
$$\text{Tail} = (7 + 1) \% 8 = 0$$

这样就可以保证“假溢出”时队尾指针指向数组的头部。

图 3.6(f)：a_9 入队，此时在物理上 a_9 在所有元素之前，但逻辑上 a_9 在所有元素之后。

图 3.6(g)：a_{10}～a_{12} 依次入队，此时队列处于“满员”状态，队头和队尾又都指向了同一元素。

图 3.6(h)：a_5～a_8 依次出队，需要注意的是，当 a_8 出队时，队头指针应该重新回到数组头部，简单的加 1 算法显然无法满足要求，所以出队算法和图 3.6(e)的入队算法是一样的，即

$$\text{Head} = (\text{Head} + 1) \% \text{ 数组长度}$$

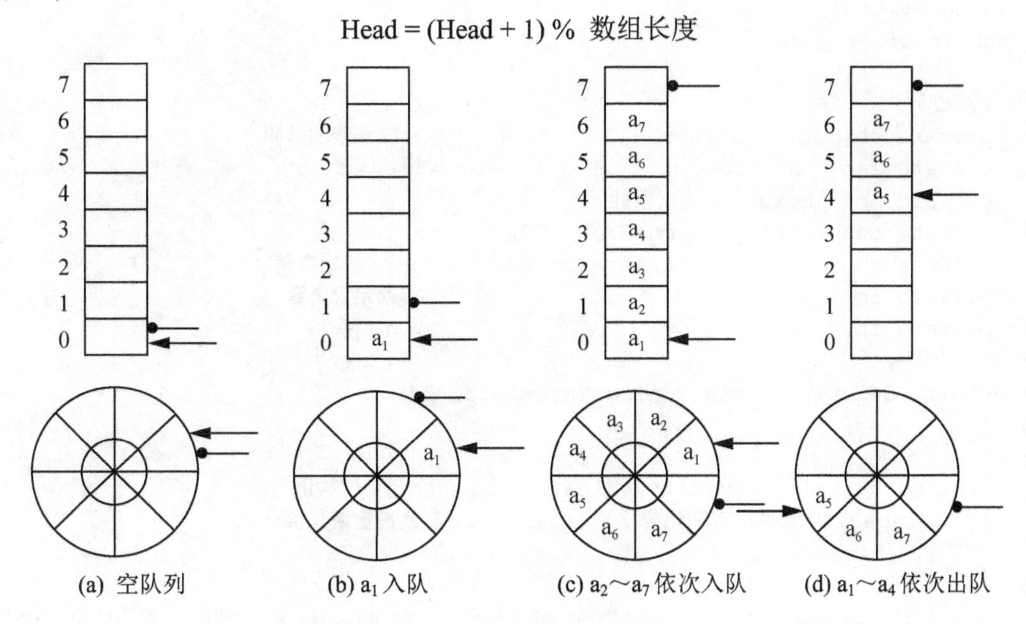

图 3.6 循环队列示意图

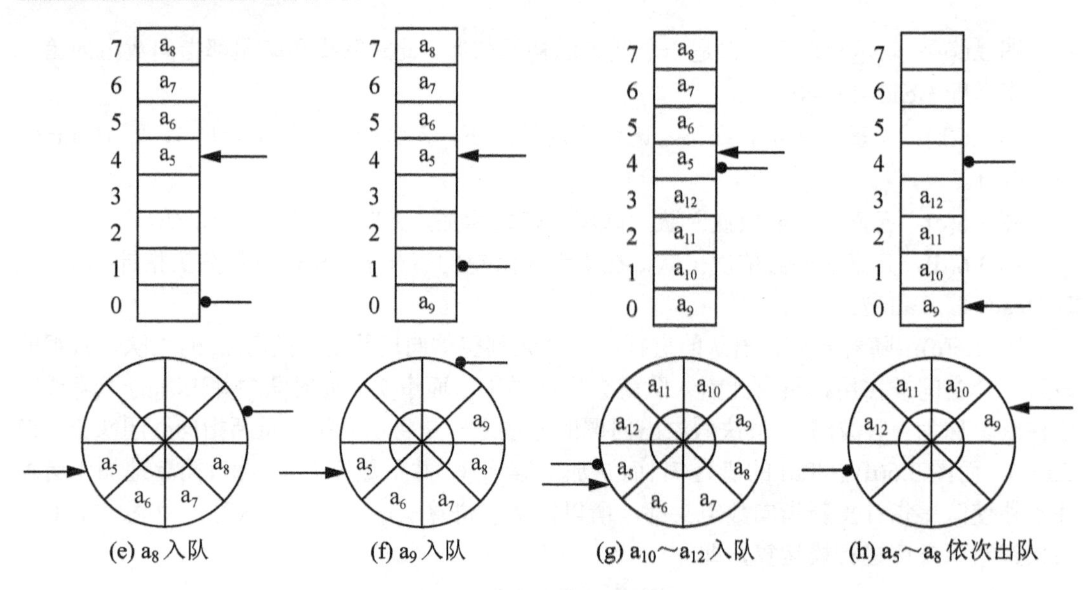

图 3.6 循环队列示意图(续)

3.2.3 System.Collections.Queue

队列也有顺序存储和链式存储两种存储方法，在 C#中使用的是顺序存储，它所对应的集合类是 System.Collections.Queue 和 System.Collections.Generic.Queue<T>，两者结构相同，只是前者是非泛型版本的队列，后者是泛型版本的队列，它们都属于循环队列。这里只针对非泛型版本进行介绍。

【视频 3-2】

【例 3-2 Queue.cs】队列的实现。

```
1  using System;
2  public class Queue
3  {
4   // 成员
5   private object[] _array;                    //存放元素的数组
6   private int _growFactor;                    //增长因子
7   private int _head; //队头指针
8   private const int _MinimumGrow = 4;         //最小增长值
9   private const int _ShrinkThreshold = 0x20; //初始容量
10  private int _size;                          //指示元素个数
11  private int _tail;                          //队尾指针
12  // 方法
13  public Queue() : this(_ShrinkThreshold, 2f)
14  {
15  }
16  public Queue(int capacity, float growFactor) //构造方法
17  {   //capacity 参数指定初始容量，growFactor 参数指定增长因子
18      if (capacity < 0)
19      {
20        throw new ArgumentOutOfRangeException("capacity", "初始容量不能小于 0");
21      }
```

```
22      if ((growFactor < 1.0) || (growFactor > 10.0))
23      {   //增长因子必须在 1 到 10 之间
24          throw new ArgumentOutOfRangeException("growFactor",
25              "增长因子必须在 1 到 10 之间");
26      }
27      this._array = new object[capacity];     //初始化数组
28      this._head = 0;
29      this._tail = 0;
30      this._size = 0;
31      this._growFactor = (int)(growFactor * 100f);
32  }
33  public virtual object Dequeue()             //出队
34  {
35      if (this._size == 0)
36      {   //队下溢
37          throw new InvalidOperationException("队列为空");
38      }
39      object obj2 = this._array[this._head]; //出队
40      this._array[this._head] = null;         //删除出队元素
41      //移动队头指针
42      this._head = (this._head + 1) % this._array.Length;
43      this._size--;
44      return obj2;
45  }
46  public virtual void Enqueue(object obj)    //入队
47  {
48      if (this._size == this._array.Length)  //当数组满员时
49      {   //计算新容量
50          int capacity =
51              (int)((this._array.Length * this._growFactor) / 100L);
52          if (capacity < (this._array.Length + _MinimumGrow))
53          {   //最少要增长 4 个元素
54              capacity = this._array.Length + _MinimumGrow;
55          }
56          this.SetCapacity(capacity);         //调整容量
57      }
58      this._array[this._tail] = obj;          //入队
59      this._tail = (this._tail + 1) % this._array.Length; //移动队尾指针
60      this._size++;
61  }
62  private void SetCapacity(int capacity)      //内存搬家
63  {   //在内存中开辟新空间
64      object[] destinationArray = new object[capacity];
65      if (this._head < this._tail)            //元素搬家
66      {   //当头指针在尾指针前面时
67          Array.Copy(this._array, this._head, destinationArray, 0,
68             this._size);
69      }
```

```
70        else //当头指针在尾指针后面时
71        {   //先搬头指针后面的元素再搬数组头部到尾指针之间的元素
72            Array.Copy(this._array, this._head,
73               destinationArray, 0, this._array.Length - this._head);
74            Array.Copy(this._array, 0, destinationArray,
75               this._array.Length - this._head, this._tail);
76        }
77        this._array = destinationArray;
78        this._head = 0;
79        this._tail = (this._size == capacity) ? 0 : this._size;
80    }
81    // 属性
82    public virtual int Count //指示元素个数
83    {
84        get
85        {
86            return this._size;
87        }
88    }
89 }
```

上述代码在一个数组(第 5 行代码的成员变量_array)的基础上构建了一个可动态改变空间的队列 Queue。它对空间的改变采用了不同的策略，增加了一个增长因子_growFactor。在默认情况下，这个增长因子的值为 2，也就是空间每次增长为原来的 2 倍，这和前面所介绍的 ArrayList 和 Stack 是一样的。当调用第 16 行的构造方法对队列进行初始化时，就可以指定这个增长因子，使队列空间按所指定的系数增长。下面对队列所实现的操作进行讲解。

1. 初始化

这里有两个构造方法，第一个为 13～15 行的无参构造方法：

public Queue( ) : this(_ShrinkThreshold, 2f)

这个构造方法会自动调用另一个带参数的构造方法，并传递 0x20 和 2 这两个参数。第一个参数是十六进制数 20，也就是十进制的 32，它表示把队列初始化为可存放 32 个元素。第二个参数表示增长因子为 2。

16～32 行为第二个构造方法，使用这个构造方法可以指定队列的初始容量及增长因子。它有两个参数，第一个参数 capacity 表示队列的初始容量，第二个参数 growFactor 表示增长因子，且增长因子的值被限定在 1 至 10 之间。

2. 入队

46～61 行代码的 Enqueue(object obj)方法为入队操作，当发生队上溢时，则开辟新的内存空间存放元素，并根据增长因子的大小调整新内存空间的大小。每次空间增长的最小值为 4，这样做是为了防止用户把增长因子设置为 1 使得空间无法增长。

入队时队尾指针移动的算法跟前面介绍的一致，为

$$Tail = (Tail + 1)\ \%\ \text{数组长度}$$

容量的调整实际上是通过62～80行的SetCapacity(int capacity)方法来实现的，这里需要注意区分两种情况：当元素的物理顺序和逻辑顺序相同，也就是Head<Tail时(图3.6(b)、图3.6(c)、图3.6(d)、图3.6(h))，只需一次复制就可完成；当元素的物理顺序和逻辑顺序不同，也就是Head>=Tail时(图3.6(e)、图3.6(f)、图3.6(g)，就需要分段复制，以保证在新数组中元素是按顺序排列的。

3. 出队

33～45行的Dequeue( )方法为出队操作，当发生队下溢时会引发一个异常，在使用时如果不希望产生这个异常，在出队前通过Count属性判断队列是否为空即可。出队时队头指针移动的算法也跟前面介绍的一致，为

Head = (Head + 1) % 数组长度

3.3 本章小结

本章讲述了两种特殊的线性表：栈和队列。两者的基本操作都是单个元素的“进”“出”操作，栈的操作是进栈和出栈，队列的操作是进队和出队。所不同的是栈是一种“先进后出”的数据结构而队列是一种“先进先出”的数据结构。

C#中实现了栈的集合类是Stack和Stack<T>，实现了队列的集合类是Queue和Queue<T>。

本章仅演示了如何使用顺序表实现栈和队列，由于两者均是在线性表的头或尾对数据进行添加和删除操作，所以有着非常高的效率，唯一影响性能的地方是在容量不足时需要开辟新的内存空间并进行数据迁移。可以使用链表来实现栈和队列以解决这个问题，但.NET本身使用顺序表来实现这两种数据结构就已经说明了使用链表实现并不具备优势。

3.4 实训指导：栈和队列的使用

一、实训目的

(1) 掌握栈的使用方法及各种操作。

(2) 掌握循环队列的使用方法及各种操作。

二、实训内容

实训项目一：进制转换问题。

将一个非负的十进制整数N转换成其他D进制数是计算机计算的一个基本问题，如

$(135)_{10}=(207)_8$

$(72)_{10}=(48)_{16}$

$(38)_{10}=(100110)_2$

最简单的解决办法就是连续取模%和整除/。例如，把十进制数350转换成八进制数。

由图3.7所示的计算过程可知，*D*进制各数位的产生顺序是从低位到高位，而输出顺序却要从高位到低位，刚好和计算过程相反，因此要利用栈进行逆序输出。

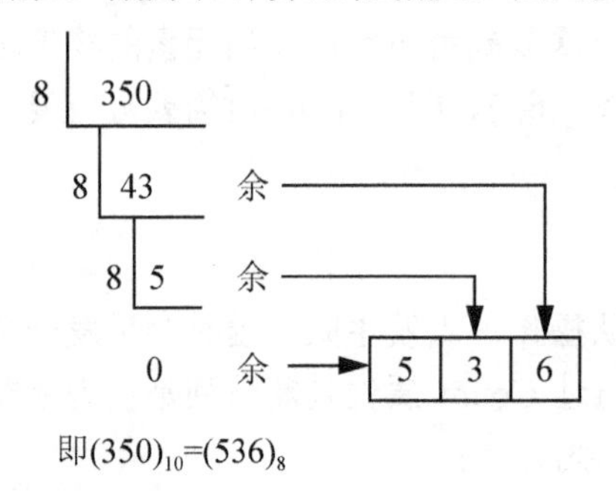

图3.7　*D*进制转换运算过程

【视频3-3】

【Project3-1.cs】进制转换。

```
1  using System;
2  class Project3_1
3  {   //参数 N 表示欲转换的十进制数，参数 D 表示转换为 D 进制
4      static string DecConvert(int N, int D)
5      {
6          if (D < 2 || D > 16)
7          {
8              throw new ArgumentOutOfRangeException("D",
9                  "只支持将十进制数转换为二进制至十六进制数！");
10         }
11         Stack stack = new Stack();
12         do
13         {
14             int residue = N % D;            //取余
15             char c = (residue < 10) ?
16                 (char)(residue + 48) : (char)(residue + 55);
17             stack.Push(c);                  //进栈
18         }
19         while ((N = N / D) != 0);           //当除的结果为 0 时表示已经到达最后一位
20         string s = string.Empty;
21         while (stack.Count > 0)
22         {   //所有元素出栈并压入字符串 s 内
23             s += stack.Pop().ToString();
24         }
25         return s;
26     }
27     static void Main()
28     {
29         Console.WriteLine(DecConvert(27635, 16));     //转换为十六进制
30         Console.WriteLine(DecConvert(27635, 8));      //转换为八进制
31         Console.WriteLine(DecConvert(27635, 2));      //转换为二进制
32     }
33 }
```

运行结果如下：

```
6BF3
65763
110101111110011
```

实训项目二：打印杨辉三角。

杨辉三角如图3.8所示，它的特征是除了每一行的第一个元素和最后一个元素是1，其他元素的值是上一行与之相邻的两个元素之和。常规的求解方法需要使用二维数组记录杨辉三角的每一行数据。现在换一种思路，使用队列求解杨辉三角。首先将要打印的数据依次进队，然后在打印每行除两端外的数据时，依据出队元素计算得出，只要把握数据的出队时机，便可完成杨辉三角。

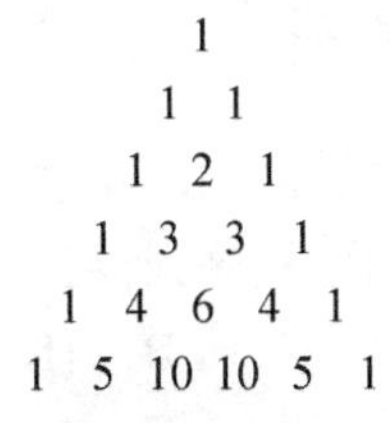

图3.8 杨辉三角

【Project3-2.cs】打印杨辉三角。

```
1  Queue queue = new Queue();
2  int left=0, right=0;
3  Console.Write("请输入行数：");
4  int n = int.Parse(Console.ReadLine());
5  for (int i = 0; i < n; i++)
6  {
7     for (int j = 1; j < n - i; j++)
8     {
9        Console.Write("  ");
10     }
11     for (int k = 0; k <= i; k++)
12     {
13        int num = 1;
14        if (k != i)
15        {
16           right = (int)queue.Dequeue();//出队元素先存入变量right内
17           if (k != 0)
18           {   //当前要打印的元素为上一行与之相邻的两元素之和
19              num = left + right;
20           }
21           left = right;      //右边元素用过之后变为下一打印数据的左边元素
22        }
23        Console.Write(string.Format("{0,-4}",num.ToString()));//打印
24        queue.Enqueue(num);  //出队
```

```
25      }
26      Console.WriteLine();
27  }
```

3.5 习　　题

一、选择题

1．栈和队列的共同点是(　　)。

A．都是先进后出

B．都是先进先出

C．只允许在端点处插入和删除元素

D．没有共同点

2．若依次输入数据元素序列{a，b，c，d，e，f，g}进栈，出栈操作可以和入栈操作间隔进行，则下列(　　)元素序列可以由出栈序列得到。

A．{d，e，c，f，b，g，a}　　B．{f，e，g，d，a，c，b}

C．{e，f，d，g，b，c，a}　　D．{c，d，b，e，g，a，f}

3．一个栈的入栈序列是 1,2,3,4,5，则下列序列中不可能的出栈序列是(　　)。

A．2,3,4,1,5　　B．5,4,1,3,2　　C．2,3,1,4,5　　D．1,5,4,3,2

4．队列操作的原则是(　　)。

A．先进先出　　B．后进先出

C．只能进行插入　　D．只能进行删除

5．栈的插入与删除在(　　)进行。

A．栈顶　　B．栈底　　C．任意位置　　D．指定位置

6．一个栈的输入序列为 $1,2,3,\cdots,n$，若输出序列的第一个元素是 n，输出序列的第 $i(1\leqslant i\leqslant n)$个元素是(　　)。

A．不确定　　B．$n-i+1$　　C．i　　D．$n-i$

7．循环队列在进行删除运算时(　　)。

A．仅修改头指针　　B．仅修改尾指针

C．头、尾指针都要修改　　D．头、尾指针可能都要修改

8．若用一个大小为 6 的数组来实现循环队列，且当前 Head 和 Tail 的值分别为 0 和 3，当从队列中删除一个元素，再加入两个元素后，Head 和 Tail 的值分别为(　　)。

A．1 和 5　　B．2 和 4　　C．4 和 2　　D．5 和 1

二、判断题

1．栈的特点是先进先出。　　(　　)

2．栈和队列都是限制存取点的线性结构。　　(　　)

3．栈和队列是两种重要的线性结构。　　(　　)

4．栈通常在递归调用和子程序调用中应用。　　(　　)

5．在对不带头结点的链队列做出队操作时，不会改变头指针的值。（　）

6．栈和队列都是操作受限的线性表，只允许在表端点处进行操作。（　）

7．队列是操作非受限的线性表，允许在任何位置插入元素。（　）

8．若队列中只有一个元素，则删除该元素后，队头队尾指针都需要修改。（　）

三、填空题

1．栈是________的线性表，其运算遵循________的原则。

2．线性表、栈、队列都是线性结构，可以在线性表的________位置插入和删除元素，对于栈只能在________位置插入和删除元素，对于队列只能在________位置插入和只能在________位置删除元素。

3．用 S 表示入栈操作，X 表示出栈操作，若元素入栈顺序为 1,2,3,4, 则得到 1,3,4,2 出栈顺序相应的 S 和 X 操作串为________。

4．队列是限制插入只能在表的一端，而删除在表的另一端进行的线性表，其特点是________。

5．在顺序队列中，当尾指针等于数组的上界时，即使队列不满，再做入队操作也会产生溢出，这种现象称为________。

6．无论对于顺序存储还是链式存储的栈和队列来说，进行插入和删除运算的时间复杂度均相同，为________。

7．在做进栈操作时应先判别栈是否____________；在做出栈操作时应先判别栈是否________；当栈中元素为 n 个，做进栈操作时发生上溢，则说明该栈的最大容量为________。

8．循环队列的引入，目的是为了克服________。

四、简答题

1．简述栈和线性表的区别。

2．循环队列的优点是什么？

3．简述栈和队列之间的相同点和不同点。

4．设栈 S 和队列 Q 的初始状态皆为空，元素 a1、a2、a3、a4、a5 和 a6 依次通过栈 S，元素出栈后即进入队列 Q，若 6 个元素出队列的顺序是 a3、a5、a4、a6、a2、a1，则栈 S 至少应该容纳多少个元素？

五、算法设计题

1．假设以带头结点的循环链表表示队列，并且只设一个指针指向队尾结点，不设头指针，写出相应的入队列和出队列的算法。

2．回文是指正读反读均相同的字符序列，如“abba”和“abdba”均是回文，但“good”不是回文。设计一个算法判定给定的字符序列是否为回文。

【第 3 章答案】

第4章 树

教学提示

在军队中，司令是最高指挥官，他统管整个军区的军队。而一个军区的军队又由几个军组成，每个军的最高长官是军长，所有军长听命于军区司令。每个军又由几个师组成，每个师由师长统管，师长又听命于军长，……。可以使用图形来表示这种上下级的关系，如图 4.1 所示，军队的这种组织关系看上去很像一棵倒挂的树。前面所讨论的线性表的元素之间是一对一的关系，而图 4.1 中的各元素间存在一对多的关系。在数据结构中正是使用树形结构来表示这种一对多的关系。

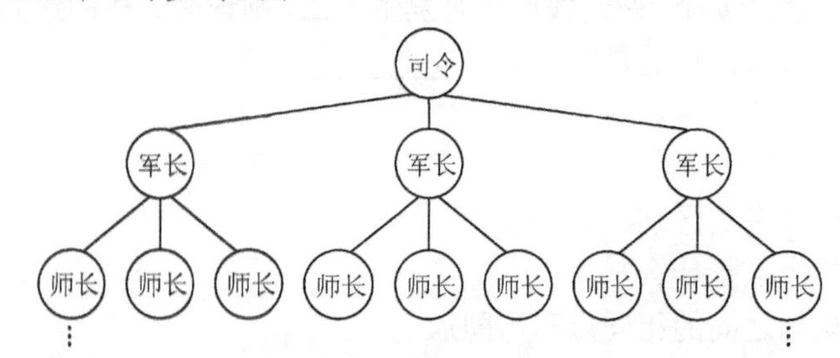

图 4.1 军队组织关系

教学要求

知识要点	能力要求	相关知识
树的概念	(1) 理解树的概念 (2) 理解二叉树的概念 (3) 理解二叉树的几种存储结构	(1) 树的定义及表示方法 (2) 二叉树的几种存储结构
二叉树的遍历	(1) 掌握二叉树的三种深度优先遍历的原理及代码编写 (2) 掌握二叉树广度优先遍历的原理及代码编写	(1) 二叉树的先序遍历、中序遍历及后序遍历 (2) 二叉树广度优先遍历的实现
树和森林	掌握森林、树、二叉树之间的转换方法	(1) 一般树转换为二叉树 (2) 森林转换为二叉树 (3) 二叉树还原为一般树 (4) 二叉树还原为森林

树在计算机中有着广泛的应用，甚至在计算机的日常使用中，也可以看到树形结构的身影，如图 4.2 所示的 Windows 资源管理器和应用程序的菜单都属于树形结构。

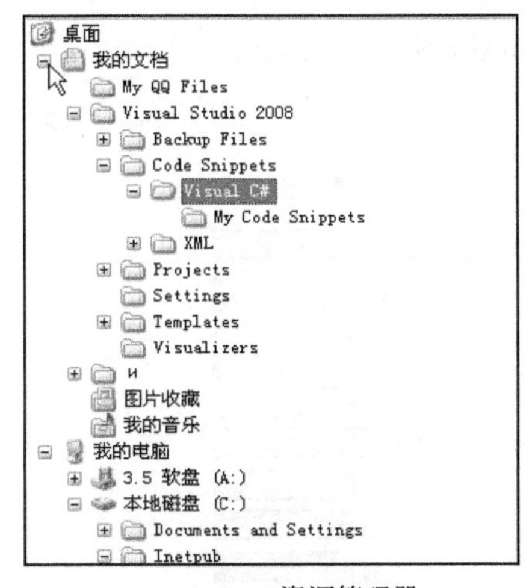

(a) Windows 资源管理器

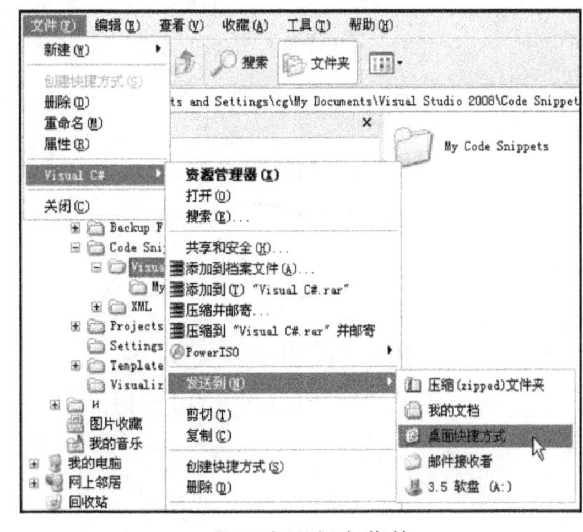

(b) 应用程序菜单

图 4.2　树形结构应用举例

树形结构是一种典型的非线性结构，除用于表示相邻关系外，还可以表示层次关系。本章讨论树和二叉树的基本概念、存储结构和遍历算法等内容。

4.1　树的基本概念

4.1.1　树的定义

树(Tree)是 $n(n\geqslant 0)$个结点(Node)的有限集。在任意一棵非空树中，有且仅有一个特定的称为根(Root)的结点，当 $n>1$ 时，其余结点分成 $m(m>0)$个互不相交的有限集 T_1，T_2，…，T_m，其中每一个集合本身又是一棵树，并且称为根的子树。树的定义是递归的，即在树的定义中又用到了树的概念，它刻画了树的固有特性，即一棵树由若干棵子树构成，而子树又由更小的若干棵子树构成。

不包括任何结点的树称为空树。图 4.3 所示的是由 9 个结点组成的树，其中结点 A 是根结点，它有两棵子树，分别以 B、C 为根，而以 B 为根的子树又可以分成两棵子树，以 C 为根的子树又可以分成 3 棵子树。

4.1.2　树的表示

图 4.3 所示的是同一棵树的 4 种表示方法。

(1) 树形表示法：这种方法直观、清晰，是最常用的一种表示方法。

(2) 括号表示法：用多层括号来描述相关树和子树的关系，较少使用。

(3) 文氏图表示法：采用集合的包含关系来表示树和子树的关系，较少使用。

(4) 凹入表示法：图 4.2 所示的 Windows 资源管理器和 C#中的 TreeView 控件正是使用这种表示法来显示树中的结点和它们之间的关系的。

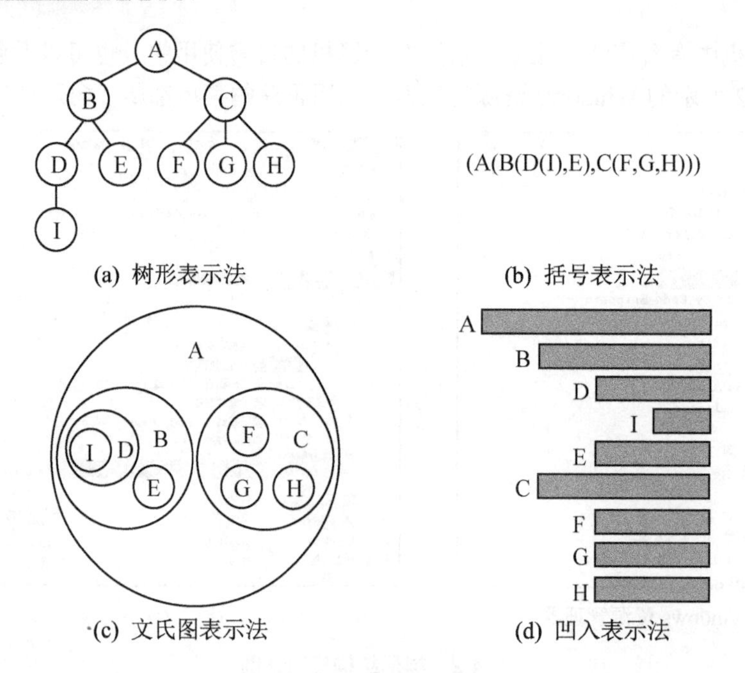

图 4.3 图的表示法

4.1.3 树的基本术语

1. 树的结点

数据元素的内容及指向其子树的分支统称为结点。

2. 结点的度

在树中，结点拥有子树的个数称为结点的度。图 4.3 中结点 A 的度为 2，B 的度为 2，C 的度为 3。

3. 树的度

树的度是树内各结点的度的最大值。图 4.3 所示的树的度为 3，因为结点 C 拥有最多的子树，它的度为 3。

4. 叶子或终端结点

度为 0 的结点称为叶子或终端结点。图 4.3 中，结点 I、E、F、G、H均为叶子。

5. 非终端结点或分支结点

度不为 0 的结点称为非终端结点或分支结点。除根结点之外，分支结点也称为内部结点。

6. 孩子、双亲

结点的子树的根称为该结点的孩子，该结点称为孩子的双亲或父亲。图 4.3 的 B 结点的孩子为 D、E，而 D、E 的双亲都为 B，同时，B 又是 A 的孩子。

7. 兄弟

同一个双亲的孩子称为兄弟，图 4.3 中的 B、C 是兄弟，D、E 是兄弟，F、G、H 也是兄弟。

8. 祖先和子孙

结点的祖先是从根到该结点所经分支上的所有结点。反之，以某结点为根的子树中的任一结点都称为该结点的子孙。图 4.3 中，A、B、D 都是 I 的祖先，D、E、I 都是 B 的子孙。

9. 层数、堂兄弟

从根结点开始定义，根为第一层，根的孩子为第二层。其余结点的层数为双亲结点的层数加 1。双亲在同一层上的结点互为堂兄弟。图 4.3 中的 A 的层数为 1，B、C 的层数为 2，D、E、F、G、H 的层数为 3，I 的层数为 4。D 和 F 互为堂兄弟。

10. 树的深度

树结点中的最大层数称为树的深度，图 4.3 所示树的深度为 4。

11. 有序树和无序树

如果树中结点的各子树从左至右是有次序的(即不能互换)，则称该树为有序树，否则称为无序树。就图 4.4 而言，若图(a)和图(b)两树是有序树，则图(a)和图(b)是互不相同的两棵树。若它们是无序树，则图(a)和图(b)是相同的两棵树。

12. 森林

森林为有限棵树的集合。如图 4.5 所示，对树而言，删去其根结点，就得到一个森林；对森林而言，加上一个结点作为根就变为一棵树。

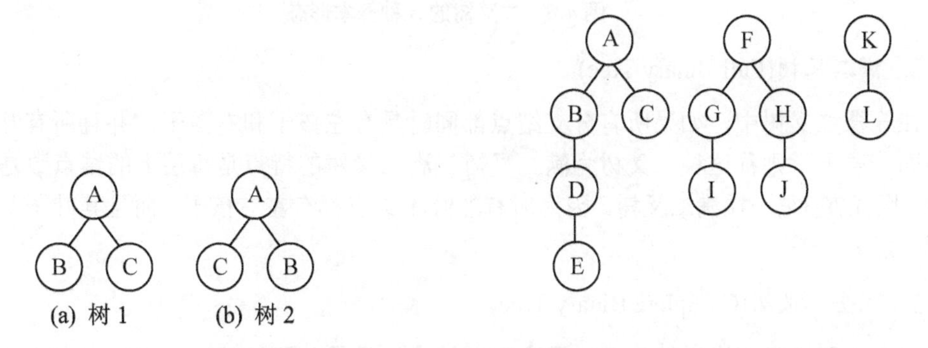

图 4.4 有序树

图 4.5 森林

综上所述，树形结构的逻辑特征可以描述为：树中的任一结点都可以有 0 个或多个后继结点(孩子)，但至多只能有一个前驱结点(双亲)。树中只有根结点无前驱，叶子结点无后继。显然，树形结构是非线性结构。

4.2 二 叉 树

二叉树是一种特殊的树，它是树形结构的一个重要类型。它结构简单，存储效率高，算法也相对简单，因此在讨论一般树的存储结构及操作之前，首先研究二叉树这种抽象数据类型。

4.2.1 二叉树的基本概念

1. 二叉树(Binary Tree)

二叉树的特点是每个结点至多有两棵子树(即二叉树不存在度大于 2 的结点)，并且二叉树的子树有左右之分，其次序不能任意颠倒，即如果将其左右子树颠倒，就成为另一棵不同的二叉树。即使树中结点只有一棵子树，也要区分它是左子树还是右子树。因此，二叉树具有如图 4.6 所示的 5 种基本形态：空二叉树，仅有根结点的二叉树，右子树为空的二叉树，左子树为空的二叉树，左、右子树均非空的二叉树。

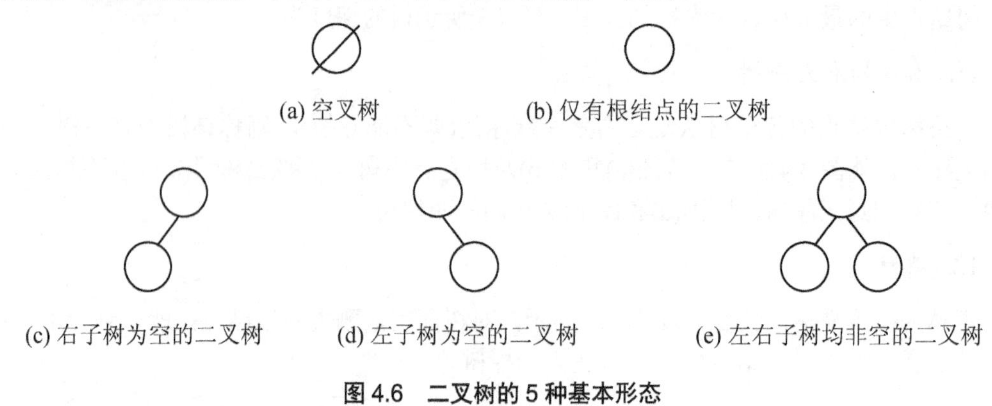

图 4.6 二叉树的 5 种基本形态

2. 满二叉树(Full Binary Tree)

在一棵二叉树中，如果所有分支结点都同时具有左孩子和右孩子，并且所有叶子结点都在同一层上，则称这种二叉树为满二叉树。满二叉树的特点是每层上的结点数是最大结点数。图 4.7(a)是一棵满二叉树，因为所有非叶子结点都有左右孩子，而且其叶子节点都在最后一层上。

3. 完全二叉树(Complete Binary Tree)

完全二叉树只允许树的最后一层出现空结点，且最下层的叶子结点集中在树的左部。显然，一棵满二叉树必定是一棵完全二叉树，而完全二叉树未必是满二叉树。若对完全二叉树每个结点自上而下、从左到右顺序编号，则序号为 k 的任一结点，其非空左、右子结点序号必为 $2k$ 和 $2k+1$，如图 4.7(b)所示，图 4.7(c)是非完全二叉树。

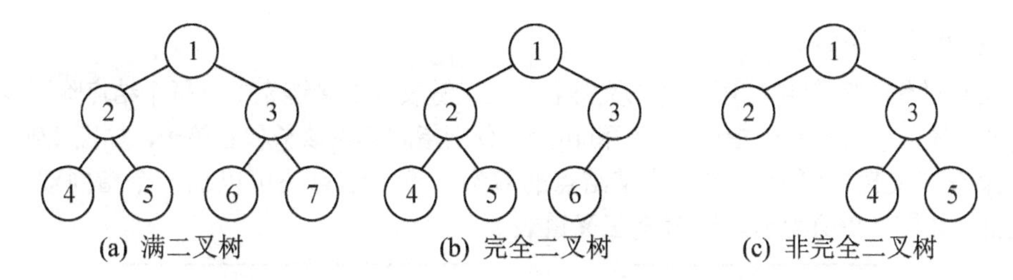

图 4.7　满二叉树、完全二叉树和非完全二叉树

4.2.2　二叉树的存储结构

二叉树的存储结构可分为两种：顺序存储结构和链式存储结构。

1. *顺序存储结构*

把一棵满二叉树自上而下、从左到右顺序编号，并把编号依次存放在数组内，可得到图 4.8(a)所示的结果。设满二叉树结点在数组中的索引号为 i，那么有如下性质。

(1) 如果 $i = 0$，此结点为根结点，无双亲。

(2) 如果 $i > 0$，则其双亲结点为$(i-1) / 2$。(注意，这里的除法是整除，结果中的小数部分会被舍弃。)

(3) 结点 i 的左孩子为 $2i + 1$，右孩子为 $2i + 2$。

(4) 如果 $i > 0$，当 i 为奇数时，它是双亲结点的左孩子，它的兄弟为 $i + 1$；当 i 为偶数时，它是双亲结点的右孩子，它的兄弟结点为 $i - 1$。

(5) 深度为 k 的满二叉树需要长度为 2^k-1 的数组进行存储。

通过以上性质可知，使用数组存放满二叉树的各结点非常方便，可以根据一个结点的索引号很容易地推算出它的双亲、孩子、兄弟等结点的编号，从而对这些结点进行访问，这是一种存储满二叉树或完全二叉树的最简单、最省空间的做法。

为了用结点在数组中的位置反映出结点之间的逻辑关系，存储一般二叉树时，只需要将数组中空结点所对应的位置设为空即可，其效果如图 4.8(b)所示。这会造成一定的空间浪费，但如果空结点的数量不是很多，这些浪费可以忽略。

一个深度为 k 的二叉树需要 2^k-1 个存储空间，当 k 值很大并且二叉树的空结点很多时，最坏的情况是每层只有一个结点，使用顺序存储结构来存储显然会造成极大的浪费，这时就应该使用链式存储结构来存储二叉树中的数据。

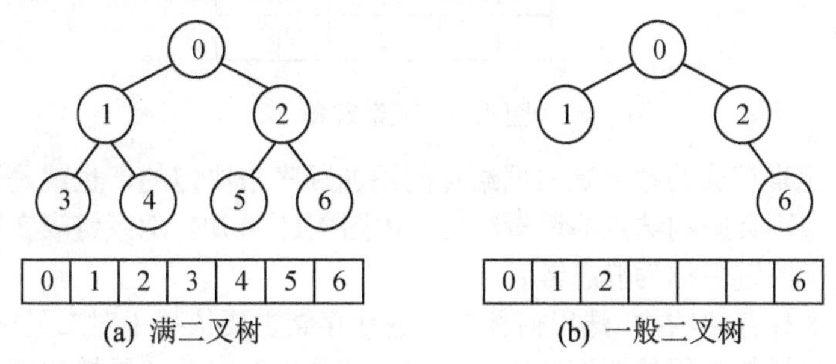

图 4.8　二叉树的顺序存储

2. 链式存储结构

二叉树的链式存储结构可分为二叉链表和三叉链表。二叉链表中，每个结点除了存储本身的数据外，还应该设置两个指针域 left 和 right，分别指向其左孩子和右孩子，如图 4.9(a)所示。

如果在二叉树中经常需要寻找某结点的双亲，每个结点还可以加一个指向双亲的指针域 parent，如图 4.9(b)所示，这就是三叉链表。

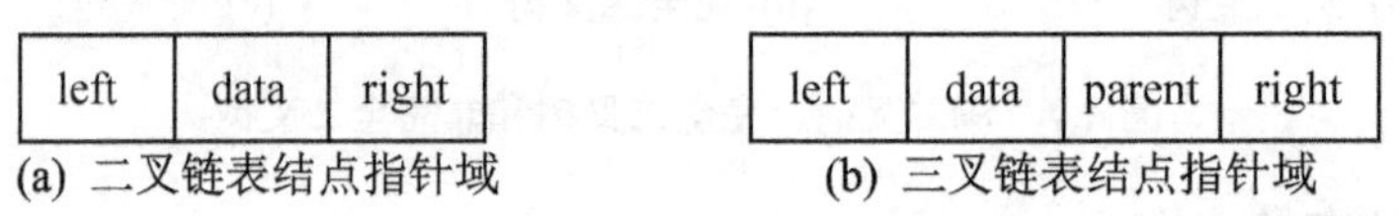

left	data	right

(a) 二叉链表结点指针域

left	data	parent	right

(b) 三叉链表结点指针域

图 4.9　二叉树链式存储的结点指针域

图 4.10 所示的是二叉链表和三叉链表的存储结构，其中虚线箭头表示 parent 指针所指的方向。

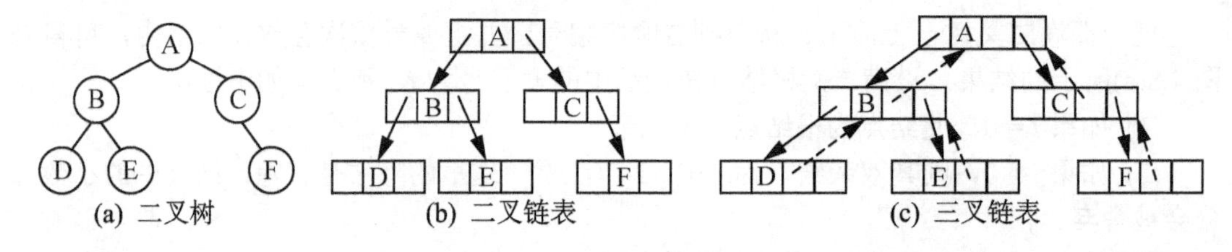

(a) 二叉树　(b) 二叉链表　(c) 三叉链表

图 4.10　二叉链表和三叉链表

二叉树还有一种叫双亲链表的存储结构，它只存储结点的双亲信息而不存储孩子信息，由于二叉树是一种有序树，一个结点的两个孩子有左右之分，因此结点中除了存放双亲信息外，还必须指明这个结点是左孩子还是右孩子。由于结点不存放孩子信息，无法通过头指针出发遍历所有结点，因此需要借助数组来存放结点信息。图 4.10(a)所示的二叉树使用双亲链表进行存储将得到图 4.11 所示的结果。由于根结点没有双亲，所以它的 parent 指针的值设为−1。

索引	data	parent	tag
0	A	−1	
1	B	0	'L'
2	C	0	'R'
3	D	1	'L'
4	E	1	'R'
5	F	2	'R'

图 4.11　双亲链表

双亲链表中元素存放的顺序是根据结点的添加顺序来决定的，也就是说把各个元素的存放位置进行调换不会影响结点的逻辑结构。由图 4.11 可知，双亲链表在物理上是一种顺序存储结构，这样的链表称为静态链表。

二叉树存在多种存储结构，选用何种方式进行存储主要依赖于对二叉树进行什么操作。而二叉链表是二叉树最常用的存储结构，下面几节给出的有关二叉树的算法大多基于二叉链表存储结构。

4.3　二叉树的遍历

二叉树遍历(Traversal)就是按某种顺序对树中每个结点访问且只能访问一次的过程。访问的含义很广，如查询、计算、修改、输出结点的值等。树遍历本质上是将非线性结构线性化，它是二叉树各种运算和操作的实现基础，需要高度重视。

4.3.1　二叉树的深度优先遍历

本书是用递归的方法来定义二叉树的。每棵二叉树由结点、左子树、右子树这 3 个基本部分组成，如果遍历了这 3 部分，也就遍历了整个二叉树。如图 4.12 所示，D 为二叉树中某一结点，L、R 分别为结点 D 的左、右子树，则其遍历方式有 6 种，见表 4-1。

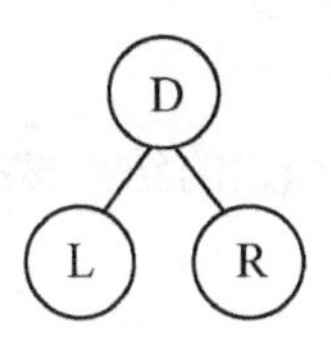

图 4.12　二叉树的递归定义

表 4-1　6 种遍历方式

	先左后右	先右后左
先序	DLR	DRL
中序	LDR	RDL
后序	LRD	RLD

这里只讨论先左后右的 3 种遍历算法。

如图 4.13 所示，在沿着虚线箭头方向所指的路径对二叉树进行遍历时，每个结点会在这条搜索路径上出现 3 次，而访问操作只能进行一次，这时就需要决定对在搜索路径上第几次出现的结点进行访问操作，由此就引出了 3 种不同的遍历算法。

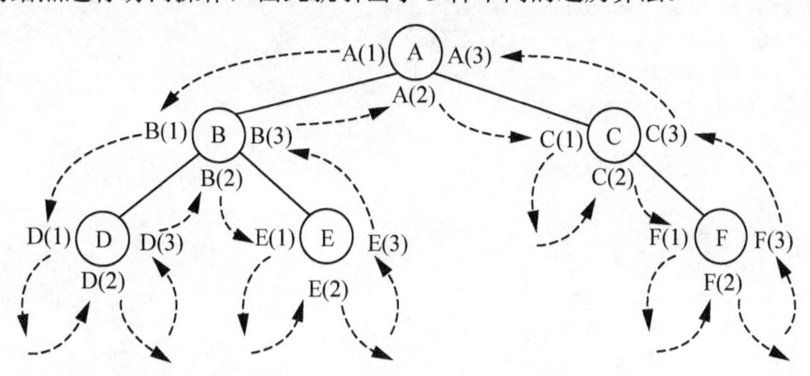

图 4.13　二叉树遍历路径示意图

1. 先序遍历

若二叉树为非空，则过程如下。

(1) 访问根结点。

(2) 先序遍历左子树。

(3) 先序遍历右子树。

图4.13中，先序遍历就是把标号为(1)的结点按搜索路径访问的先后次序连接起来，得出结果为ABDECF。

2. 中序遍历

若二叉树为非空，则过程如下。

(1) 中序遍历左子树。

(2) 访问根结点。

(3) 中序遍历右子树。

图4.13中，中序遍历就是把标号为(2)的结点按搜索路径访问的先后次序连接起来，得出结果为DBEACF。

3. 后序遍历

若二叉树为非空，则过程如下。

(1) 后序遍历左子树。

(2) 后序遍历右子树

(3) 访问根结点。

图4.13中，后序遍历就是把标号为(3)的结点按搜索路径访问的先后次序连接起来，得出结果为DEBFCA。

【视频4-1】

【例4-1 BinaryTreeNode.cs】二叉树结点类。

```
1  using System;
2  public class Node
3  {
4     //成员变量
5     private object _data;     //数据
6     private Node _left;       //左孩子
7     private Node _right;      //右孩子
8     public object Data
9     {
10       get { return _data; }
11    }
12    public Node Left          //左孩子
13    {
14       get { return _left; }
15       set { _left = value; }
16    }
17    public Node Right         //右孩子
18    {
```

```
19          get { return _right; }
20          set { _right = value; }
21      }
22      //构造方法
23      public Node(object data)
24      {
25          _data = data;
26      }
27      public override string ToString()
28      {
29          return _data.ToString();
30      }
31 }
```

Node类专门用于表示二叉树中的一个结点，它很简单，只有3个属性：Data表示结点中的数据；Left表示这个结点的左孩子，它是Node类型；Right表示这个结点的右孩子，它也是Node类型。

【例4-1 BinaryTree.cs】二叉树集合类。

```
1  using System;
2  public class BinaryTree
3  {//成员变量
4      private Node _head;                //头指针
5      private string cStr;               //用于构造二叉树的字符串
6      public Node Head                   //头指针
7      {
8          get { return _head; }
9      }
10     //构造方法
11     public BinaryTree(string constructStr)
12     {
13         cStr = constructStr;           //保存构造字符串
14         _head = new Node(cStr[0]);     //添加头结点
15         Add(_head, 0);                 //给头结点添加孩子结点
16     }
17     private void Add(Node parent, int index)
18     {
19         int leftIndex = 2 * index + 1;     //计算左孩子索引
20         if (leftIndex < cStr.Length)       //如果索引没有超过字符串长度
21         {
22             if (cStr[leftIndex] != '#')    //'#'表示空结点
23             {   //添加左孩子
24                 parent.Left = new Node(cStr[leftIndex]);
25                 //递归调用Add方法给左孩子添加孩子结点
26                 Add(parent.Left, leftIndex);
27             }
28         }
29         int rightIndex = 2 * index + 2;    //计算右孩子索引
30         if (rightIndex < cStr.Length)
```

```
31          {
32              if (cStr[rightIndex] != '#')
33              {   //添加右孩子
34                  parent.Right = new Node(cStr[rightIndex]);
35                  //递归调用Add方法给右孩子添加孩子结点
36                  Add(parent.Right, rightIndex);
37              }
38          }
39      }
40      public void PreOrder(Node node)        //先序遍历
41      {
42          if (node != null)
43          {
44              Console.Write(node);           //打印字符
45              PreOrder(node.Left);           //递归
46              PreOrder(node.Right);          //递归
47          }
48      }
49      public void MidOrder(Node node)        //中序遍历
50      {
51          if (node != null)
52          {
53              MidOrder(node.Left);           //递归
54              Console.Write(node);           //打印字符
55              MidOrder(node.Right);          //递归
56          }
57      }
58      public void AfterOrder(Node node)      //后序遍历
59      {
60          if (node != null)
61          {
62              AfterOrder(node.Left);         //递归
63              AfterOrder(node.Right);        //递归
64              Console.Write(node);           //打印字符
65          }
66      }
67 }
```

BinaryTree是二叉树的集合类，它属于二叉链表，实际存储的信息只有一个头结点指针(Head)，由于是链式存储结构，可以由Head指针出发遍历整棵二叉树。为了便于测试及添加结点，假设BinaryTree类中存放的数据是字符类型，第5行声明了一个字符串类型成员cStr，它用于存放结点中所有的字符。字符串由满二叉树的方式进行构造，空结点用#号表示(参考4.2.2节中的“顺序存储结构”部分)，图4.13所示的二叉树可表示为ABCDE#F。

11～16行的构造方法传入一个构造字符串，并通过Add( )方法根据这个字符串来构造二叉树中相应的结点。需要注意的是，这种构造方法只用于测试。

17～39行的Add( )方法用于添加结点，它的第一个参数parent表示新添加结点的双亲结点，第二个参数index表示这个双亲结点的编号(编号表示使用顺序存储结构时它在数组中的索引，可参考 4.2.2 节中的“顺序存储结构”部分)。添加孩子结点的方法是先计算孩子结点的编号，然后通过这个编号在 cStr 中取出相应的字符，并构造新的孩子结点用于存放这个字符，接下来递归调用 Add( )方法给孩子结点添加它们的孩子结点。注意，这种方法只用于测试。

40～48 行代码的 PreOrder( )方法用于先序遍历，它的代码与之前所讲解的先序遍历过程完全一样。

49～57 行代码的 MidOrder( )方法用于中序遍历。

58～66 行代码的 AfterOrder( )方法用于后序遍历。

以上 3 种方法都使用了递归来完成遍历，这符合二叉树的定义。

【例 4-1 Demo4-1.cs】二叉树深度优先遍历测试。

```
1  using System;
2  class Demo4_1
3  {
4      static void Main(string[] args)
5      {   //使用字符串构造二叉树
6          BinaryTree bTree = new BinaryTree("ABCDE#F");
7          bTree.PreOrder(bTree.Head);         //先序遍历
8          Console.WriteLine();
9          bTree.MidOrder(bTree.Head);         //中序遍历
10         Console.WriteLine();
11         bTree.AfterOrder(bTree.Head);       //后序遍历
12         Console.WriteLine();
13     }
14 }
```

运行结果如下：

```
ABDECF
DBEACF
DEBFCA
```

4.3.2 二叉树的广度优先遍历

之前所讲述的二叉树的深度优先遍历的搜索路径是首先搜索一个结点的所有子孙结点，再搜索这个结点的兄弟结点。是否可以先搜索所有兄弟和堂兄弟结点再搜索子孙结点呢？

由于二叉树结点分属不同的层次，因此可以从上到下、从左到右依次按层访问每个结点。它的访问顺序正好和之前所述二叉树顺序存储结构中结点在数组中的存放顺序相吻合。如图 4.13 所示的二叉树使用广度优先遍历访问的顺序为 ABCDEF。

这个搜索过程不再需要使用递归，但需要借助队列来完成。

(1) 将根结点压入队列之中，开始执行步骤(2)。

(2) 若队列为空，则结束遍历操作，否则取队头结点 D。

(3) 若结点D的左孩子结点存在，则将其左孩子结点压入队列。

(4) 若结点D的右孩子结点存在，则将其右孩子结点压入队列，并重复步骤(2)。

【例4-2　BinaryTreeNode.cs】二叉树结点类，该类使用例4-1中的同名文件。

【例4-2　LevelOrderBinaryTree.cs】包含广度优先遍历方法的二叉树集合类。

打开例4-1的【BinaryTree.cs】文件，在BinaryTree类中使用如下代码引入队列所需的命名空间：

```
02 using System.Collections;
```

在类中添加如下方法后另存为LevelOrderBinaryTree.cs文件。

```
68     public void LevelOrder()                  //广度优先遍历
69     {
70         Queue queue = new Queue();            //声明一个队例
71         queue.Enqueue(_head);                 //把根结点压入队列
72         while (queue.Count > 0)               //只要队列不为空
73         {
74             Node node = (Node)queue.Dequeue();     //出队
75             Console.Write(node);              //访问结点
76             if (node.Left != null)            //如果结点左孩子不为空
77             {   //把左孩子压入队列
78                 queue.Enqueue(node.Left);
79             }
80             if (node.Right != null)           //如果结点右孩子不为空
81             {   //把右孩子压入队列
82                 queue.Enqueue(node.Right);
83             }
84         }
85     }
```

【例4-2　Demo4-2.cs】二叉树广度优先遍历测试。

```
1 using System;
2 class Demo4_2
3 {
4     static void Main(string[] args)
5     {   //使用字符串构造二叉树
6         BinaryTree bTree = new BinaryTree("ABCDE#F");
7         bTree.LevelOrder(); //广度优先遍历
8     }
9 }
```

运行结果如下：

```
ABCDEF
```

【视频4-2】

4.4　树和森林

二叉树是树的特例，它相对简单，对于二叉树的理解为一般树的学习打下了良好的基础。本节讲述一般树的存储以及树、森林与二叉树的对应关系。

4.4.1　树的存储结构

树的存储结构多种多样，这里只介绍几种常用的链式表示方法。

1. 双亲表示法

在一棵树中，任意一个结点的双亲只有一个，这是由树的定义决定的。双亲表示法正是利用了树的这种性质，在存储结点信息的同时，在每个结点中附设一个指向其双亲的指针，指示双亲在链表中的位置。这种结构一般借助数组来实现，这样的链表也称为静态链表。图 4.14 所示为一棵树和它的双亲链表表示的存储结构。

数组下标	0	1	2	3	4	5	6	7	8
data	A	B	C	D	E	F	G	H	I
parent	-1	0	0	0	1	1	1	3	3

(a) 树　　(b) 树的存储结构(双亲表示法)

图 4.14　树的双亲表示法

在双亲链表表示法中，根结点无双亲，其 parent 指针用-1 表示。其余结点的 parent 指针为存放其双亲结点的数组下标值。双亲表示法简单、易懂、易于实现，求指定结点的双亲和祖先非常方便。但是，如果查找某结点的所有孩子或兄弟，则需要遍历整个数组。

2. 孩子表示法

树的每个结点都有自己的孩子，孩子表示法是指在树的每个结点中设置指针指向该结点的孩子。由于一般树中的结点可能存在多个孩子，因此需要使用链表依次存储结点的所有孩子。孩子链表的存储结构需同时使用数组和单链表来实现，图 4.14(a)所示的树使用孩子表示法进行存储的效果如图 4.15 所示。

图 4.15 所示的孩子链表的最左边一列表示结点在数组中的索引，中间一列表示结点的数据，最后一列是指向孩子链表的指针，孩子链表使用单链表实现，里面存放的并不是结点本身，而是结点在数组中的索引。与双亲链表相反，孩子链表表示法便于实现涉及孩子及子孙的操作，但不利于实现与双亲有关的操作。可以把双亲表示法与孩子表示法结合起来，形成双亲孩子链表表示法。

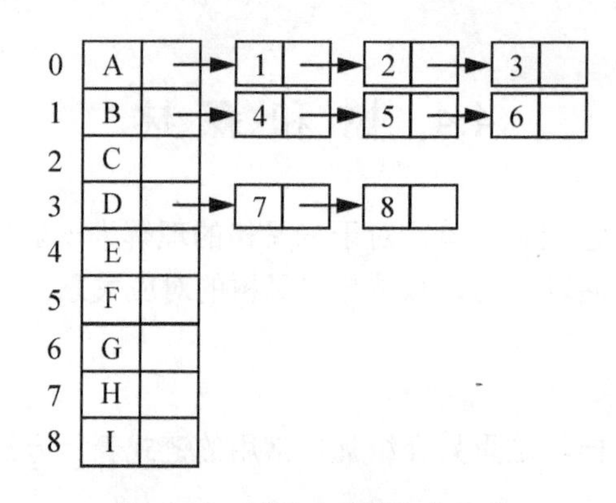

图 4.15 树的孩子链表表示法

图 4.14(a)所示的树的双亲孩子链表表示法的结构如图 4.16 所示，它增加了一个列用于存放结点的双亲在数组中的索引。双亲孩子链表表示法在实际操作中，无论是查找结点的孩子，还是双亲或是遍历整棵树都很容易实现。

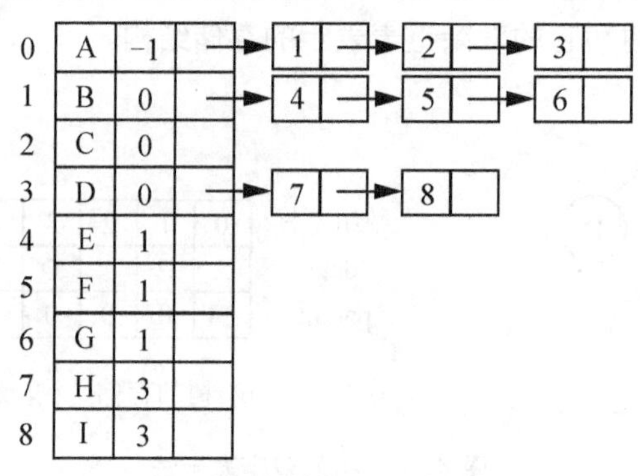

图 4.16 树的双亲孩子链表表示法

3. 孩子兄弟表示法

孩子兄弟表示法是一种二叉树表示方法，即用二叉链表作为树的存储结构。与二叉树的二叉链表表示所不同的是，这里的二叉链表结点的指针不再指向左、右孩子，而是指向该结点的第一个孩子结点(firstChild)和下一个兄弟结点(nextSibling)，其结构如图 4.17 所示。

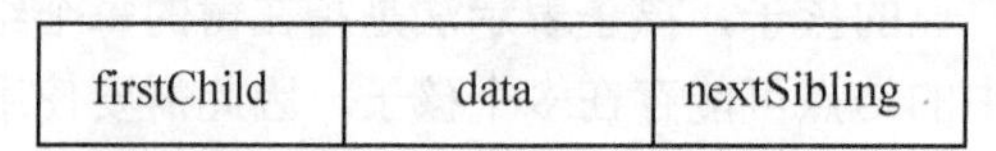

图 4.17 孩子兄弟链表指针域

图 4.14(a)所示的树使用孩子兄弟表示法进行存储的效果如图 4.18 所示。

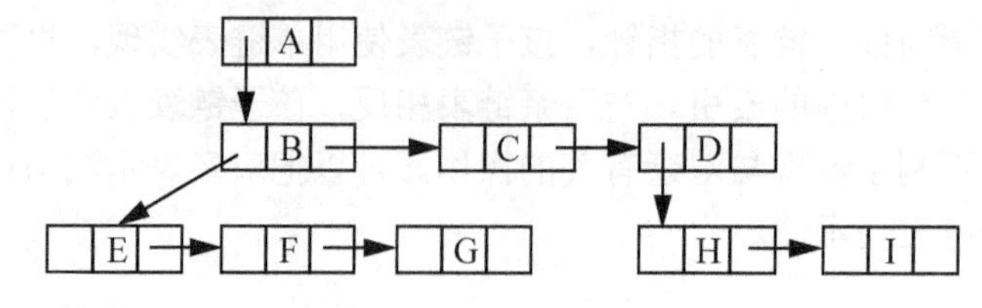

图 4.18 树的孩子兄弟链表

4.4.2　森林、树、二叉树的相互转换

前面介绍的用孩子兄弟链表表示法来存储树，实际上是用二叉链表的形式来存储的。而森林是树的有限集合，它也可以用二叉树来表示。可见，树、森林、二叉树之间存在着确定的关系，而且可以相互转换。

1. 一般树转换为二叉树

把树转换为二叉树非常简单，图 4.19 演示了如何把图 4.19(a)所示的一般树转化为二叉树，它分为 3 个步骤。

(1) 连线：在所有兄弟结点之间加一条连线，图 4.19(b)水平方向的连线就是新添加的连线。

(2) 切线：对于每个结点，除了保留与其最左孩子的连线外，去掉该结点与其他孩子之间的连线，如图 4.19(c)所示。

(3) 旋转：将所有水平方向的连线顺时针旋转 45°，就可以得到一棵形式上更为清楚的二叉树，其结果如图 4.19(d)所示。

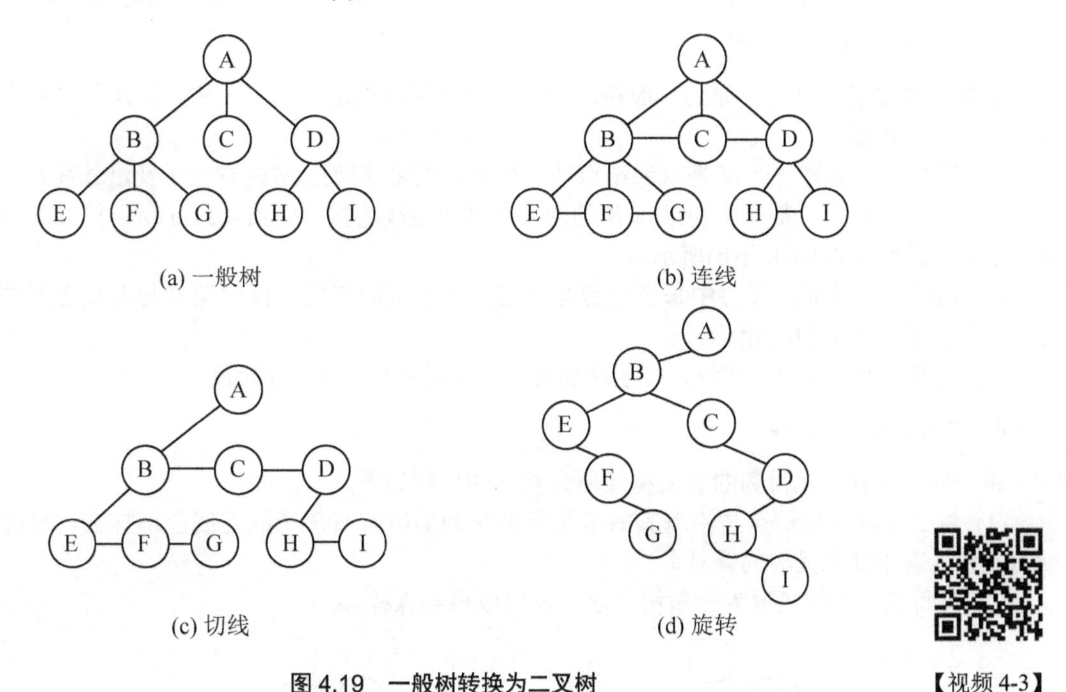

图 4.19　一般树转换为二叉树

【视频 4-3】

2. 森林转换为二叉树

森林是树的集合，把森林转换为二叉树的方法是：先将森林中每一棵树转换成二叉树，然后将各个二叉树的根结点作为兄弟连在一起。如图 4.20 所示，图 4.20(a)是森林，图 4.20(b)是经过连线和切线后的结果，图 4.20(c)是旋转后的二叉树。

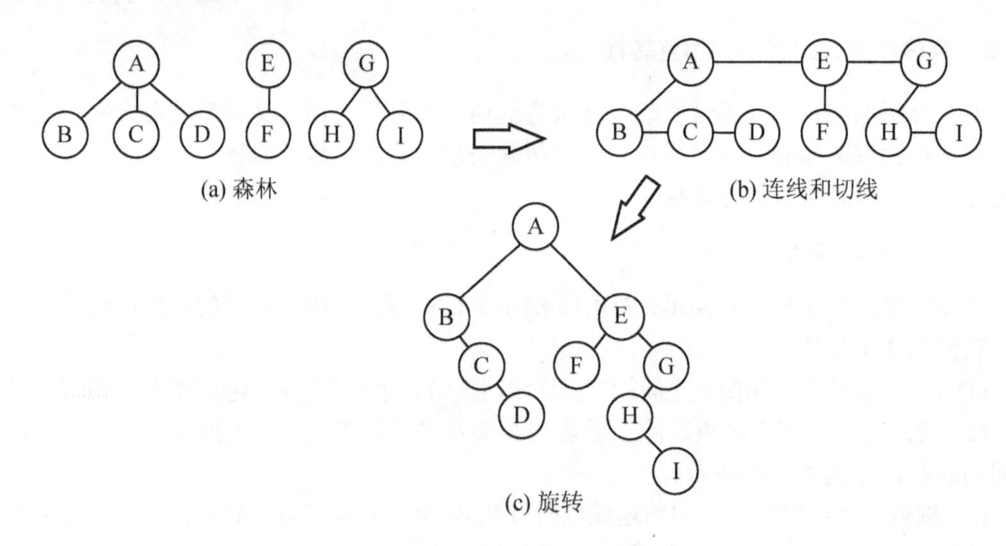

图 4.20　森林转换为二叉树

3. 二叉树还原为一般树

如果一棵二叉树可以还原为一般树，那么这棵二叉树肯定没有右子树，其还原过程也分为以下 3 个步骤。

(1) 连线：如果某结点 N 是双亲结点的左孩子，则将该结点 N 的右孩子及沿着其右链不断搜索到的右孩子，都分别与结点 N 的双亲结点用虚线连接，如图 4.21(a)所示的二叉树经过连线后的结果如图 4.21(b)所示。

(2) 切线：去掉原二叉树中每个结点与其右孩子之间的连线，仅保留其与左孩之间的连线，其结果如图 4.21(c)所示。

(3) 整理：把虚线改为实线，按层次整理好，其结果如图 4.21(d)所示。

4. 二叉树还原为森林

将一棵由森林转化得到的二叉树还原为森林的步骤如下。

(1) 将二叉树的根结点与沿着其右链不断搜索到的所有右孩子的连线全部抹去，这样就得到包含若干棵二叉树的森林。

(2) 将每棵二叉树还原为一般树，这样就可以得到森林。

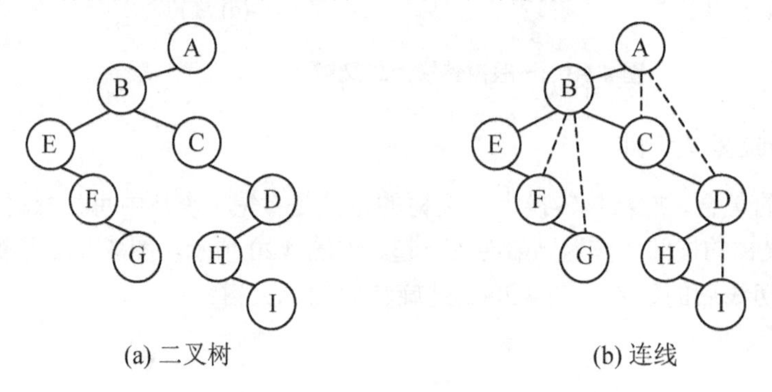

图 4.21　二叉树转换为一般树

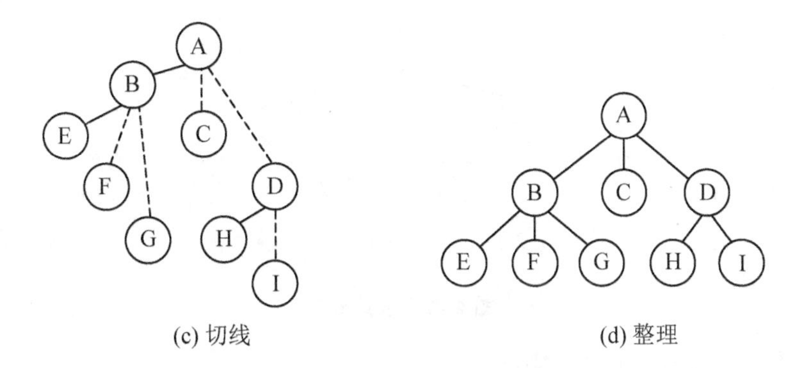

(c) 切线　　(d) 整理

图 4.21　二叉树转换为一般树(续)

4.5　本章小结

树形结构是一种非常重要的一对多的非线性结构，在树形结构中，除了根结点外，每个结点只有一个直接前驱，但可以有多个直接后继。二叉树的结点最多只能有两个孩子，它是树的特例，森林是树的集合，由多棵树组成，树和森林可以转换为二叉树。本章主要介绍了有关二叉树的基础知识，一些特殊的二叉树将在后面的章节中介绍。

二叉树的遍历分为深度优先遍历和广度优先遍历，深度优先遍历又分为前序遍历、中序遍历和后序遍历。各种遍历方法对于实际应用有着重要的意义。

4.6　实训指导：二叉树求解四则运算

一、实训目的

(1) 掌握如何通过四则运算表达式建立相应的二叉树。

(2) 掌握如果通过表达式树求解运算结果。

(3) 掌握二叉树的遍历算法。

二、实训内容

数学表达式求值是程序设计语言编译中的一个最基本问题。表达式的求值是栈应用的一个典型例子，表达式分前缀、中缀、后缀三种形式。本文将使用另一种求解表达式的方式，将表达式转换为二叉树，并通过先序遍历二叉树的方式求出表达式的值。由于篇幅限制，本文只探讨最简单的四则运算无括号中缀表达式的求解。

三、原理解析

首先观察如何用二叉树来描述一个表达式，图 4.22 是表达式“3+2*9−16/4”转换成二叉树后的表现形式。

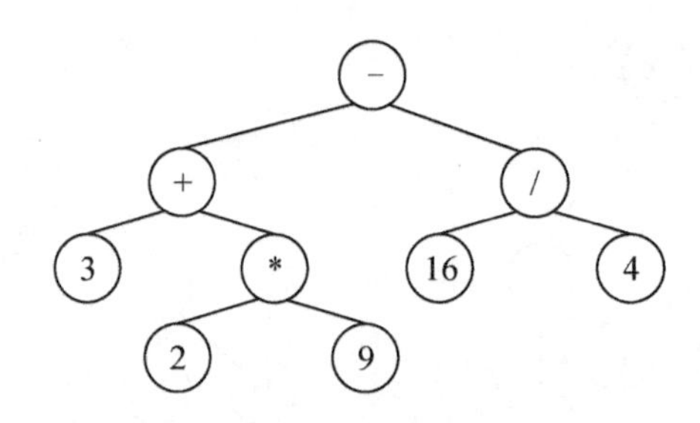

图 4.22　表达式树

观察表达式，可总结出以下特点。

(1) 操作数都是叶子结点。

(2) 运算符都是内部结点。

(3) 优先运算的操作符都在树下方，根结点减号最后运算。

从上往下看，这棵二叉树可以理解如下。

(1) 要求解根结点“-”号的结果必须先计算出左子树“+”号和右子树“/”号的结果。而要求“+”号结果则必须先计算右子树“*”号结果。

(2) “*”号左右孩子是数字，可直接计算，得到 18。接下来计算“+”号，3+18=21。根结点左子树结果为 21。

(3) “/”号左右孩子为数字，直接计算结果为 4。根结点右子树结果为 4。

(4) 最后计算根结点“-”号：21-4=17。

这个解析过程是一个递归过程，正好可用二叉树先序遍历的方法进行计算。

下面演示表达式“3+2*9-16/4”解析生成二叉树的过程，如图 4.23 所示。

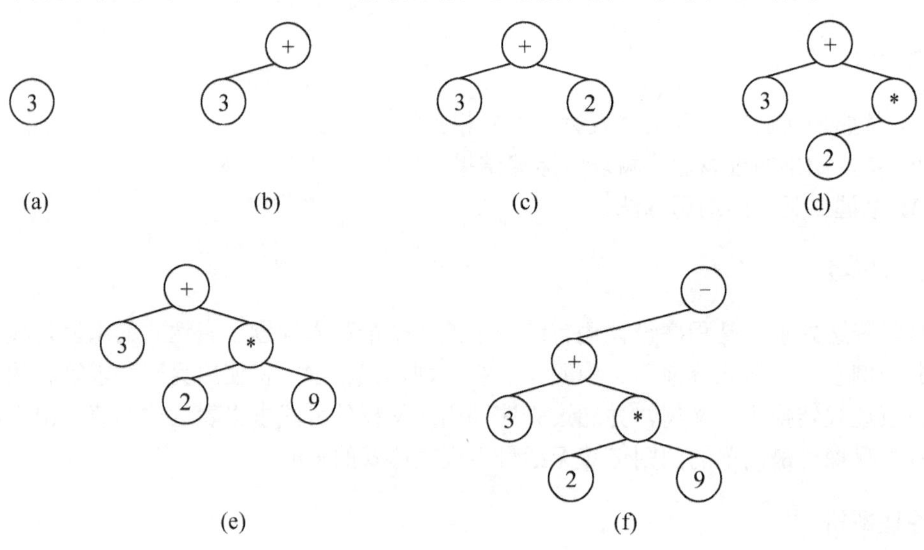

图 4.23　表达式树生成过程

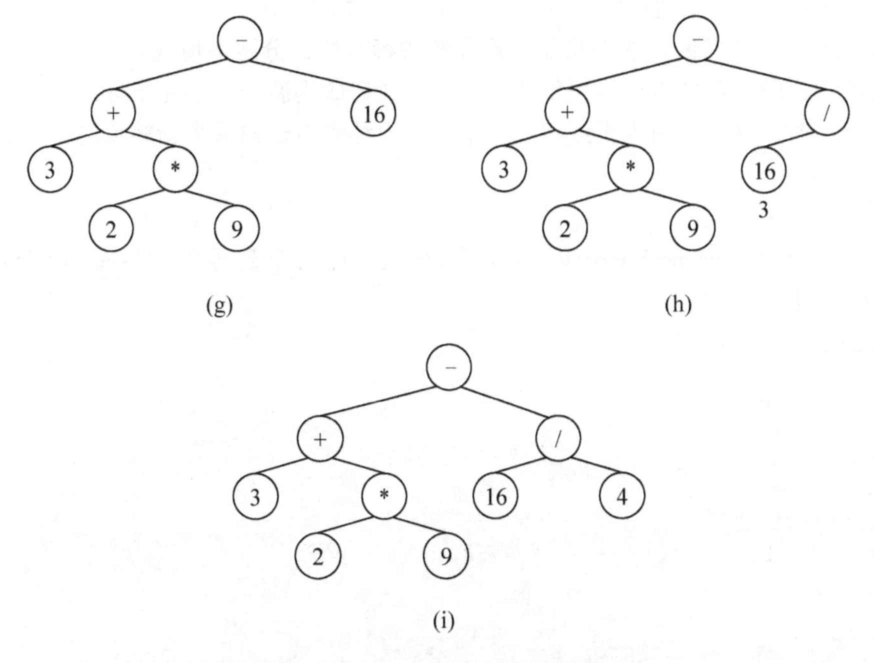

图 4.23　表达式树生成过程(续)

(1) 首先获取表达式的第 1 个字符“3”，由于表达式树现在为空树，所以“3”成为根结点，如图 4.23(a)所示。

(2) 获取第 2 个字符“+”，此时表达式树根节点为数字，需将新结点作为根结点，原根结点作为新结点的左孩子，如图 4.23(b)所示。注意，只有第二个结点会出现这样的可能，因为之后的根结点必定为操作符。

(3) 获取第 3 个字符“2”，数字将沿根节点右链插入到最右端，如图 4.23(c)所示。

(4) 获取第 4 个字符“*”，如果是操作符，将同根结点比较优先级，如果新结点优先级高则插入成为根结点的右孩子，原根结点右子树成为新结点的左子树，如图 4.23(d)所示。

(5) 获取第 5 个字符“9”，数字将沿根节点右链插入到最右端，如图 4.23(e)所示。

(6) 获取第 6 个字符“−”，“−”同根结点“+”比较优先级，优先级相等则新结点成为根结点，原表达式树成为新结点的左子树，如图 4.23(f)所示。

(7) 获取第 7、第 8 个字符组合为数字 16，沿根结点右链插入到最右端，如图 4.23(g)所示。

(8) 获取第 9 个字符“/”，同根结点比较优先级，优先级高则成为根结点的右孩子，原根结点右子树成为新结点的左子树，如图 4.23(h)所示。

(9) 获取第 10 个字符“4”，数字将沿根结点右链插入到最右端，如图 4.23(i)所示。此时运算表达式已全部遍历，表达式树建立完毕。

从以上过程中可总结算法如下。

(1) 第一个结点先成为表达式树的根。

(2) 第二个结点插入时变为根，原根结点变为新结点的左孩子。

(3) 插入结点为数字时，沿根结点右链插入到最右端。

(4) 插入结点为操作符时，先跟根结点操作符进行对比，分两种情况。

① 优先级不高时：新结点成为根结点，原表达式树成为新结点的左子树。

② 优先级高时：新结点成为根结点右孩子，原根结点右子树成为新结点的左子树。

四、实训步骤

建立项目名称为【ExprTree】的控制台应用程序。在项目下新建两个文件：【TreeNode.cs】和【BinaryTree.cs】，代码如下。

【TreeNode.cs】二叉树结点类。

```
1   public class Node
2   {   //成员变量
3       private bool _isOptr;          //是否是操作符
4       private int _data;             //数据
5       private Node _left;            //左孩子
6       private Node _right;           //右孩子
7       public bool IsOptr
8       {
9           get { return _isOptr; }
10      }
11      public int Data
12      {
13          get { return _data; }
14          set { _data = value; }
15      }
16      public Node Left               //左孩子
17      {
18          get { return _left; }
19          set { _left = value; }
20      }
21      public Node Right              //右孩子
22      {
23          get { return _right; }
24          set { _right = value; }
25      }
26      //构造方法，处理整数
27      public Node(int data)
28      {
29          _isOptr = false;
30          _data = data;
31      }//构造方法，处理字符
32      public Node(char data)
33      {
34          _isOptr = true;
35          _data = data;
36      }
37      public override string ToString()
```

```
38      {
39          if (_isOptr)
40          {
41              return Convert.ToString((char)_data);
42          }
43          else
44          {
45              return _data.ToString();
46          }
47      }
48  }
```

【BinaryTree.cs】表达式树类。

```
1   public class BinaryTree
2   {   //成员变量
3       private Node _head;            //头指针
4       private string expStr;         //用于构造二叉树的字符串
5       int pos = 0;                   //当前解析的字符所处的位置
6       //构造方法
7       public BinaryTree(string constructStr)
8       {
9           expStr = constructStr;
10          _head = CreateTree();
11      }
12      //创建表达式树
13      public Node CreateTree()
14      {
15          Node head = null;
16          char ch;
17          while (pos < expStr.Length)
18          {
19              Node node;                     //临时结点
20              ch = expStr[pos];
21              node = GetNode();              //将当前解析字符转换为结点
22              if (head == null)
23              {   //根结点不存在时，第一个结点作为根
24                  head = node;
25              }//根结点为数字时，当前结点为根，原根结点变成左孩子
26              else if (!head.IsOptr)
27              {
28                  node.Left = head;
29                  head = node;
30              }
31              else if (!node.IsOptr)     //当前结点为数字时
32              {   //当前结点沿右路插入
33                  Node tempNode = head;
34                  while (tempNode.Right != null)
35                  {
36                      tempNode = tempNode.Right;
```

```
37                  }
38                  tempNode.Right = node;
39              }
40              else//如果是操作符
41              {
42                  if (GetPriority((char)node.Data) <=
43                         GetPriority((char)head.Data))
44                  {   //优先级低则成为根，原树成为左子树
45                      node.Left = head;
46                      head = node;
47                  }
48                  else
49                  {   //优先级高则成为根结点右孩子，原右子树成为插入结点的左子树
50                      node.Left = head.Right;
51                      head.Right = node;
52                  }
53              }
54          }
55          return head;
56      }
57      //创建结点
58      private Node GetNode()
59      {
60          char ch = expStr[pos];         //获取当前解析字符
61          if (char.IsDigit(ch))          //字符为数字时
62          {   //当前操作数为2位整数以上时，需使用循环获取
63              StringBuilder numStr = new StringBuilder();
64              while (pos < expStr.Length && char.IsDigit(ch = expStr[pos]))
65              {
66                  numStr.Append(ch);
67                  pos++;
68              }
69              return new Node(Convert.ToInt32(numStr.ToString()));
70          }
71          else //字符为操作符时
72          {
73              pos++;
74              return new Node(ch);
75          }
76          }
77          //获取运算符优先级，乘除的优先级比加减高
78      private int GetPriority(char optr)
79      {
80          if (optr == '+' || optr == '-')
81          {
82              return 1;
83          }
84          else if (optr == '*' || optr == '/')
85          {
86              return 2;
```

```
87          }
88          else
89          {
90              return 0;
91          }
92      }
93      private int PreOrderCalc(Node node)
94      {
95          int n1, n2;
96          if (node.IsOptr)
97          {   //先序遍历计算表达式结果
98              n1 = PreOrderCalc(node.Left);
99              n2 = PreOrderCalc(node.Right);
100              char optr = (char)node.Data;
101             switch (optr)
102             {
103                 case '+':
104                     node.Data = n1 + n2;
105                     break;
106                 case '-':
107                     node.Data = n1 - n2;
108                     break;
109                 case '*':
110                     node.Data = n1 * n2;
111                     break;
112                 case '/':
113                     node.Data = n1 / n2;
114                     break;
115             }
116         }
117         return node.Data;
118     }
119     public int GetResult()            //获取四则运算表达式值
120     {
121         return PreOrderCalc(_head);
122     }
123 }
```

【Program.cs】在 Main 方法内输入如下代码。

```
1 Console.WriteLine("请输入四则运算表达式：");
2 string exprStr = Console.ReadLine();
3 //创建表达式树，并代入表达式字符串
4 BinaryTree bTree = new BinaryTree(exprStr);
5 Console.WriteLine(bTree.GetResult());
```

注意： 输入不包含一元运算符的合法表达式，并且是不能带括号的四则运算表达式。

思考与改进

查找资料，并完善程序，使得程序可以解析带括号的表达式。

4.7 习 题

一、选择题

1．树最适合用来表示(　　)。

A．有序数据元素

B．无序数据元素

C．元素之间具有分支层次关系的数据

D．元素之间无联系的数据

2．如果结点A有3个兄弟，而且B是A的双亲，则B的度是(　　)。

A．4　　B．5　　C．1　　D．3

3．下列有关二叉树的说法正确的是(　　)。

A．二叉树的度为2

B．一棵二叉树的度可以小于2

C．二叉树中至少有一个结点的度为2

D．二叉树中任何一个结点的度都为2

4．一棵非空的二叉树的先序遍历序列与后序遍历序列正好相反，则该二叉树一定满足(　　)。

A．所有的结点均无左孩子　　B．所有的结点均无右孩子

C．只有一个叶子结点　　D．是任意一棵二叉树

5．以下说法错误的是(　　)。

A．二叉树可以是空集

B．二叉树的任一结点都可以有两棵子树

C．二叉树与树具有相同的树形结构

D．二叉树中任一结点的两棵子树有次序之分

6．已知一棵二叉树的后序遍历序列为DABEC，中序遍历序列为DEBAC，则它的先序遍历序列为(　　)。

A．ACBED　　B．DECAB　　C．DEABC　　D．CEDBA

7．一棵完全二叉树上有1 001个结点，其中叶子结点的个数是(　　)。

A．250　　B．500　　C．505　　D．以上答案都不对

二、判断题

1．树的度是树内各结点的度之和。(　　)

2．一棵树中的叶子结点数一定等于与其对应的二叉树中的叶子结点数。(　　)

3．由树转换成二叉树，其根结点的右子树总是空的。(　　)

4．二叉树就是结点度为2的树。(　　)

5．存在这样的二叉树，对它采用任何次序的遍历，结果相同。(　　)

6．完全二叉树的某结点若无左孩子，则它必是叶子结点。 ( )

7．在叶子数目和权值相同的所有二叉树中，最优二叉树一定是完全二叉树。 ( )

三、填空题

1．二叉树通常有________存储结构和________存储结构。

2．二叉树有不同的链式存储结构，其中最常用的是________与________。

3．对于一个具有 n 个结点的二叉树，当它为一棵________时，具有最小高度，当它为一棵________时，具有最大高度。

4．遍历一棵二叉树包括访问________、遍历________和遍历________3 个方面。

5．具有 n 个结点的满二叉树，其叶子结点的个数是________。

6．已知一棵二叉树的先序序列为 ABDECFHG，中序序列为 DBEAHFCG，则该二叉树的根为________，左子树中有________，右子树中有________。

7．每一棵树都能唯一地转换为它所对应的二叉树。若已知一棵二叉树的先序序列是 BEFCGDH，中序序列是 FEBGCHD，则它的后序序列是________。设上述二叉树是由某森林转换而成，则其第一棵树的先序序列是________。

四、简答题

1．树、森林和二叉树是 3 种不同的数据结构，将树、森林转化为二叉树的基本目的是什么？并指出树和二叉树的主要区别。

2．试找出满足下列条件的二叉树。

(1) 先序序列与后序序列相同。

(2) 中序序列与后序序列相同。

(3) 先序序列与中序序列相同。

3．已知一棵二叉树的中序序列和后序序列分别为 GLDHBEIACJFK 和 LGHDIEBJKFCA。

(1) 给出这棵二叉树。

(2) 转换为对应的森林。

4．一棵二叉树的先序、中序、后序序列如下，其中一部分未标出，请构造出该二叉树。

先序序列：_ _ C D E _ G H I _ K

中序序列：C B _ _ F A _ J K I G

后序序列：_ E F D B _ J I H _ A

五、算法设计题

1．编写先序遍历二叉树的算法。

2．编写算法判定给定二叉树是否为完全二叉树。

【第 4 章答案】

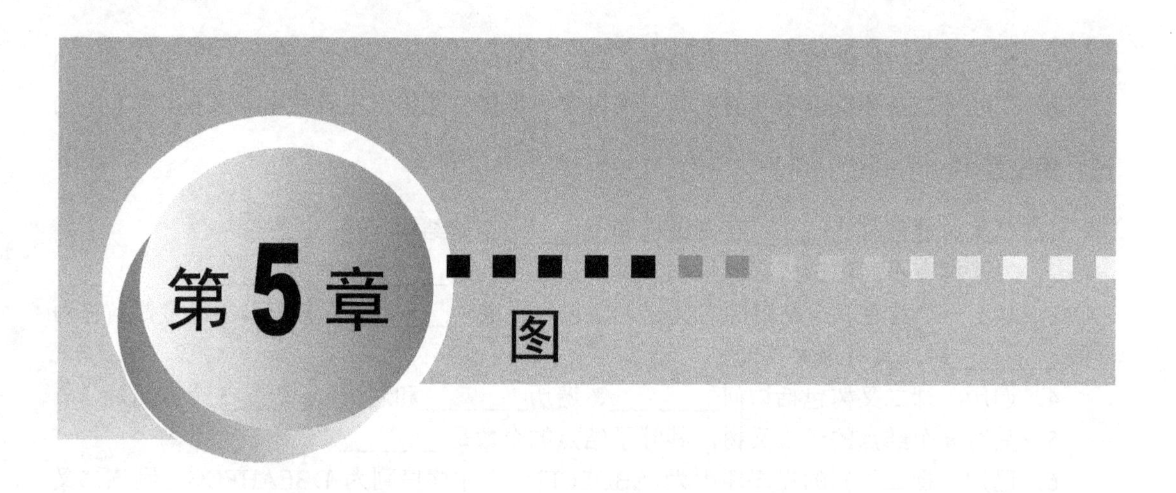

教学提示

现实世界中的很多事物往往可以抽象为图，如世界各地接入Internet的计算机通过网线连接在一起，各个城市和城市间的铁轨等。

教学要求

知识要点	能力要求	相关知识
图的概念	(1) 理解图的概念 (2) 了解图的存储结构	(1) 图的定义及术语 (2) 图的邻接矩阵表示法 (3) 图的邻接表表示法
图的遍历	(1) 掌握图的深度优先搜索遍历原理及代码编写 (2) 掌握图的广度优先搜索遍历原理及代码编写	(1) 图的深度优先搜索遍历的实现 (2) 图的广度优先搜索遍历的实现
最小生成树	(1) 理解生成树及最小生成树的概念 (2) 掌握普里姆算法原理及代码编写 (3) 掌握克鲁斯卡尔算法原理及代码编写	(1) 普里姆算法实现 (2) 克鲁斯卡尔算法实现
最短路径	(1) 掌握迪杰斯特拉算法原理及代码编写 (2) 掌握弗洛伊德算法原理及代码编写	(1) 单源点最短路径 (2) 所有顶点之间的最短路径

前面已经介绍了线性表和树两大类数据结构，线性表中的元素是“一对一”的关系，树中的元素是“一对多”的关系，本章所讲述的图结构中的元素则是“多对多”的关系。图(Graph)是一种复杂的非线性数据结构，在图结构中，每个元素可以有零个或多个前驱，也可以有零个或多个后继，也就是说，元素之间的关系是任意的。

5.1　图的基本概念和术语

一个图(Graph)是由顶点(Vertex)集 **V** 和边(Edge，又称为弧)集 **E** 组成的。图 5.1 所示的图中的顶点用 V_i 来表示，用在括号中使用逗号分隔的两个顶点来表示一条边，如(V_1,V_2)。

```
顶点集V(G) = {V1,V2,V3,V4}
边集E(G) = { (V1,V2 ),(V1,V3),(V1,V4),(V2,V4)}
```

1. 无向图

若图中所有边的两个顶点没有次序关系和方向性，即(V_1,V_2)和(V_2,V_1)代表的是同一条边，则称其为无向图(Undirected Graph)。图 5.1 所示的即为无向图。

2. 有向图

若图中两个顶点存在次序关系和方向性，即<V_1,V_2>和<V_2,V_1>代表的是两条不同的边，则称其为有向图(Directed Graph)。图 5.2 所示的即为有向图。

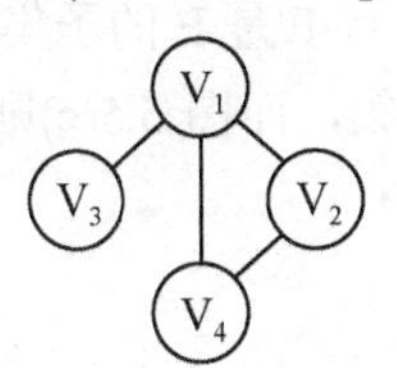

图 5.1　无向图

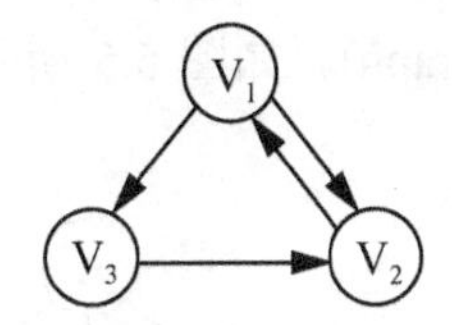

图 5.2　有向图

注意：无向图中的边使用小括号“( )”表示，而有向图中的边使用尖括号“< >”表示。

3. 完全图

在一个无向图中，如果任意两顶点都有一条边直接连接，则称该图为完全无向图，图 5.1 所示的不是完全无向图，而图 5.3 所示的是完全无向图。若一个完全无向图的顶点个数为 n，则它包含 $n(n-1)/2$ 条边。

在一个有向图中，如果任意两顶点都存在着方向相反的两条边，则称此图为完全有向图，图 5.2 所示的不是完全有向图，而图 5.4 所示的是完全有向图。若一个完全有向图的顶点个数为 n，则它包含 $n(n-1)$条边。

当一个图接近完全图时，则称它为稠密图(Dense Graph)，当一个图含有较少的边时，则称为稀疏图(Sparse Graph)。

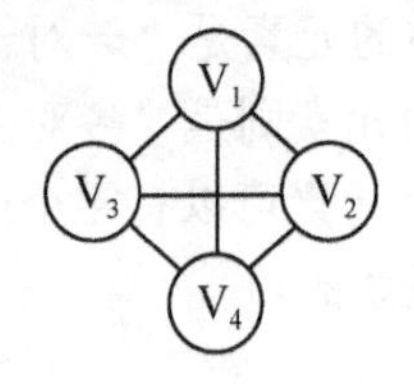

图 5.3　完全无向图

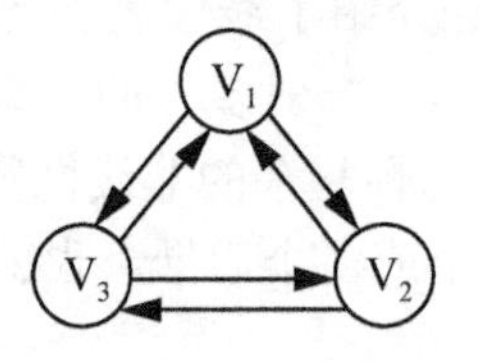

图 5.4　完全有向图

4. 顶点的度

顶点 V_i 的度(Degree)是指在图中与 V_i 相关联的边的条数，如图 5.1 中顶点 V_1 的度为 3，顶点 V_3 的度为 1。对于有向图来说，有入度(In-degree)和出度(Out-degree)之分，有向图顶点的度等于该顶点的入度和出度之和。

5. 邻接

若无向图中的两个顶点 V_1 和 V_2 存在一条边(V_1,V_2)，则称顶点 V_1 和 V_2 邻接(Adjacent)，如图 5.3 所示。

图 5.2 所示的有向图中存在一条边<V_3,V_2>，则称顶点 V_3 与顶点 V_2 邻接，且是 V_3 邻接到(to) V_2 或 V_2 邻接自(from) V_3。

6. 子图

设有两个图 G = (V,E)和 G' = (V',E')，若 V'是 V 的子集，且 E'是 E 的子集，则称 G'是 G 的子图(Subgraph)。如图 5.5 所示，图 5.5(b)是图 5.5(a)的子集，而图 5.5(c)则不是图 5.5(a)的子集。

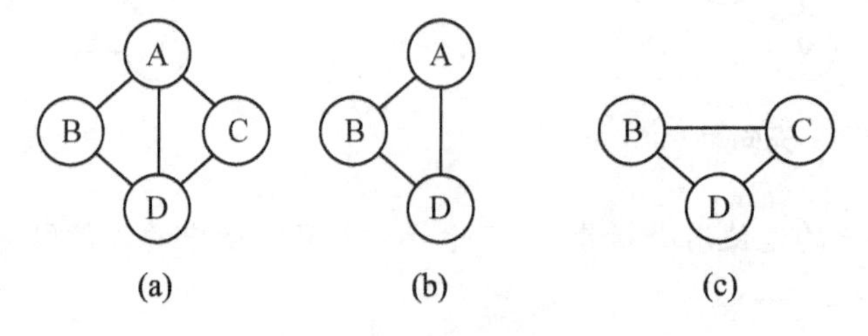

图 5.5　子图

7. 路径

在无向图中，若从顶点 V_i 出发有一组边可到达顶点 V_j，则称顶点 V_i 到顶点 V_j 的顶点序列为从顶点 V_i 到顶点 V_j 的路径(Path)。如图 5.6(a)所示，顶点 A 到顶点 E 的路径为 A→B→D→E 或 A→C→D→E。若是有向图，则路径也是有向的。在如图 5.6(b)所示的有向图中，A→B→D→E 是一条路径，而 A→C→D→E 则不是一条路径。

路径上边的数目称为路径长度，如路径 A→B→D→E 的路径长度为 3。如果路径的起点和终点相同，则称此路径为回路或环。

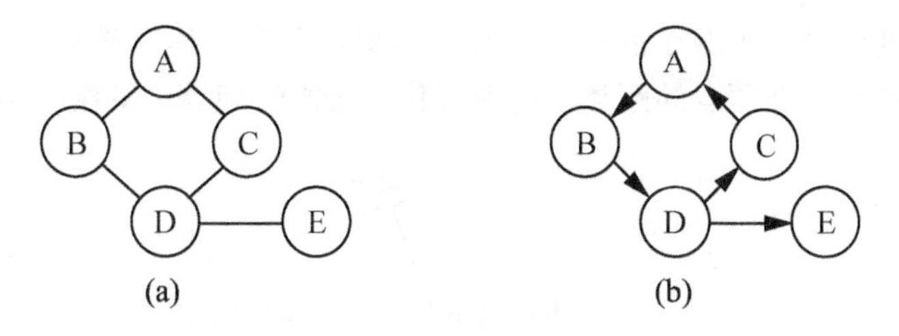

图 5.6 路径

8. 连通

若从 V_i 到 V_j 有路径可通，则称顶点 V_i 和顶点 V_j 是连通(Connected)的。对于图 5.6(a)而言，顶点 A、B、C、D、E 是相互连通的。

9. 连通图

在无向图中任意两个结点都有路径相通时，称为连通图(Connected Graph)，图 5.7(a)即为连通图。只要有两个结点无路径相通，则称为非连通图，图 5.7(b)由于顶点 E 和 A 非连通，所以是非连通图。图中的极大连通子图称为连通分量，如图 5.7(b)有两个连通分量。

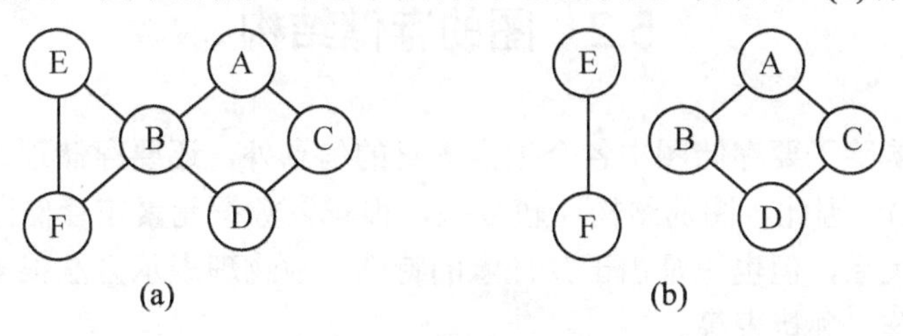

图 5.7 连通图和非连通图

10. 强连通图

在有向图中，若任意一对不同的顶点 V_i 和 V_j 都存在从 V_i 到 V_j 及从 V_j 到 V_i 的路径，则称该有向图为强连通图(Strongly Connected Graph)，如图 5.4 及图 5.8(a)是强连通图，而图 5.6(b)所示的有向图不是强连通图。有向图中极大的强连通子图称为它的强连通分量。如图 5.8(a)有两个强连通分量，如图 5.8(b)和图 5.8(c)所示。

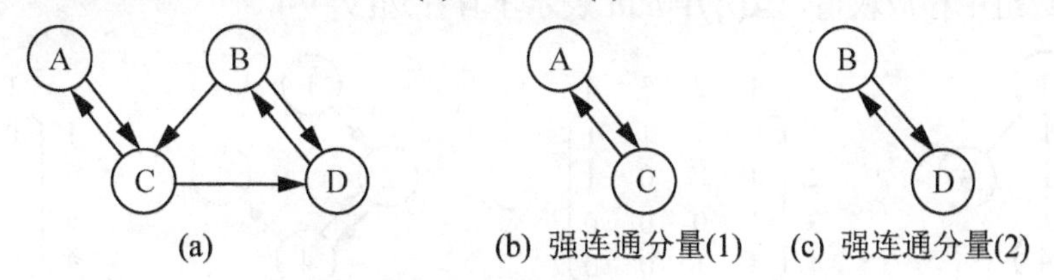

图 5.8 强连通分量

11. 权

图的边有时会包含具有某种特定含义的数据信息，这些附带的数据信息称为权(Weight)。图 5.9 所示的是几个城市(顶点)和它们之间的列车线路(边)，边上带有数字信息，表示从一个城市到达另一个城市的列车里程。这里，列车里程就是权。权可以表示实际问题中从一个顶点到另一个顶点的距离、花费代价、所需时间等。带权的图也称为网络或网。

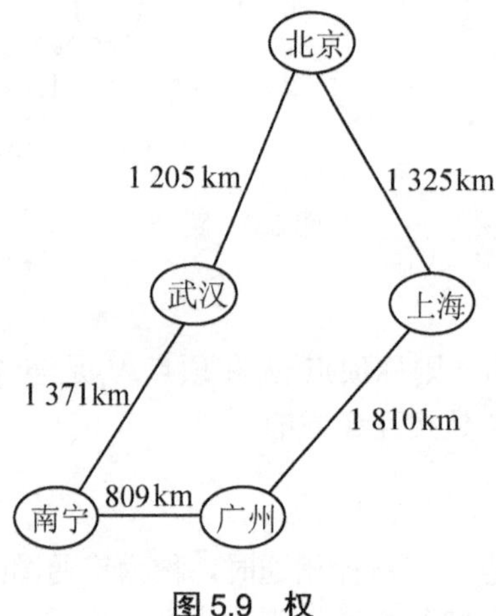

图 5.9　权

5.2　图的存储结构

图的存储结构除了要存储图中各个顶点本身的信息外，还要存储顶点与顶点之间的所有关系(边的信息)，因此，图的结构比较复杂，很难以数据元素在存储区中的物理位置来表示元素之间的关系，但也正是由于其任意的特性，故物理表示方法很多。常用的图的存储结构有邻接矩阵、邻接表等。

5.2.1　邻接矩阵表示法

对于一个具有 n 个顶点的图，可以使用 $n \times n$ 的矩阵(二维数组)来表示它们之间的邻接关系。在图 5.10 和图 5.11 中，矩阵 $\mathbf{A}(i,j)=1$ 表示图中存在一条边(V_i,V_j)，而 $\mathbf{A}(i,j)=0$ 表示图中不存在边(V_i,V_j)。实际编程时，当图为不带权图时，可以在二维数组中存放 bool 值，$\mathbf{A}(i,j)$=true 表示存在边(V_i,V_j)，$\mathbf{A}(i,j)$=false 表示不存在边(V_i,V_j)；当图带权值时，则可以直接在二维数组中存放权值，$\mathbf{A}(i,j)$=null 表示不存在边(V_i,V_j)。

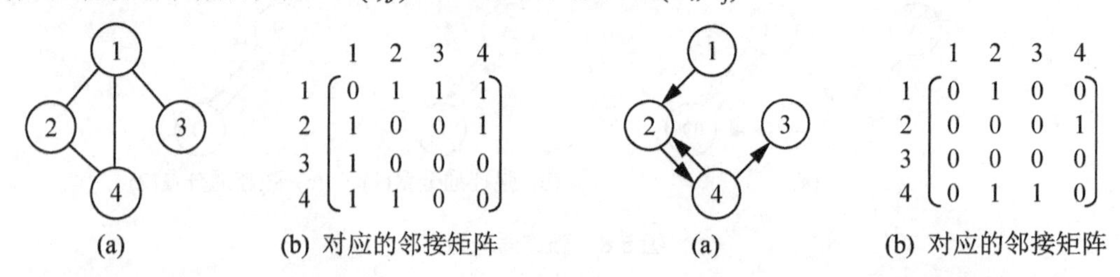

图 5.10　无向图邻接矩阵　　　　图 5.11　有向图邻接矩阵

图 5.10 所示的是无向图的邻接矩阵表示法，可以观察到，矩阵延对角线对称，即 $\mathbf{A}(i,j)=\mathbf{A}(j,i)$。无向图邻接矩阵的第 i 行或第 i 列非零元素的个数其实就是第 i 个顶点的度。这表示无向图邻接矩阵存在一定的数据冗余。

图 5.11 所示的是有向图的邻接矩阵表示法，矩阵并不沿对角线对称，**A**(i, j)=1 表示顶点 V_i 邻接到顶点 V_j；**A**(j, i)=1 则表示顶点 V_i 邻接自顶点 V_j。两者并不像无向图邻接矩阵那样表示相同的意思。有向图邻接矩阵的第 i 行非零元素的个数其实就是第 i 个顶点的出度，而第 i 列非零元素的个数是第 i 个顶点的入度，则第 i 个顶点的度是第 i 行和第 i 列非零元素个数之和。

由于存在 n 个顶点的图需要 n^2 个数组元素进行存储，当图为稀疏图时，使用邻接矩阵存储方法将出现大量零元素，造成极大的空间浪费，这时应该使用邻接表表示法存储图中的数据。

5.2.2　邻接表表示法

图的邻接矩阵存储方法跟树的孩子链表表示法相类似，是一种顺序分配和链式分配相结合的存储结构。邻接表由表头结点和表结点两部分组成，图中每个顶点均对应一个存储在数组中的表头结点。如果这个表头结点所对应的顶点存在邻接顶点，则把邻接顶点依次存放于表头结点所指向的单向链表中。如图 5.12 所示，表结点中存放的是邻接顶点在数组中的索引。对于无向图来说，使用邻接表进行存储也会出现数据冗余，如图 5.12(d)所示的无向图对应的邻接表中，表头结点 A 所指链表中存在一个指向 C 的表结点的同时，表头结点 C 所指链表也会存在一个指向 A 的表结点。

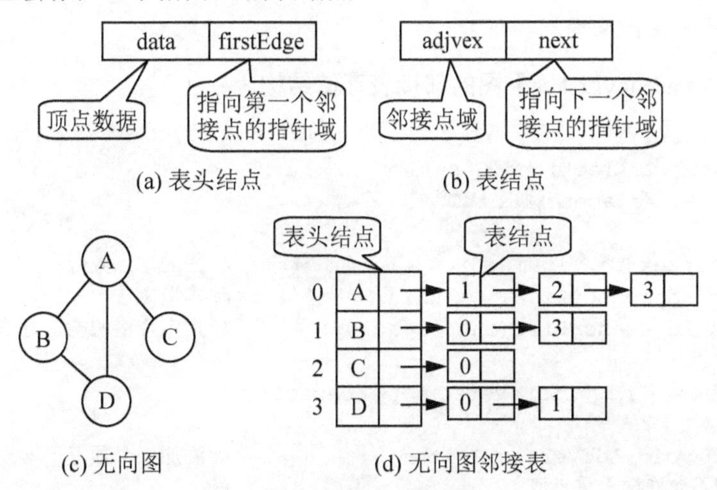

图 5.12　无向图及其邻接表

有向图的邻接表有出边表和入边表(又称逆邻接表)之分。出边表的表结点存放的是从表头结点出发的有向边所指的尾顶点；入边表的表结点存放的则是指向表头结点的某个头顶点，如图 5.13 所示。

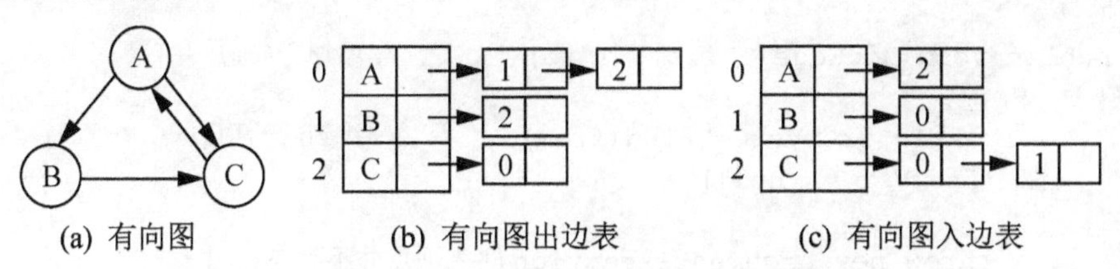

图 5.13　有向图的出边表和入边表

以上所讨论的邻接表所表示的都是不带权的图，如果要表示带权图，可以在表结点中增加一个存放权的字段，其效果如图 5.14 所示。

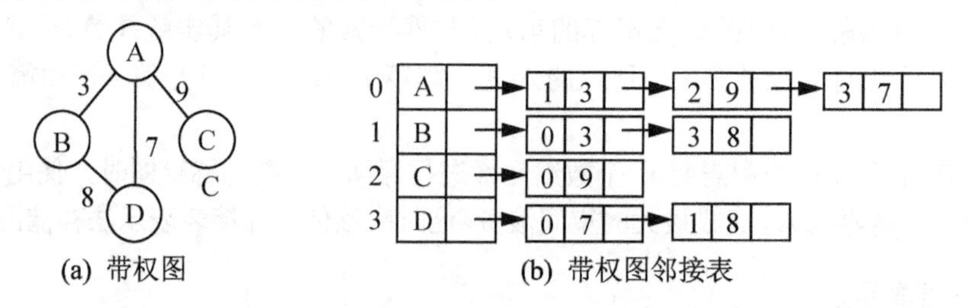

图 5.14　带权图及其邻接表

注意： 观察图 5.14 可以发现，当删除存储表头结点的数组中的某一元素时，有可能引起部分表头结点索引号的改变，从而导致大面积修改表结点的情况发生。可以在表结点中直接存放指向表头结点的指针以解决这个问题(在链表中存放类实例即是存放指针，但必须要保证表头结点是类而不是结构体)。在实际创建邻接表时，甚至可以使用链表代替数组存放表头结点或使用数组代替链表存放表结点。对所学的数据结构知识应当根据实际情况及所使用语言的特点灵活应用，切不可生搬硬套。

【例 5-1　AdjacencyList.cs】 图的邻接表存储结构。

```
1   using System;
2   using System.Collections.Generic;
3   public class AdjacencyList<T>
4   {
5       List<Vertex<T>> items;                    //图的顶点集合
6       public AdjacencyList() : this(10) { }     //构造方法
7       public AdjacencyList(int capacity)        //指定容量的构造方法
8       {
9           items = new List<Vertex<T>>(capacity);
10      }
11      public void AddVertex(T item)             //添加一个顶点
12      {   //不允许插入重复值
13          if (Contains(item))
14          {
15              throw new ArgumentException("插入了重复顶点！");
16          }
17          items.Add(new Vertex<T>(item));
18      }
19      public void AddEdge(T from, T to)         //添加无向边
20      {
21          Vertex<T> fromVer = Find(from);       //找到起始顶点
22          if (fromVer == null)
23          {
24              throw new ArgumentException("头顶点并不存在！");
25          }
```

```
26          Vertex<T> toVer = Find(to);            //找到结束顶点
27          if (toVer == null)
28          {
29              throw new ArgumentException("尾顶点并不存在！");
30          }
31          //无向边的两个顶点都需记录边信息
32          AddDirectedEdge(fromVer, toVer);
33          AddDirectedEdge(toVer, fromVer);
34      }
35      public bool Contains(T item)               //查找图中是否包含某项
36      {
37          foreach (Vertex<T> v in items)
38          {
39              if (v.data.Equals(item))
40              {
41                  return true;
42              }
43          }
44          return false;
45      }
46      private Vertex<T> Find(T item)             //查找指定项并返回
47      {
48          foreach (Vertex<T> v in items)
49          {
50              if (v.data.Equals(item))
51              {
52                  return v;
53              }
54          }
55          return null;
56      }
57      //添加有向边
58      private void AddDirectedEdge(Vertex<T> fromVer, Vertex<T> toVer)
59      {
60          if (fromVer.firstEdge == null)         //无邻接点时
61          {
62              fromVer.firstEdge = new Node(toVer);
63          }
64          else
65          {
66              Node tmp, node = fromVer.firstEdge;
67              do
68              {   //检查是否添加了重复边
69                  if (node.adjvex.data.Equals(toVer.data))
70                  {
71                      throw new ArgumentException("添加了重复的边！");
72                  }
73                  tmp = node;
74                  node = node.next;
```

```
75              } while (node != null);
76              tmp.next = new Node(toVer);          //添加到链表末尾
77          }
78      }
79      public override string ToString()            //仅用于测试
80      {   //打印每个顶点和它的邻接点
81          string s = string.Empty;
82          foreach (Vertex<T> v in items)
83          {
84              s += v.data.ToString() + ":";
85              if (v.firstEdge != null)
86              {
87                  Node tmp = v.firstEdge;
88                  while (tmp != null)
89                  {
90                      s += tmp.adjvex.data.ToString();
91                      tmp = tmp.next;
92                  }
93              }
94              s += "\r\n";
95          }
96          return s;
97      }
98      //嵌套类，表示链表中的表结点
99      public class Node
100     {
101         public Vertex<T> adjvex;                 //邻接点域
102         public Node next;                        //下一个邻接点指针域
103         public Node(Vertex<T> value)
104         {
105             adjvex = value;
106         }
107     }
108     //嵌套类，表示存放于数组中的表头结点
109     public class Vertex<TValue>
110     {
111         public TValue data;                      //数据
112         public Node firstEdge;                   //邻接点链表头指针
113         public Boolean visited;                  //访问标志，遍历时使用
114         public Vertex(TValue value)              //构造方法
115         {
116             data = value;
117         }
118     }
119 }
```

AdjacencyList<T>类使用泛型实现了图的邻接表存储结构。它包含两个内部类，Vertex<TValue>类(109～118 行代码)用于表示一个表头结点，Node 类(99～107 行代码)用于表示表结点，其中存放邻接点信息，用来表示表头结点的某条边。多个 Node 用 next 指针

相连形成一个单链表，表头指针为Vertex类的firstEdge成员，表头结点所代表的顶点的所有边的信息均包含在链表内，其结构如图5.12(a)、图5.12(b)所示。Vertex类和Node类的不同之处在于以下两方面。

(1) Vertex类中包含了一个visited成员，它的作用是在图的遍历时标识当前结点是否被访问过，这一点后面章节会介绍。

(2) Node类中邻接点指针域adjvex直接指向某个表头结点，而不是表头结点在数组中的索引。

AdjacencyList<T>类中使用了一个泛型 List 代替数组来保存表头结点信息(第 5 行代码)，从而不需要再考虑数组存储空间不够的情况，简化了操作。

由于一条无向边需要在边的两个顶点分别存储信息，即添加两个有向边，所以58～78行代码的私有方法AddDirectedEdge( )方法用于添加一条有向边。新的邻接点信息既可以添加到链表的头部也可以添加到尾部，添加到链表头部可以简化操作，但考虑到要检查是否添加了重复边，需要遍历整个链表，所以最终把邻接点信息添加到链表的尾部。

【例5-1 Demo5-1.cs】图的邻接表存储结构测试。

```
1  using System;
2  class Demo5_1
3  {
4      static void Main(string[] args)
5      {
6          AdjacencyList<char> a = new AdjacencyList<char>();
7          //添加顶点
8          a.AddVertex('A');
9          a.AddVertex('B');
10         a.AddVertex('C');
11         a.AddVertex('D');
12         //添加边
13         a.AddEdge('A', 'B');
14         a.AddEdge('A', 'C');
15         a.AddEdge('A', 'D');
16         a.AddEdge('B', 'D');
17         Console.WriteLine(a.ToString());
18     }
19 }
```

运行结果如下：

```
A: BCD
B: AD
C: A
D: AB
```

本例存储的表如图5.12(c)所示，其中，冒号前面的是表头结点，冒号后面的是链表中的表结点。

5.3 图的遍历

和树的遍历类似，从图中某一顶点出发访问图中其余顶点，且使每一个顶点仅被访问一次，这一过程就叫作图的遍历(Traversing Graph)。如果只访问图的顶点而不关注边的信息，那么图的遍历十分简单，使用一个 foreach 语句遍历存放顶点信息的数组即可。但如果为了实现特定算法，就需要根据边的信息按照一定的顺序进行遍历。图的遍历算法是求解图的连通性问题、拓扑排序和求关键路径等算法的基础。

图的遍历要比树的遍历复杂得多，由于图的任一顶点都可能和其余顶点相邻接，故在访问了某顶点之后，可能顺着某条边又访问到了已访问过的顶点，因此，在图的遍历过程中，必须记下每个访问过的顶点，以免同一个顶点被访问多次。为此给顶点附设访问标志 visited，其初值为 false，一旦某个顶点被访问，则将其 visited 标志置为 true。

图的遍历方法有两种：一种是深度优先搜索遍历(Depth-First Search，DFS)；另一种是广度优先搜索遍历(Breadth-First Search，BFS)。

5.3.1 深度优先搜索遍历

图的深度优先搜索遍历类似于二叉树的深度优先遍历。其基本思想如下：假定以图中某个顶点 V_i 为出发点，首先访问出发点，然后选择一个 V_i 的未访问过的邻接点 V_j，以 V_j 为新的出发点继续进行深度优先搜索，直至图中所有顶点都被访问过。显然，这是一个递归的搜索过程。

现以图 5.15(a)为例说明深度优先搜索的过程。假定 V_1 是出发点，首先访问 V_1。因 V_1 有两个邻接点 V_2、V_3 均未被访问过，可以选择 V_2 作为新的出发点，访问 V_2 之后，再找 V_2 的未访问过的邻接点。同 V_2 邻接的有 V_1、V_4 和 V_5，其中 V_1 已被访问过，而 V_4、V_5 尚未被访问，可以选择 V_4 作为新的出发点。重复上述搜索过程，继续依次访问 V_8、V_5。访问 V_5 之后，由于与 V_5 相邻的顶点均已被访问过，搜索退回到 V_8，访问 V_8 的另一个邻接点 V_6。接下来依次访问 V_3 和 V_7，最后得到顶点的访问序列为 $V_1 \to V_2 \to V_4 \to V_8 \to V_5 \to V_6 \to V_3 \to V_7$，如图 5.15(b)所示。

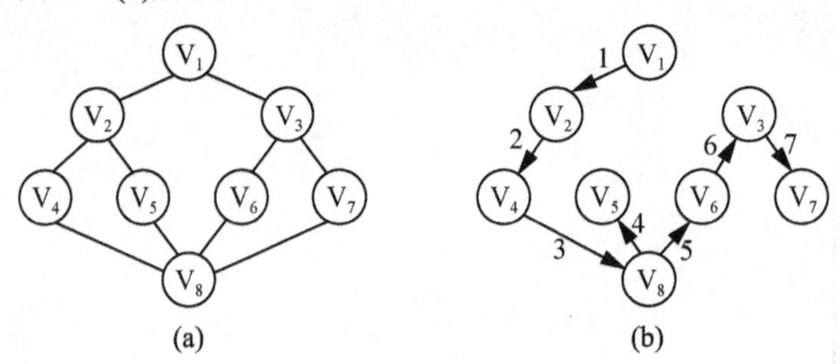

图 5.15 图的深度优先搜索遍历

下面根据 5.2 节创建的邻接表存储结构添加深度优先搜索遍历的代码。

【例 5-2　DFSTraverse.cs】深度优先搜索遍历。

打开【例 5-1　AdjacencyList.cs】文件，在 AdjacencyList<T>类中添加以下代码后，将文件另存为 DFSTraverse.cs。

```
35     public void DFSTraverse()          //深度优先遍历
36     {
37        InitVisited();                  //将visited标志全部置为false
38        DFS(items[0]);                  //从第一个顶点开始遍历
39     }
40     private void DFS(Vertex<T> v)      //使用递归进行深度优先遍历
41     {
42        v.visited = true;               //将访问标志设为true
43        Console.Write(v.data + " "); //访问
44        Node node = v.firstEdge;
45        while (node != null)            //访问此顶点的所有邻接点
46        {  //如果邻接点未被访问，则递归访问它的边
47           if (!node.adjvex.visited)
48           {
49              DFS(node.adjvex);         //递归
50           }
51           node = node.next;            //访问下一个邻接点
52        }
53     }

98     private void InitVisited()         //初始化visited标志
99     {
100       foreach (Vertex<T> v in items)
101       {
102          v.visited = false;           //全部置为false
103       }
104    }
```

【例 5-2　Demo5-2.cs】深度优先搜索遍历测试。

```
1  using System;
2  class Demo5_2
3  {
4     static void Main(string[] args)
5     {
6        AdjacencyList<string> a = new AdjacencyList<string>();
7        a.AddVertex("V1");
8        a.AddVertex("V2");
9        a.AddVertex("V3");
10       a.AddVertex("V4");
11       a.AddVertex("V5");
12       a.AddVertex("V6");
13       a.AddVertex("V7");
14       a.AddVertex("V8");
15       a.AddEdge("V1", "V2");
```

```
16          a.AddEdge("V1", "V3");
17          a.AddEdge("V2", "V4");
18          a.AddEdge("V2", "V5");
19          a.AddEdge("V3", "V6");
20          a.AddEdge("V3", "V7");
21          a.AddEdge("V4", "V8");
22          a.AddEdge("V5", "V8");
23          a.AddEdge("V6", "V8");
24          a.AddEdge("V7", "V8");
25          a.DFSTraverse();
26      }
27  }
```

运行结果如下：

```
V1 V2 V4 V8 V5 V6 V3 V7
```

本例参照图 5.15(a)进行设计，运行过程参照对图 5.15(b)所做的深度优先搜索遍历过程的分析。

5.3.2 广度优先搜索遍历

图的广度优先搜索遍历算法是一个分层遍历的过程，和二叉树的广度优先遍历类似。它从图的某一顶点 V_i 出发，访问此顶点后，依次访问 V_i 的各个未曾访问过的邻接点，然后分别从这些邻接点出发，直至图中所有顶点都被访问到。对于图 5.15(a)所示的无向连通图，若顶点 V_i 为初始访问的顶点，则广度优先搜索遍历的顶点访问顺序是 $V_1 \to V_2 \to V_3 \to V_4 \to V_5 \to V_6 \to V_7 \to V_8$。遍历过程如图 5.16 所示。

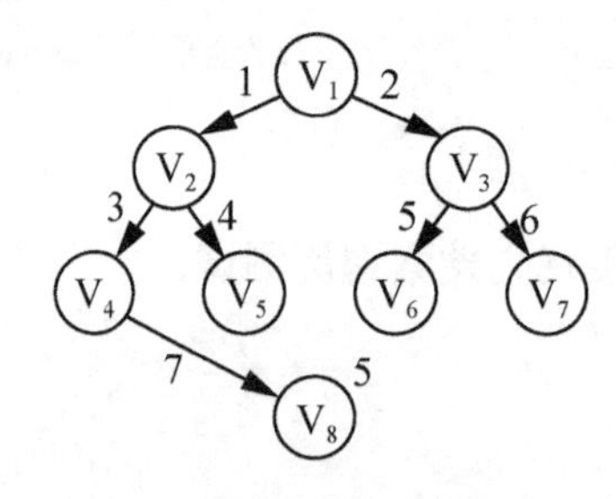

图 5.16 图的广度优先搜索遍历

和二叉树的广度优先遍历类似，图的广度优先搜索遍历也需要借助队列来完成。

【例 5-3 BFSTraverse.cs】广度优先搜索遍历。

打开【例 5-2 DFSTraverse.cs】，在 AdjacencyList<T>类中添加以下代码后，将文件另存为 BFSTraverse.cs。

```
54      public void BFSTraverse()           //广度优先遍历
55      {
56          InitVisited();                  //将 visited 标志全部置为 false
57          BFS(items[0]);                  //从第一个顶点开始遍历
58      }
```

```
59      private void BFS(Vertex<T> v)    //使用队列进行广度优先遍历
60      {   //创建一个队列
61          Queue<Vertex<T>> queue = new Queue<Vertex<T>>();
62          Console.Write(v.data + " "); //访问
63          v.visited = true;            //设置访问标志
64          queue.Enqueue(v);            //进队
65          while (queue.Count > 0)      //只要队不为空就循环
66          {
67              Vertex<T> w = queue.Dequeue();
68              Node node = w.firstEdge;
69              while (node != null)      //访问此顶点的所有邻接点
70              {   //如果邻接点未被访问，则递归访问它的边
71                  if (!node.adjvex.visited)
72                  {
73                      Console.Write(node.adjvex.data + " ");     //访问
74                      node.adjvex.visited = true;                //设置访问标志
75                      queue.Enqueue(node.adjvex);                //进队
76                  }
77                  node = node.next;     //访问下一个邻接点
78              }
79          }
80      }
```

【例 5-3 Demo5-3.cs】广度优先搜索遍历测试。

```
1  using System;
2  class Demo5_3
3  {
4      static void Main(string[] args)
5      {
6          AdjacencyList<string> a = new AdjacencyList<string>();
7          a.AddVertex("V1");
8          a.AddVertex("V2");
9          a.AddVertex("V3");
10         a.AddVertex("V4");
11         a.AddVertex("V5");
12         a.AddVertex("V6");
13         a.AddVertex("V7");
14         a.AddVertex("V8");
15         a.AddEdge("V1", "V2");
16         a.AddEdge("V1", "V3");
17         a.AddEdge("V2", "V4");
18         a.AddEdge("V2", "V5");
19         a.AddEdge("V3", "V6");
20         a.AddEdge("V3", "V7");
21         a.AddEdge("V4", "V8");
22         a.AddEdge("V5", "V8");
23         a.AddEdge("V6", "V8");
24         a.AddEdge("V7", "V8");
```

```
25         a.BFSTraverse(); //广度优先搜索遍历
26     }
27 }
```

运行结果如下：

```
V1 V2 V3 V4 V5 V6 V7 V8
```

运行过程参照对图 5.16 进行的广度优先搜索遍历过程的分析。

5.3.3 非连通图的遍历

以上讨论的图的两种遍历方法都是针对无向连通图的，它们都是从一个顶点出发就能访问到图中的所有顶点。若无向图是非连通图，则只能访问到初始点所在连通分量中的所有顶点，其他连通分量中的顶点是不可能被访问到的，如图 5.17 所示。为此需要从其他每个连通分量中选择初始点，分别进行遍历，才能够访问到图中的所有顶点。

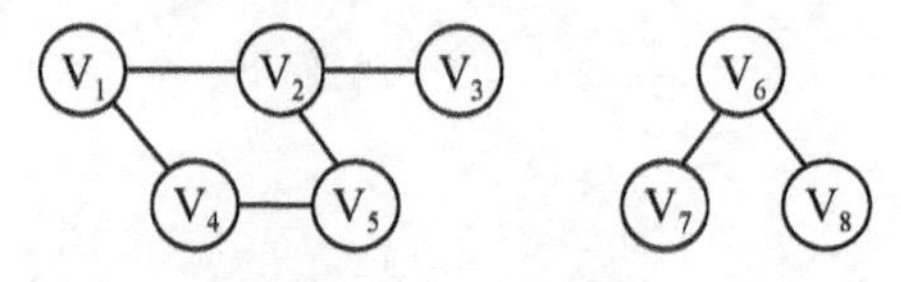

图 5.17 非连通图遍历

只需对 DFSTraverse( )方法和 BFSTraverse( )方法稍作修改，便可以遍历非连通图，代码如下：

```
1    public void DFSTraverse()        //深度优先遍历
2    {
3       InitVisited();                //将visited标志全部置为false
4       foreach (Vertex<T> v in items)
5       {
6          if (!v.visited)            //如果未被访问
7          {
8             DFS(v);                 //深度优先遍历
9          }
10      }
11   }
12   public void BFSTraverse()        //广度优先遍历
13   {
14      InitVisited();                //将visited标志全部置为false
15      foreach (Vertex<T> v in items)
16      {
17         if (!v.visited)            //如果未被访问
18         {
19            BFS(v);                 //广度优先遍历
20         }
21      }
22   }
```

5.4 生成树和最小生成树

图的“多对多”特性使得图在结构设计和算法实现上较为困难，这时就需要根据具体应用将图转化为不同的树以简化问题的求解。

5.4.1 生成树

对于无向图，含有连通图全部顶点的一个极小连通子图，称为生成树(Spanning Tree)。其本质就是从连通图任一顶点出发进行遍历操作所经过的边，再加上所有顶点构成的子图。

采用深度优先搜索遍历方式获得的生成树称为深度优先生成树(DFS 生成树)，采用广度优先搜索遍历获得的生成树称为广度优先生成树(BFS 生成树)。如图 5.18(a)所示的无向图的 DFS 生成树和 BFS 生成树分别如图 5.18(b)和图 5.18(c)所示(可参考 5.3 节)。

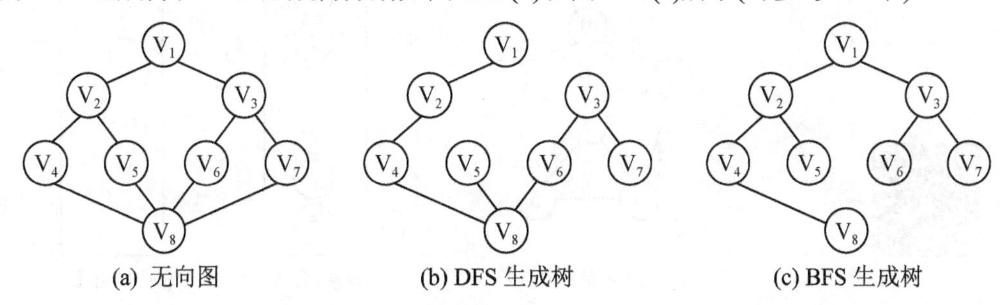

图 5.18 无向图及其 DFS 和 BFS 生成树

5.4.2 最小生成树

如果连通图是一个网络(带权的图)，称该网络的所有生成树中权值总和最小的生成树为最小生成树(Minimum Spanning Tree)，简称 MST 生成树。

求网络的最小生成树具有非常重要的意义。例如，要在 n 个城市之间铺设光缆，由于地理环境的不同，各个城市之间铺设光缆的费用不同。一方面要使这 n 个城市可以直接或间接通信，另一方面要使铺设光缆的总费用最低。解决这个问题的方法就是找到在 n 个顶点(顶点代表各个城市)和不同权值的边(权值代表各城市之间铺设光缆的费用)所构成的无向连通图中找出最小生成树。

从最小生成树的定义可知，构造有 n 个顶点的无向连通带权图的最小生成树必须满足以下 3 个条件。

(1) 必须只使用该图中的边来构造最小生成树。

(2) 必须使用且仅使用 n-1 条边来连接图中的 n 个顶点。

(3) 构造的最小生成树中不存在回路。

典型的构造最小生成树的方法有两种，一种称为普里姆(Prim)算法，另一种称为克鲁斯卡尔(Kruskal)算法。

5.4.3 普里姆算法

普里姆(Prim)算法是一种构造性算法，设图 G=(V,E)是具有 n 个顶点的网，T=(U,E(T))为G的最小生成树，U是T的顶点集合，E(T)是T的边集合。

普里姆算法的基本思想是：首先从集合 V 中选取任一顶点 v_0 放入集合 U 中，这时 U={v_0}，ET=null，然后在所有一个顶点在集合U内、另一个顶点在集合V内的边(称为待选边)中找出权值最小的边(u,v)，将该边放入 ET，并将顶点 v 加入集合 U。重复上述操作直到 U=V 为止。最终 ET 中有 n−1 条边，T=(U,ET)就是 G 的一棵最小生成树。

下面以图 5.19(a)所示的无向带权图 G 为例演示使用普里姆算法构造最小生成树的过程。

(1) 在算法开始运行时，集合V包含所有图中的顶点，集合U的顶点为空。

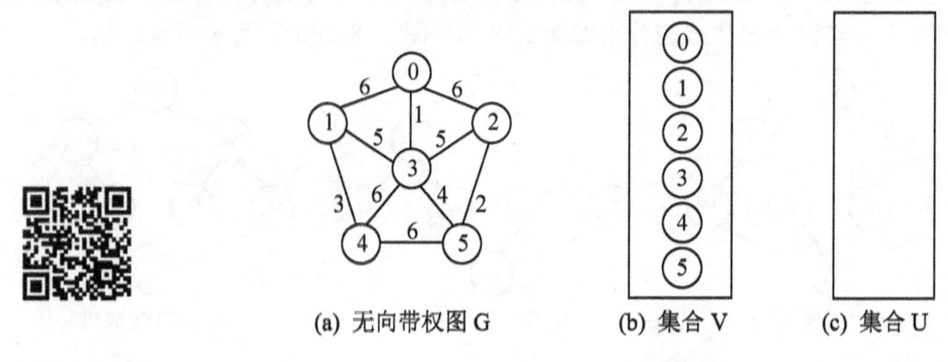

【视频 5-1】

图 5.19 初始状态

(2) 首先选取顶点 0，将其移动到集合U中，集合U中的顶点0与集合V中的1、2、3 这 3 个顶点有 3 条待选边相连，其中权值最小的边为(0,3)，在图中用虚线表示。选取这条边加入最小生成树 T，结果如图 5.20 所示。

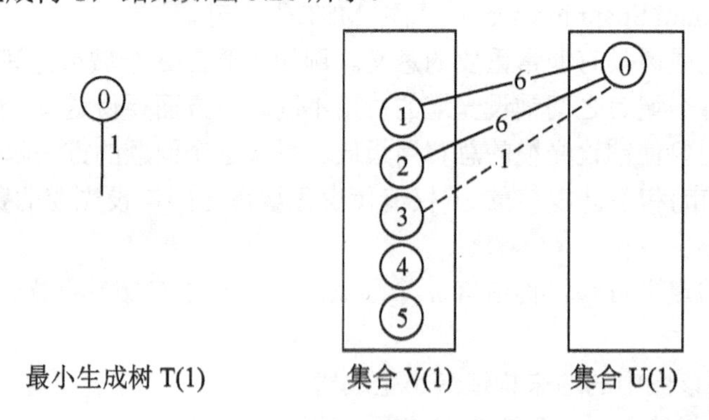

图 5.20 抽取顶点 0

(3) 将顶点 3 移动到集合 U 中，此时集合 U 中的顶点 0、3 共有 6 条待选边跟集合 V 中的顶点相连，其中边(3,5)为权值最小的边，将其加入 T 中，结果如图 5.21 所示。

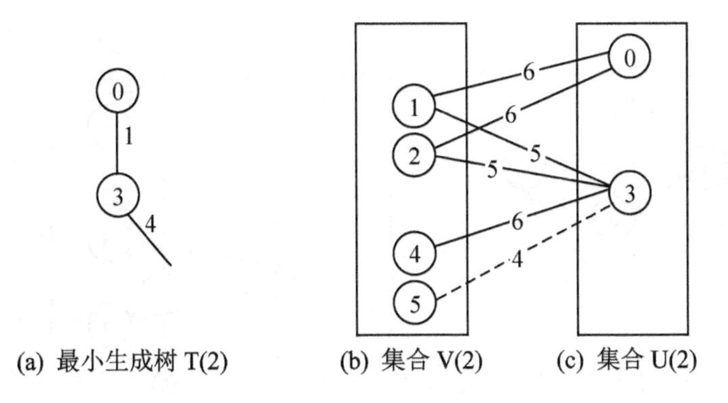

(a) 最小生成树 T(2)　　(b) 集合 V(2)　　(c) 集合 U(2)

图 5.21　抽取顶点 3

(4) 将下一顶点 5 移动到集合 U 中，找到最小权值边(5,2)加入到 T 中，结果如图 5.22 所示。

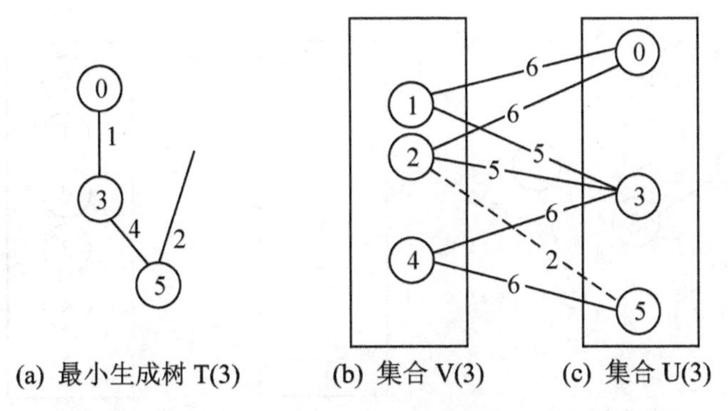

(a) 最小生成树 T(3)　　(b) 集合 V(3)　　(c) 集合 U(3)

图 5.22　抽取顶点 5

(5) 将顶点 2 移动到集合 U 中，注意，此时最小权值边是边(3,1)，与顶点 2 没有关系，将其加入到 T 中，结果如图 5.23 所示。

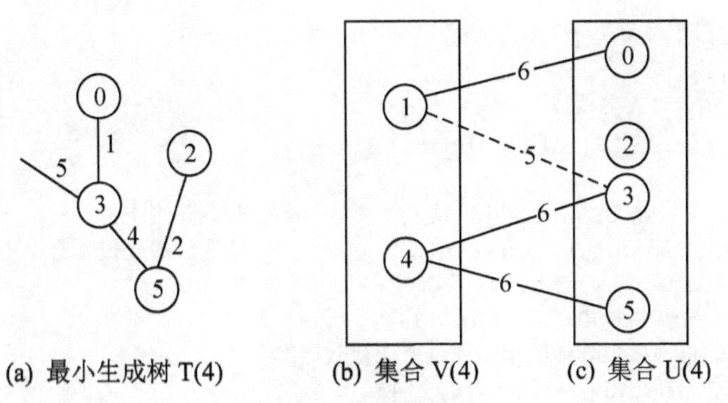

(a) 最小生成树 T(4)　　(b) 集合 V(4)　　(c) 集合 U(4)

图 5.23　抽取顶点 2

(6) 将顶点 1 移动到集合 U 中，选取最小权值边(1,4)，并将其加入到 T 中，结果如图 5.24 所示。

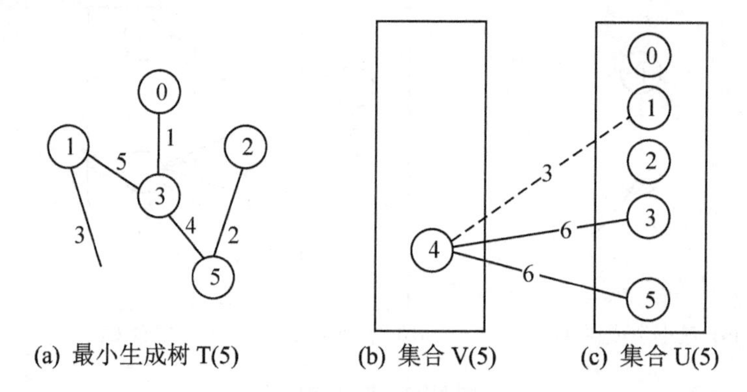

(a) 最小生成树 T(5)　　(b) 集合 V(5)　　(c) 集合 U(5)

图 5.24　抽取顶点 1

(7) 将顶点 4 移动到集合 U 中，此时集合 V 已被清空，最小生成树构造完毕，其最终结果如图 5.25 所示。

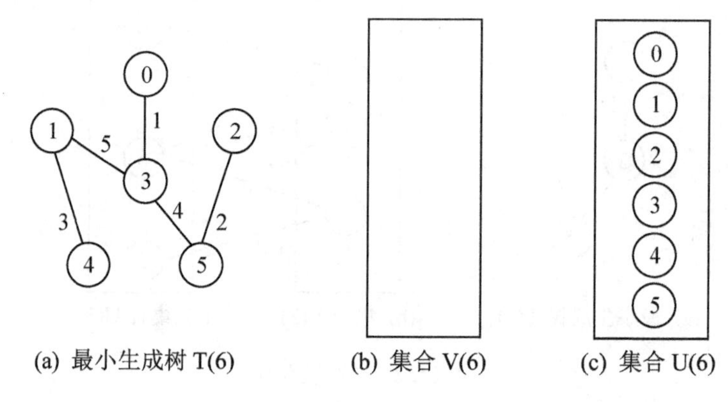

(a) 最小生成树 T(6)　　(b) 集合 V(6)　　(c) 集合 U(6)

图 5.25　完成

【**例 5-4**　Demo5-4.cs】普里姆算法。

```
1  using System;
2  class Demo5_4
3  {   //普里姆算法
4      static void Prim(int[,] cost, int v)
5      {
6          int n = cost.GetLength(1);          //获取元素个数
7          int[] lowcost = new int[n];         //待选边的权值集合
8          int[] U = new int[n];               //集合 U
9          for (int i = 0; i < n; i++)
10         {   //将邻接矩阵中的起始顶点所在行数据加入 lowcost
11             lowcost[i] = cost[v, i];
12             U[i] = v;                       //U 集合中的值全为起始顶点
13         }
14         lowcost[v] = -1;                    //标记起始点已用
15         for (int i = 1; i < n; i++)
16         {   //k 为 lowcost 集合中的最小值索引
17             int k = 0, min = int.MaxValue;
```

```
18          for (int j = 0; j < n; j++)    //寻找 lowcost 中的最小值索引
19          {   //寻找范围不包括 0 值和-1 值元素
20             if (lowcost[j] > 0 && lowcost[j] < min)
21             {
22                min = lowcost[j];
23                k = j;
24             }
25          }
26          Console.WriteLine("找到边({0},{1})权为: {2}", U[k], k, min);
27          lowcost[k] = -1;                 //标记已用
28          for (int j = 0; j < n; j++)
29          {   //如果集合 U 中有多个顶点与集合 V 中的某一顶点存在边
30             //则选取最小权值边加入 lowcost
31             if (cost[k, j] != 0 && (lowcost[j] == 0 ||
32                cost[k, j] < lowcost[j]))
33             {
34                lowcost[j] = cost[k, j];
35                U[j] = k;                  //更新集合 U
36             }
37          }
38       }
39    }
40    static void Main(string[] args)
41    {
42       int[,] cost = new int[6, 6];
43       //图的初始化
44       cost[0, 1] = 6; cost[1, 0] = 6;
45       cost[0, 2] = 6; cost[2, 0] = 6;
46       cost[0, 3] = 1; cost[3, 0] = 1;
47       cost[1, 3] = 5; cost[3, 1] = 5;
48       cost[2, 3] = 5; cost[3, 2] = 5;
49       cost[1, 4] = 3; cost[4, 1] = 3;
50       cost[3, 4] = 6; cost[4, 3] = 6;
51       cost[3, 5] = 4; cost[5, 3] = 4;
52       cost[4, 5] = 6; cost[5, 4] = 6;
53       cost[2, 5] = 2; cost[5, 2] = 2;
54       Prim(cost, 0);                      //使用普里姆算法计算最小生成树
55    }
56 }
```

运行结果如下：

```
找到边(0,3)权为: 1
找到边(3,5)权为: 4
找到边(5,2)权为: 2
找到边(3,1)权为: 5
找到边(1,4)权为: 3
```

本例使用数组 lowcost 存放集合 U 和集合 V 相连的待选边权值。如图 5.21 所示，待选

边一共有 6 条，其中边(0,1)和边(3,1)指向集合 V 中的同一个顶点 1，这种情况 lowcost 只记录最小权值边(3,1)的权值。

5.4.4 克鲁斯卡尔算法

克鲁斯卡尔(Kruskal)算法是一种按权值的递增次序选择合适的边来构造最小生成树的方法。假设 G=(V,E)是一个具有 *n* 个顶点的带权连通无向图，T=(U,E(T))是 G 的最小生成树，则构造最小生成树的步骤为：将图中所有边按权值递增顺序排序，依次选取权值较小的边，但要求后面选择的边不能与前面选择的边构成回路，否则就放弃该边，重复这个过程，直到 *n* 个顶点的图选出 *n*−1 条边即可。

图 5.26 为使用克鲁斯卡尔算法构造最小生成树的过程。

图 5.26(a)为带权的连通无向图。

图 5.26(b)为选取所有边中具有最小权值的边(0,3)加入到 T 中。

图 5.26(c)为选取剩余边中最小权值的边(2,5)加入到 T 中。

图 5.26(d)为选取剩余边中最小权值的边(1,4)加入到 T 中。

图 5.26(e)为选取剩余边中最小权值的边(3,5)加入到 T 中。

【视频 5-2】

图 5.26(f)中待选边有两条，(1,3)和(3,2)，它们的权值都为 5，由于加入边(3,2)会使 3、2、5 这 3 个顶点所在的边形成回路，所以放弃(3,2)，最终选择把边(1,3)加入到 T 中。此时边的条数达到 5，顶点个数为 6，最小生成树构造完毕。

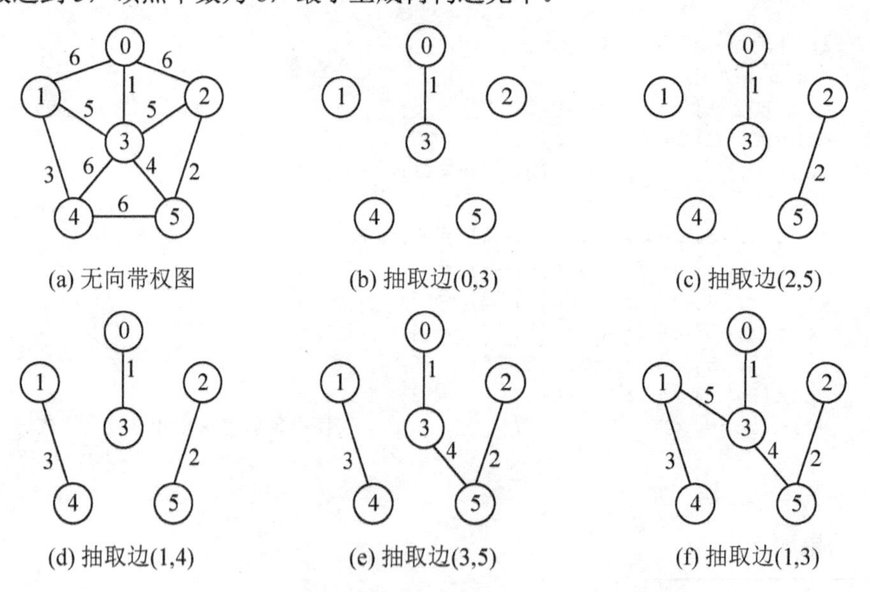
(a) 无向带权图　(b) 抽取边(0,3)　(c) 抽取边(2,5)

(d) 抽取边(1,4)　(e) 抽取边(3,5)　(f) 抽取边(1,3)

图 5.26 克鲁斯卡尔算法构造最小生成树的过程

【例 5-5 Demo5-5.cs】克鲁斯卡尔算法。

```
1 using System;
2 using System.Collections.Generic;
3 class Program
4 {   //克鲁斯卡尔算法
```

```
5      static void Kruskal(int[,] cost, int v)
6      {
7          int n = cost.GetLength(1);
8          List<Edge> EdgeSet = BuildEdgeSet(cost); //获取边集合
9          int[] vSet = new int[n];                //存放分组号的辅助数组
10         for (int i = 0; i < n; i++)
11         {   //辅助数组的初始化
12             vSet[i] = i;                        //为每个顶点配置一个唯一的分组号
13         }
14         for (int k = 1, j = 0; k < n; j++)
15         {
16             int begin = EdgeSet[j].Begin;       //边的起始顶点
17             int end = EdgeSet[j].End;           //边的结束顶点
18             int snBegin = vSet[begin];          //起始顶点分组号
19             int snEnd = vSet[end];              //结束顶点分组号
20             if (snBegin != snEnd)               //如果不存在回路
21             {   //打印最小生成树边的信息
22                 Console.WriteLine("找到边({0},{1})权为：{2}",
23                     begin, end, EdgeSet[j].Weight);
24                 k++;
25                 for (int i = 0; i < n; i++)
26                 {   //两棵树合并为一棵树后，置树的所有顶点分组号相同
27                     if (vSet[i] == snEnd)
28                     {
29                         vSet[i] = snBegin;
30                     }
31                 }
32             }
33         }
34     }
35     //存放边信息的结构体
36     struct Edge : IComparable
37     {
38         public int Begin;                       //边的起点
39         public int End;                         //边的终点
40         public int Weight;                      //边的权值
41         public Edge(int begin, int end, int weight) //构造方法
42         {
43             Begin = begin;
44             End = end;
45             Weight = weight;
46         }
47         public int CompareTo(object obj)        //用于在集合中排序
48         {
49             return Weight.CompareTo(((Edge)obj).Weight);
50         }
51     }
52     //创建按权排序的边的集合
53     static List<Edge> BuildEdgeSet(int[,] cost)
54     {
```

```
55          int n = cost.GetLength(1);                      //图的顶点个数
56          List<Edge> EdgeSet = new List<Edge>();      //边集合
57          for (int i = 0; i < n - 1; i++)
58          {
59              for (int j = i + 1; j < n; j++)
60              {
61                  if (cost[i, j] > 0)
62                  {   //把序号较小的顶点放在前面
63                      if (i < j)
64                      {
65                          EdgeSet.Add(new Edge(i, j, cost[i, j]));
66                      }
67                      else
68                      {
69                          EdgeSet.Add(new Edge(j, i, cost[i, j]));
70                      }
71                  }
72              }
73          }
74          EdgeSet.Sort();                 //让各边按权值从小到大排序
75          return EdgeSet;                 //返回边集合
76      }
77      static void Main()
78      {
79
80          int[,] cost = new int[6, 6];
81          //图的初始化
82          cost[0, 1] = 6; cost[1, 0] = 6;
83          cost[0, 2] = 6; cost[2, 0] = 6;
84          cost[0, 3] = 1; cost[3, 0] = 1;
85          cost[1, 3] = 5; cost[3, 1] = 5;
86          cost[2, 3] = 5; cost[3, 2] = 5;
87          cost[1, 4] = 3; cost[4, 1] = 3;
88          cost[3, 4] = 6; cost[4, 3] = 6;
89          cost[3, 5] = 4; cost[5, 3] = 4;
90          cost[4, 5] = 6; cost[5, 4] = 6;
91          cost[2, 5] = 2; cost[5, 2] = 2;
92          Kruskal(cost, 0); //克鲁斯卡尔算法
93      }
94  }
```

运行结果如下：

```
找到边(0,3)权为：1
找到边(2,5)权为：2
找到边(1,4)权为：3
找到边(3,5)权为：4
找到边(1,3)权为：5
```

为了依次获取最小权值边，需要将图中的所有边按权值从小到大进行排序，而图的存

储结构并没有专门针对边进行存储，而且对于无向图来说，一条无向边信息需要以两条有向边的方式进行存储，这无疑给克鲁斯卡尔算法的实现带来了困难。

为了解决以上问题，本例专门实现了一个结构体 Edge(36～51 行代码)，用于保存边的信息。为了将图中的边按权值大小进行排列，将所有边存储于一个顺序表 EdgeSet 中，并且一条无向边只存储一次，而不是存储两条有向边，这里规定序号较小的顶点放在 Begin 内，而序号较大的顶点放在 End 内。53～76 行的 BuildEdgeSet( )方法实现了以上功能，从图的邻接矩阵中提取边的信息并进行转换，最终返回符合要求的边的信息集合。由于无向图的邻接矩阵沿对角线对称，所以只需要访问一半的邻接矩阵元素(图 5.27 的灰色区域)即可实现以上功能。

	0	1	2	3	4	5
0	0	6	6	1	0	0
1	6	0	0	5	3	0
2	6	0	0	5	0	2
3	1	5	5	0	6	4
4	0	3	0	6	0	6
5	0	0	2	4	6	0

图 5.27　例 5-5 中的邻接矩阵

实现克鲁斯卡尔算法所要解决的另一个问题是如何判断树中存在回路。实际上，克鲁斯卡尔算法的实现过程是将森林变成树的过程，可以给森林中的每棵树配置一个唯一的分组号，当两棵树合并成一棵树后，使它们具有相同的分组号。这样在树合并时，如果两棵树具有相同的分组号，表明合并后的树存在回路。图 5.28 对这个合并过程进行了演示。

(1) 图 5.28(a)中的森林由 3 棵只有根结点的树组成，给每棵树配置一个唯一的分组号，分组号显示在结点上方(9～13 行代码，数组 vSet 用于存放分组号)。

(2) 图 5.28(b)中，结点 0 和结点 1 合并为一棵树，把结点 1 的分组号由 1 变为 0，使两者具有相同的分组号。这时，森林中有两棵树。

(3) 图 5.28(c)中，结点 1 和结点 2 合并为一棵树，将结点 2 的分组号改为 0，这时 3 棵树合并为 1 棵树，树中的结点具有相同的分组号。这时，如果继续在结点 0 和结点 2 之间添加一条边，很明显会使 3 个顶点形成回路，将树变为图。而在添加边时，判断两个顶点是否有相同的分组号就可以防止由于边的加入导致回路的产生(20 行代码)。

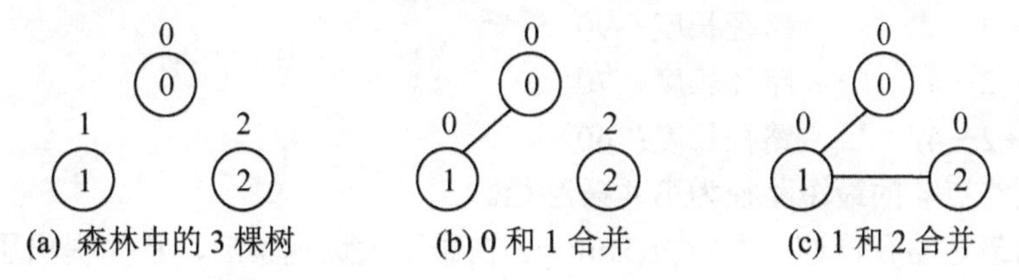

(a) 森林中的 3 棵树　(b) 0 和 1 合并　(c) 1 和 2 合并

图 5.28　森林中树的合并过程

普里姆算法主要是对图的顶点进行操作，它适用于稠密图；克鲁斯卡尔算法主要对图的边进行操作，它适用于稀疏图。

5.5 最短路径

图的应用之一是在交通运输和通信网络中寻找最短路径。例如，在交通网络中经常会遇到这样的问题：两地之间是否有公路可通；在有多条公路可通的情况下，哪一条路径最短等。这就是在带权图中求最短路径的问题，此时路径的长度不是路径上边的数目总和，而是路径上的边所带权值的总和。

带权图分无向带权图和有向带权图，但如果从 A 城到 B 城有一条公路，A 城和 B 城的海拔高度不同，由于上坡和下坡的车速不同，那么边<A，B>和边<B，A>上表示行驶时间的权值也不同。考虑到交通网络的这种有向性，本节只讨论有向网络的最短路径。习惯上称路径的开始顶点为源点，路径的最后一个顶点为终点。

5.5.1 单源点最短路径

单源点最短路径是指给定一个出发点(源点)和一个有向网，求出源点到其他各顶点之间的最短路径。

例如，对于图 5.29(a)所示的有向图 G，设顶点 0 为源点，则源点到其他各顶点的最短路径如图 5.29(b)所示。

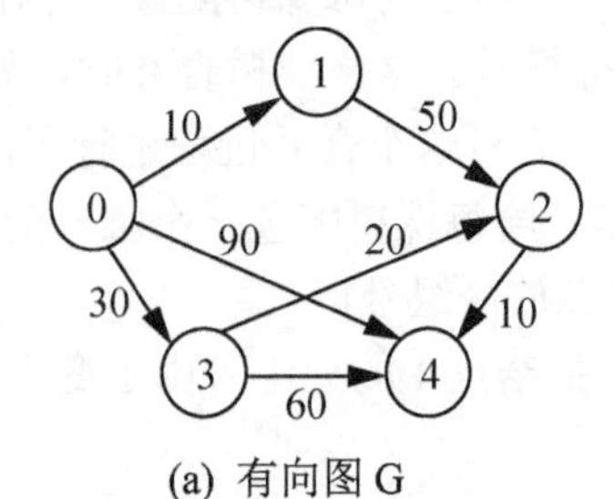

(a) 有向图 G

源点	中间顶点	终点	路径长度
0		1	10
0	3	2	50
0		3	30
0	3，2	4	60

(b) 源点 0 到其他顶点的最短路径

图 5.29 最短路径

由图 5.29(a)可以看出，从源点 0 到终点 4 有 4 条路径。

(1) 0→4　　　　　　路径长度：90

(2) 0→3→4　　　　　路径长度：90

(3) 0→1→2→4　　　　路径长度：70

(4) 0→3→2→4　　　　路径长度：60

源点 0 到终点 4 的最短路径为第 4 条路径。

为了求出最短路径，迪杰斯特拉(Dijkstra)在做了大量观察后，首先提出了按路长递增产生与顶点之间的路径最短的算法，称之为 Dijkstra 算法。

Dijkstra 算法的基本思想是：将图中顶点的集合分为两组 **S** 和 **U**，并按最短路径长度的递增次序依次把集合 **U** 中的顶点加入到 **S** 中，在加入的过程中，总保持从源点 v 到 **S** 中各顶点的最短路径长度不大于从源点 v 到 **U** 中任何顶点的最短路径长度。

Dijkstra 算法采用邻接矩阵存储图的信息并计算源点到图中其余顶点的最短路径，下面以图 5.30 所示的带权有向图 G 为例，对 Dijkstra 的运算过程进行讲解，这里使用了一个集合 dist 存放源点到图中各顶点最短路径的结果。

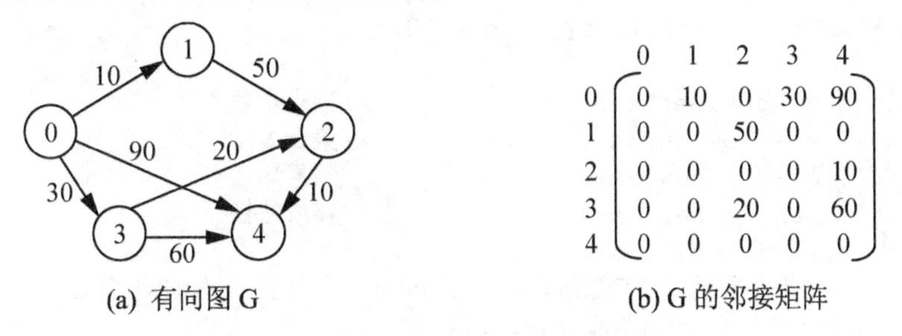

图 5.30　有向图及其邻接矩阵

(1) 首先将源点 0 从集合 **U** 移动到集合 **S** 中，并将顶点 0 到其余各顶点的权值加入到 dist 中(如果从顶点 0 到某个顶点不存在边，则用 0 表示)，这个过程也是把图 G 的邻接矩阵的第一行(图 5.30(b))加入到 dist 中的过程。

(2) 在图 5.31(c)中的 dist[1]～dist[4]中寻找最小值(0 除外)，把符合条件的顶点 1 加入到集合 **S** 中，然后计算源点 0 经过顶点 1 到达其余顶点的距离，如果这个值小于 dist 中原来的值，则使用它代替原值。需要注意的是，由于原本源点 0 到顶点 2 不存在边，dist[2]的值为 0，所以将新计算的距离加入到 dist[2]中。这个值等于前面已经计算好的顶点 0 到顶点 1 的距离 dist[1]加上边<1,2>的权值。如图 5.31(c)所示，有变动的值用灰色背景表示。

	(a) 集合 S					(b) 集合 U					(c) 结果集 dist 0	1	2	3	4
(1)	0						1	2	3	4	0	10	0	30	90
(2)	0	1						2	3	4	0	10	60	30	90
(3)	0	1	3					2		4	0	10	50	30	90
(4)	0	1	3	2						4	0	10	50	30	60
(5)	0	1	3	2	4						0	10	50	30	60

图 5.31　Dijkstra 算法运算过程

(3) 在图 5.31(c)中的 dist[1]～dist[4]中选取最小值，把符合条件的顶点 3 加入到集合 **S** 中，由于用 dist[3]的值 30 加上顶点 3 到顶点 2 的距离 20 的结果为 50，它小于 dist[2]的原值 60，所以将 dist[2]的值改为 50。

(4) 图 5.31(b)集合 **U** 中剩余顶点 2、4，选择 dist[2]和 dist[4]中的小值所对应的顶点 2 加入到集合 **S** 中，重复以上运算，得到 dist[4]的新值为 60。

(5) 由于顶点 4 的出度为 0，运算结束，得到源点 0 到各顶点的距离分别为 dist[1]～dist[4]的(10,50,30,60)。

【例 5-6　Demo5-6.cs】Dijkstra 算法。

【视频 5-3】

```
1  using System;
2  class Demo5_6
3  {   // Dijkstra 算法，cost 为邻接矩阵，v 为源点
4      static void Dijkstra(int[,] cost, int v)
5      {
6          int n = cost.GetLength(1);          //顶点个数
7          int[] s = new int[n];               //集合 S
8          int[] dist = new int[n];            //结果集
9          int[] path = new int[n];            //存放路径
10         for (int i = 0; i < n; i++)
11         {   //结果集初始化，将邻接矩阵源点所表示的行数据加进 dist 集合
12             dist[i] = cost[v, i];
13             if (cost[v, i] > 0)             //路径初始化
14             {   //如果某顶点与源点存在边
15                 path[i] = v;                //则将它的前一顶点设为源点
16             }
17             else //如果某顶点与源点不存在边
18             {   //它的前一顶点值设为-1
19                 path[i] = -1;
20             }
21         }
22         s[v] = 1; //将源点加进集合 S
23         path[v] = 0;
24         for (int i = 0; i < n; i++)
25         {   //u 表示剩余顶点在 dist 集合中的最小值所在索引
26             int u = 0, mindis = int.MaxValue;
27             for (int j = 0; j < n; j++)        //寻找 dist 集合中的最小值
28             {
29                 if (s[j] == 0 && dist[j] > 0 && dist[j] < mindis)
30                 {
31                     u = j;
32                     mindis = dist[j];
33                 }
34             }
35             s[u] = 1; //将抽取出的顶点放入集合 S 中
36             for (int j = 0; j < n; j++)
37             {
38                 if (s[j] == 0)                 //如果顶点不在集合 S 中
39                 {   //加入的顶点与其余顶点存在边，并且新计算的值小于原值
40                     if (cost[u, j] > 0 && (dist[j] == 0 ||
41                         dist[u] + cost[u, j] < dist[j]))
42                     {   //用更小的值代替原值
43                         dist[j] = dist[u] + cost[u, j];
44                         path[j] = u;           //记录加入点路径上的前一顶点
45                     }
46                 }
47             }
```

```
48          }
49          //打印源点到各顶点路径及距离
50          for (int i = 0; i < n; i++)
51          {
52              if (s[i] == 1)
53              {
54                  Console.Write("从{0}到{1}的最短路径为: ", v, i);
55                  Console.Write(v + "→");
56                  GetPath(path, i, v);
57                  Console.Write(i);
58                  Console.WriteLine("    路径长度为: " + dist[i]);
59              }
60          }
61      }
62      //使用递归获取指定顶点在路径上的前一顶点
63      static void GetPath(int[] path, int i, int v)
64      {
65          int k = path[i];
66          if (k == v)
67          {
68              return;
69          }
70          GetPath(path, k, v);
71          Console.Write(k + "→");
72      }
73      static void Main(string[] args)
74      {
75
76          int[,] cost = new int[5, 5];
77          //图的初始化
78          cost[0, 1] = 10;
79          cost[0, 3] = 30;
80          cost[0, 4] = 90;
81          cost[1, 2] = 50;
82          cost[2, 4] = 10;
83          cost[3, 2] = 20;
84          cost[3, 4] = 60;
85          Dijkstra(cost, 0);                    //使用 Dijkstra 算法计算最短路径
86      }
87  }
```

运行结果如图 5.32 所示。

```
从0到0的最短路径为: 0→0        路径长度为: 0
从0到1的最短路径为: 0→1        路径长度为: 10
从0到2的最短路径为: 0→3→2        路径长度为: 50
从0到3的最短路径为: 0→3        路径长度为: 30
从0到4的最短路径为: 0→3→2→4        路径长度为: 60
```

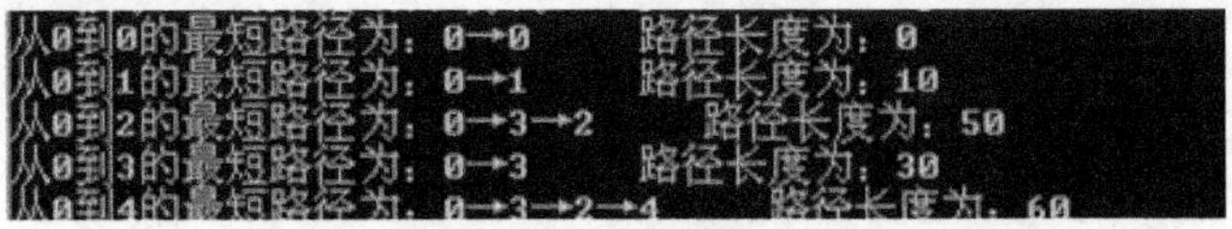

图 5.32　【例 5-6 Demo5-6.cs】运行结果

本例增加了一个 path 数组用于保存最短路径上的顶点信息，其中，path[i]保存从源点 V 到终点 V_i 当前最短路径中的前一个顶点，它的初值为源点(V 到 V_i 有边时)或-1(V 到 V_i 无边时)。

通过 path[i]向左推导直到源点为止，可以找出从源点到顶点 V_i 的最短路径。如上例中 path 的最终结果为(0,0,3,0,2)。从顶点 0 到顶点 4 的路径计算过程是：path[4]=2，说明路径上顶点 4 之前的一个顶点是 2；path[2]=3，说明路径上顶点 2 的前一个顶点是 3；path[3]=0，说明路径上顶点 3 的前一顶点是 0，则顶点 4 的路径为 0→3→2→4。

5.5.2 所有顶点之间的最短路径

对于给定的有向图而言，可以利用 Dijkstra 算法，把每个顶点作为源点重复执行 n 次，即可求出有 n 个顶点的有向图中每对顶点间的最短路径，它的时间复杂度为 $O(n^3)$。

弗洛伊德(Floyed)提出了另一种算法用于计算有向图中所有顶点间的最短路径，这种算法称为弗洛伊德算法，它的时间复杂度依然为 $O(n^3)$，但形式上更为简单。

弗洛伊德算法仍然使用邻接矩阵存储的图，同时定义了一个二维数组 A，其每一个分量 $A[i, j]$是顶点 i 到顶点 j 的最短路径长度。另外还使用了另一个二维数组 path 来保存最短路径信息。弗洛伊德算法的基本思想如下。

(1) 初始时，对图中任意两个顶点 V_i 和 V_j，如果从 V_i 到 V_j 存在边，则从 V_i 到 V_j 存在一条长度为 $cost[i, j]$的路径，但该路径不一定是最短路径。初始化时，$A[i, j]= cost[i, j]$。

(2) 在图中任意两个顶点 V_i 和 V_j 之间加入顶点 V_k，如果 V_i 经 V_k 到达 V_j 的路径存在并更短，则用 $A[i, k] + A[k, j]$的值代替原来的 $A[i, j]$值。

(3) 重复步骤(2)，直到将所有顶点作为中间点依次加入集合中，并通过迭代公式不断修正 $A[i, j]$的值，最终获得任意顶点间的最短路径长度。

【视频 5-4】

【例 5-7 Demo5-7.cs】弗洛伊德算法。

```
1  using System;
2  class Demo5_7
3  {   //弗洛伊德算法
4      static void Floyd(int[,] cost)
5      {
6          int n = cost.GetLength(1);          //图中顶点个数
7          int[,] A = new int[n, n];           //存放最短路径长度
8          int[,] path = new int[n, n];        //存放最短路径信息
9          for (int i = 0; i < n; i++)
10         {
11             for (int j = 0; j < n; j++)
12             {   //辅助数组 A 和 path 的初始化
13                 A[i, j] = cost[i, j];
14                 path[i, j] = -1;
15             }
16         }
17         //弗洛伊德算法核心代码
18         for (int k = 0; k < n; k++)
19         {
```

```
20              for (int i = 0; i < n; i++)
21              {
22                  for (int j = 0; j < n; j++)
23                  {   //如果存在通过中间点 k 的路径
24                      if (i != j && A[i, k] != 0 && A[k, j] != 0)
25                      {   //如果加入中间点 k 后的路径更短
26                          if (A[i, j] == 0 || A[i, j] > A[i, k] + A[k, j])
27                          {   //用新路径代替原路径
28                              A[i, j] = A[i, k] + A[k, j];
29                              path[i, j] = k;
30                          }
31                      }
32                  }
33              }
34          }
35          //打印最短路径及路径长度
36          for (int i = 0; i < n; i++)
37          {
38              for (int j = 0; j < n; j++)
39              {
40                  if (A[i, j] == 0)
41                  {
42                      if (i != j)
43                      {
44                          Console.WriteLine("从{0}到{1}没有路径", i, j);
45                      }
46                  }
47                  else
48                  {
49                      Console.Write("从{0}到{1}的路径为: ", i, j);
50                      Console.Write(i + "→");
51                      GetPath(path, i, j);
52                      Console.Write(j);
53                      Console.WriteLine("     路径长度为: " + A[i, j]);
54                  }
55              }
56              Console.WriteLine();
57          }
58      }
59      //使用递归获取指定顶点的路径
60      static void GetPath(int[,] path, int i, int j)
61      {
62          int k = path[i, j];
63          if (k == -1)
64          {
65              return;
66          }
67          GetPath(path, i, k);
68          Console.Write(k + "→");
```

```
69          GetPath(path, k, j);
70      }
71      static void Main(string[] args)
72      {
73          int[,] cost = new int[5, 5];
74          //图的初始化
75          cost[0, 1] = 10;
76          cost[0, 3] = 30;
77          cost[0, 4] = 90;
78          cost[1, 2] = 50;
79          cost[2, 4] = 10;
80          cost[3, 2] = 20;
81          cost[3, 4] = 60;
82          Floyd(cost); //使用弗洛伊德算法求解所有顶点间的最短路径
83      }
84 }
```

运行结果如图 5.33 所示。

图 5.33 【例 5-7 Demo5-7.cs】运行结果

5.6 本 章 小 结

图是一种网状的多对多的非线性数据结构，图中的每个顶点可以有多个前驱和多个后继。图的存储结构有邻接矩阵、邻接表等。但在实际应用中，图也有可能以多种形式存在。

本章还介绍了求最小生成树的普里姆算法、克鲁斯卡尔算法，求最短路径的迪杰斯特拉算法、弗洛伊德算法，这些算法的掌握对于将来学习图论有着重要的意义。

5.7　实训指导：迷宫最短路径问题

一、实训目的

(1) 初步了解图搜索技术。

(2) 初步掌握使用广度优先搜索遍历法求最短路径。

二、实训内容

制作一个走迷宫程序，程序中使用一个 15×15 的矩阵表示一个迷宫，并可以通过鼠标很方便地放置迷宫的障碍、设置起点和终点，然后画出由起点到终点的最短路径。

三、实训步骤

1. 界面设计

迷宫程序界面如图 5.34 所示。

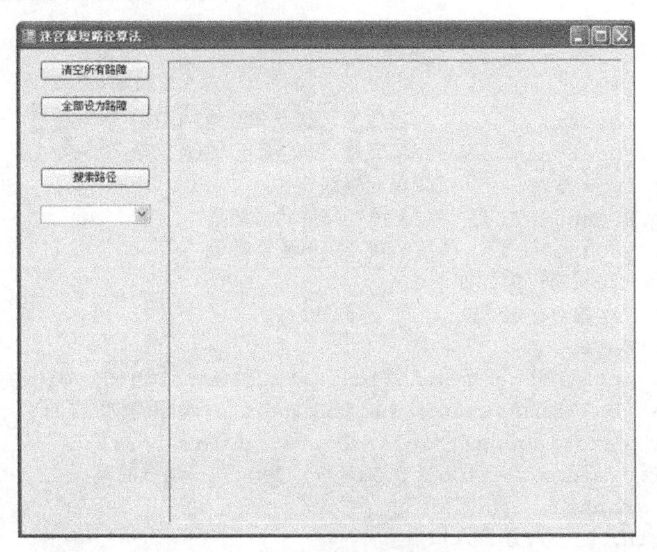

图 5.34　迷宫程序界面

【视频 5-5】

2. 代码实现

【IMazeAI.cs】求解迷宫问题的算法接口。

```
1 interface IMazeAI //迷宫问题算法接口
2 {   //获取迷宫问题的解，注意不能改变参数 arrMaze 的值
3    List<Point> GetAIResult(int[,] arrMaze);
4 }
```

【Node.cs】用于临时存储迷宫矩阵信息的结点类。

```
1  public class Node          //用于存储迷宫矩阵信息的结点
2  {
3     public int x;           //结点所在行索引
4     public int y;           //结点所在列索引
5     public int value;       //值，当value值为2时，表示已访问过
6     public Node parent;     //父结点
7     public Node(int v, int ax, int ay) //构造方法
8     {
9        value = v;
10       x = ax;
11       y = ay;
12    }
13 }
```

由于 IMazeAI 接口中明确指示不能改变矩阵 arrMaze 的内容，所以创建一个 Node 类，在计算路径时将矩阵信息复制到 Node 类中，为了计算方便，在 Node 类中添加了父结点和各结点在矩阵中的索引信息。

【Maze.cs】迷宫类。

```
1  class Maze : Control
2  {
3     private ImageList icoLst;          //存放表示起点和终点的图标
4     private const int edgeLen = 32; //单元格(只能为正方形)边长
5     private const int lw = 1;          //单元格线宽
6     private const int xCount = 15;   //X轴方向单元格数量
7     private const int yCount = 15;   //Y轴方向单元格数量
8     //arrGrid用于保存单元格状态，编码如下
9     //-2：结束点；-1：路径起始点；0：空白；1：障碍物
10    private int[,] arrMaze;
11    private SolidBrush bgBrush = new SolidBrush(Color.LightSkyBlue);
12    private HatchBrush balkBrush = new HatchBrush( //画障碍物的刷子
13       HatchStyle.BackwardDiagonal, Color.Black, Color.Coral);
14    private Pen linePen = new Pen(Color.Black, lw); //画线的笔
15    private Graphics graphic;
16    private Point begin;     //迷宫入口点
17    private Point end;       //迷宫结束点
18    private bool beginDrag; //是否正在拖入开始点
19    public Maze()            //构造方法
20    {
21       InitializeComponent();
22       this.Width = xCount * (edgeLen + lw) + lw;  //控件的宽
23       this.Height = yCount * (edgeLen + lw) + lw; //控件的高
24       arrMaze = new int[xCount, yCount];        //表达迷宫的二维数组
25       begin = new Point(0, 0);                    //路径起点
26       end = new Point(yCount - 1, xCount - 1);//路径终点
27       arrMaze[begin.X, begin.Y] = -1;           //-1代表起点
28       arrMaze[end.X, end.Y] = -2;               //-2代表终点
```

```
29          this.BackColor = Color.LightSkyBlue;
30          this.AllowDrop = true;                      //允许拖放操作
31          this.DoubleBuffered = true;                 //缓冲
32          graphic = this.CreateGraphics();
33      }
34      public bool SearchPath(IMazeAI ai)  //调用算法接口计算最短路径
35      {
36          this.Refresh();
37          SolidBrush fontBrush = new SolidBrush(Color.DarkBlue);
38          Font font = new Font("宋体", 20);//字体
39          StringFormat format;                //字体格式
40          format = new StringFormat();        //字体格式
41          format.Alignment = StringAlignment.Center;   //水平居中
42          format.LineAlignment = StringAlignment.Center; //垂直居中
43          //搜索路径
44          List<Point> path = ai.GetAIResult(arrMaze);
45          if (path == null)                   //如果没有可达路径则返回 false
46          {
47              return false;
48          }
49          for (int i = path.Count - 1; i > 0; i--)
50          {   //在路径上画箭头
51              string direction = string.Empty;
52              if (path[i - 1].Y - path[i].Y == 1)
53              {
54                  direction = "→";
55              }
56              else if (path[i - 1].Y - path[i].Y == -1)
57              {
58                  direction = "←";
59              }
60              else if (path[i - 1].X - path[i].X == 1)
61              {
62                  direction = "↓";
63              }
64              else if (path[i - 1].X - path[i].X == -1)
65              {
66                  direction = "↑";
67              }
68              graphic.DrawString(direction, font, fontBrush, //画箭头
69                  PointToRect(path[i].X, path[i].Y), format);
70          }
71          return true;
72      }
73      public void EraseAllBalk()          //清除所有障碍
74      {
75          for (int i = 0; i < arrMaze.GetLength(0); i++)
76          {
77              for (int j = 0; j < arrMaze.GetLength(1); j++)
```

```
78              {
79                  if (arrMaze[i, j] == 1)
80                  {
81                      arrMaze[i, j] = 0;
82                  }
83              }
84          }
85          Refresh();
86      }
87      public void SetAllBalk()          //设置所有单元格为障碍
88      {
89          for (int i = 0; i < arrMaze.GetLength(0); i++)
90          {
91              for (int j = 0; j < arrMaze.GetLength(1); j++)
92              {
93                  if (arrMaze[i, j] >= 0)
94                  {
95                      arrMaze[i, j] = 1;
96                  }
97              }
98          }
99          Refresh();
100     }
101     protected override void OnMouseDown(MouseEventArgs e)
102     {   //重载鼠标按下事件
103         if (e.Button == MouseButtons.Left)
104         {   //计算鼠标按下处的单元格
105             int col = e.X / (edgeLen + lw);
106             int row = e.Y / (edgeLen + lw);
107             Rectangle rect = PointToRect(row, col);
108             if (arrMaze[row, col] == 0)
109             {   //如果为空白，则变为障碍
110                 graphic.FillRectangle(balkBrush, rect);
111                 arrMaze[row, col] = 1;
112             }
113             else if (arrMaze[row, col] == 1)
114             {   //如果为障碍，则变为空白
115                 graphic.FillRectangle(bgBrush, rect);
116                 arrMaze[row, col] = 0;
117             }
118             else if (arrMaze[row, col] == -1)
119.            {   //如果为起点则开始拖放操作
120                 beginDrag = true;
121                 this.DoDragDrop(begin,
122                     DragDropEffects.Copy | DragDropEffects.Move);
123             }
124             else if (arrMaze[row, col] == -2)
125             {   //如果为终点则结束拖放操作
126                 beginDrag = false;
```

```
127                 this.DoDragDrop(end,
128                     DragDropEffects.Copy | DragDropEffects.Move);
129             }
130         }
131     }
132     protected override void OnMouseMove(MouseEventArgs e)
133     {   //重载鼠标移动事件，用于画障碍或空白
134         int col = e.X / (edgeLen + lw);
135         int row = e.Y / (edgeLen + lw);
136         if (row < 0 || row > xCount - 1 || col < 0 || col > yCount - 1)
137         {   //如果出界，则返回
138             return;
139         }
140         if (e.Button == MouseButtons.Left)
141         {   //左键画障碍
142             if (arrMaze[row, col] == 0)
143             {
144                 graphic.FillRectangle(balkBrush, PointToRect(row, col));
145                 arrMaze[row, col] = 1;
146             }
147         }
148         else if (e.Button == MouseButtons.Right)
149         {   //右键画空白
150             if (arrMaze[row, col] == 1)
151             {
152                 graphic.FillRectangle(bgBrush, PointToRect(row, col));
153                 arrMaze[row, col] = 0;
154             }
155         }
156 
157     }
158     protected override void OnDragEnter(DragEventArgs drgevent)
159     {   //判断拖放的数据是否是 Point 类型
160         if (drgevent.Data.GetDataPresent(typeof(Point)))
161         {
162             drgevent.Effect = DragDropEffects.Move;
163         }
164         else
165         {
166             drgevent.Effect = DragDropEffects.None;
167         }
168     }
169     protected override void OnDragDrop(DragEventArgs drgevent)
170     {
171         Point p = (Point)drgevent.Data.GetData(typeof(Point));
172         //计算拖放结束点所在单元格
173         Point e = PointToClient(new Point(drgevent.X, drgevent.Y));
174         int col = e.X / (edgeLen + lw);
175         int row = e.Y / (edgeLen + lw);
```

```
176         if (arrMaze[row, col] < 0)
177         {   //不允许将起点拖入终点，或将终点拖入起点
178             return;
179         }
180         //将拖放开始处的单元格变为空白
181         graphic.FillRectangle(bgBrush, PointToRect(p.X, p.Y));
182         arrMaze[p.X, p.Y] = 0;
183         if (beginDrag)
184         {   //将结束点变为起点
185             icoLst.Draw(graphic, col * (edgeLen + lw) + lw,
186                 row * (edgeLen + lw) + lw, 0);
187             arrMaze[row, col] = -1;
188             begin.X = row;
189             begin.Y = col;
190         }
191         else
192         {   //将结束点变为终点
193             icoLst.Draw(graphic, col * (edgeLen + lw) + lw,
194                 row * (edgeLen + lw) + lw, 1);
195             arrMaze[row, col] = -2;
196             end.X = row;
197             end.Y = col;
198         }
199     }
200     protected override void OnPaint(PaintEventArgs e)
201     {   //重绘
202         Graphics gp = e.Graphics;
203         gp.FillRectangle(bgBrush, this.ClientRectangle); //填充背景
204         for (int i = 0; i <= xCount; i++)
205         {   //画垂直线
206             int x = i * (edgeLen + lw);
207             gp.DrawLine(linePen, x, 0, x, this.Height);
208         }
209         for (int i = 0; i <= yCount; i++)
210         {   //画水平线
211             int y = i * (edgeLen + lw);
212             gp.DrawLine(linePen, 0, y, this.Width, y);
213         }
214         for (int i = 0; i < arrMaze.GetLength(0); i++)
215         {
216             for (int j = 0; j < arrMaze.GetLength(1); j++)
217             {
218                 if (arrMaze[i, j] == 1)
219                 {   //画障碍
220                     gp.FillRectangle(balkBrush, PointToRect(i, j));
221                 }
222             }
223         }
224         icoLst.Draw(gp, begin.Y * (edgeLen + lw) + lw,
```

```
225            begin.X * (edgeLen + lw) + lw, 0);   //画起点
226        icoLst.Draw(gp, end.Y * (edgeLen + lw) + lw,
227            end.X * (edgeLen + lw) + lw, 1);     //画终点
228    }
229    private Rectangle PointToRect(int row, int col)
230    {   //通过单元格索引号计算出单元格所在的矩形
231        Rectangle rect = new Rectangle();
232        rect.X = col * (edgeLen + lw) + lw;
233        rect.Y = row * (edgeLen + lw) + lw;
234        rect.Width = edgeLen;
235        rect.Height = edgeLen;
236        return rect;
237    }
238 }
```

Maze 类从 Control 类继承，是一个窗体控件，主要用于绘制迷宫，将迷宫问题图形化。

【BFS_AI.cs】广度优先搜索算法。

```
1  class BFS_AI : IMazeAI
2  {   //IMazeAI 接口实现，用于计算迷宫问题的结果
3      public List<Point> GetAIResult(int[,] arr)
4      {   //左、右、上、下 4 个方向的相邻砖块
5          int[,] move ={ { 0, -1 }, { 0, 1 }, { -1, 0 }, { 1, 0 } };
6          Point begin = new Point();          //路径开始点
7          //用于广度优先搜索的队列
8          Queue<Node> queue = new Queue<Node>(223);
9          int rowC = arr.GetLength(0);        //数组的行数
10         int colC = arr.GetLength(1);        //数组的列数
11         Node[,] nodes = new Node[rowC, colC];
12         //将迷宫矩阵中的数字复制到 nodes 中
13         for (int i = 0; i < rowC; i++)
14         {
15             for (int j = 0; j < colC; j++)
16             {
17                 nodes[i, j] = new Node(arr[i, j], i, j);
18                 if (arr[i, j] == -1)
19                 {   //记录路径的起始点
20                     begin.X = i;
21                     begin.Y = j;
22                 }
23             }
24         }
25         //广度优先搜索
26         Node firstNode = nodes[begin.X, begin.Y];
27         queue.Enqueue(firstNode);
28         while (queue.Count > 0)
29         {
30             Node node = queue.Dequeue();  //出队
31             for (int i = 0; i < move.GetLength(0); i++)
32             {   //向 4 个方向探测下一个结点
33                 int x = node.x + move[i, 0];
```

```
34                int y = node.y + move[i, 1];
35                if (x >= 0 && x < rowC && y >= 0 && y < colC)
36                {
37                   Node next = nodes[x, y];
38                   if (next.value == -2)    //找到终点，返回结果
39                   {   //记录路径结点在矩阵中索引号的集合
40                      List<Point> path = new List<Point>();
41                      path.Add(new Point(next.x, next.y));
42                      while (node.parent != null)
43                      {
44                         path.Add(new Point(node.x, node.y));
45                         node = node.parent;  //访问上一个结点
46                      }
47                      return path;
48                   }
49                   if (next.value == 0)           //只访问没有被访问过的结点
50                   {
51                      next.value = 2;             //标识为已访问
52                      next.parent = node;         //记录父结点
53                      queue.Enqueue(next);        //入队
54                   }
55                }
56             }
57          }
58          return null; //没有可达路径，返回空
59       }
60       public override string ToString()
61       {
62          return "广度优先搜索算法";
63       }
64 }
```

BFS_AI 类是这个程序的核心代码，它演示了图搜索技术中的广度优先搜索技术。图搜索技术中还有很多其他的算法，使用一个新的算法只需添加一个实现了 IMazeAI 接口的类即可。

【MainForm.cs】主窗体代码。

```
1  public partial class MainForm : Form
2  {
3     Maze maze; //迷宫控件
4     private void MainForm_Load(object sender, EventArgs e)
5     {
6        maze = new Maze();
7        panel1.Controls.Add(maze);    //把迷宫控件添加进 Panel 内
8        cbAlgorithms.Items.Add(new BFS_AI());
9        cbAlgorithms.SelectedIndex = 0;
10    }
11    private void btnEraseAllBalk_Click(object sender, EventArgs e)
12    {
13       maze.EraseAllBalk();            //清除所有障碍
```

```
14     }
15     private void btnSetAllBalk_Click(object sender, EventArgs e)
16     {
17        maze.SetAllBalk();             //所有单元格设为障碍
18     }
19     private void btnSearch_Click(object sender, EventArgs e)
20     {   //搜索最短路径
21        if (!maze.SearchPath((IMazeAI)cbAlgorithms.SelectedItem))
22        {
23           MessageBox.Show("无解");
24        }
25     }
26 }
```

运行结果如图 5.35 所示。

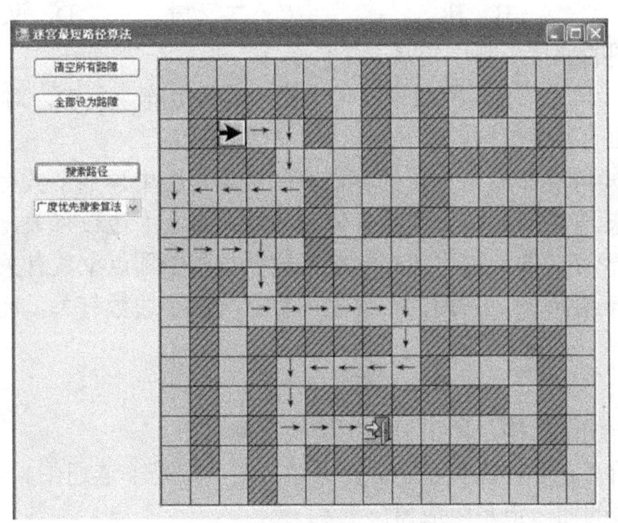

图 5.35 迷宫程序运行结果

3. 思考与改进

如果起点在左上角，终点在右下角，而迷宫内无障碍，本程序将沿折线行走。也就是说当有多条最短路径时，程序会选择没有斜线的方向行走，这显然并不是最合理的走法，尝试改变算法使得行走路线最为合理。另外本程序只能沿 4 个方向行走，那么，如何更改程序使行走方向达到 8 个？

5.8 习 题

一、选择题

1. 具有 n 个顶点的有向图最多有(　　)条边。

A. n　　B. $n(n-1)$　　C. $n(n+1)$　　D. $n/2$

2．在一个具有 n 个顶点的无向图中，要连通全部顶点至少需要(　　)条边。

A．n　　B．n−1　　C．n+1　　D．n/2

3．n 个顶点的强连通图至少有(　　)条边。

A．n　　B．n−1　　C．n+1　　D．n(n−1)

4．有向图中一个顶点的度是该顶点的(　　)。

A．入度　　B．出度

C．入度与出度之和　　D．(入度+出度)/2

5．连通分量指的是(　　)。

A．无向图中的极小连通子图　　B．无向图中的极大连通子图

C．有向图中的极小连通子图　　D．有向图中的极大连通子图

6．实现图的广度优先搜索算法需使用的辅助数据结构为(　　)。

A．栈　　B．树　　C．二叉树　　D．队列

7．存储无向图的邻接矩阵一定是一个(　　)。

A．上三角矩阵　　B．稀疏矩阵　　C．对称矩阵　　D．对角矩阵

8．下面关于图的存储结构的叙述中，(　　)是正确的。

A．用邻接矩阵存储图，占用的存储空间数只与图中顶点个数有关，而与边数无关

B．用邻接矩阵存储图，占用的存储空间数只与图中边数有关，而与顶点个数无关

C．用邻接表存储图，占用的存储空间数只与图中顶点个数有关，而与边数无关

D．用邻接表存储图，占用的存储空间数只与图中边数有关，而与顶点个数无关

二、判断题

1．图是一种非线性结构，所以只能用链式存储。(　　)

2．如果一个图有 n 个顶点和小于 n−1 条边，则一定是非连通图。(　　)

3．有 n−1 条边的图一定是生成树。(　　)

4．邻接表法只能用于有向图的存储，而邻接矩阵法对于有向图和无向图的存储都适用。(　　)

5．图的深度优先搜索序列和广度优先搜索序列不一定是唯一的。(　　)

6．图的邻接矩阵存储是唯一的，邻接表存储也是唯一的。(　　)

7．图的邻接矩阵中非零元素个数与边数有关。(　　)

8．若一个图的邻接矩阵为对称矩阵，则该图必为无向图。(　　)

三、填空题

1．在一个无向图中，如果_______，则称该图为无向完全图。

2．一个连通图的_______是一个极小连通子图。

3．具有 n 个顶点的无向完全图中包含有_______条边，具有 n 个顶点的有向完全图中包含有_______条边。

4．对用邻接矩阵表示的图进行任一种遍历时，其时间复杂度为_______，对用邻接表表示的图进行任一种遍历时，其时间复杂度为_______。

5．对于一个具有 n 个顶点和 e 条边的连通图，其生成树中的顶点数和边数分别为________和_______。

6．遍历图的基本方法有深度优先搜索遍历和广度优先搜索遍历，其中________是一个递归过程。

7．采用邻接表存储的图的深度优先搜索遍历类似于二叉树的_______。

8．Prim 算法和 Kruskal 算法的时间复杂度分别为________和________。

四、简答题

1．画出 1 个顶点、2 个顶点、3 个顶点、4 个顶点和 5 个顶点的无向完全图，并说明在 n 个顶点的无向完全图中，边的条数为 $n(n-1)/2$。

2．已知图 5.36 是某无向图的邻接表，画出该无向图，并分别给出从顶点 A 出发的深度优先搜索生成树和广度优先搜索生成树。

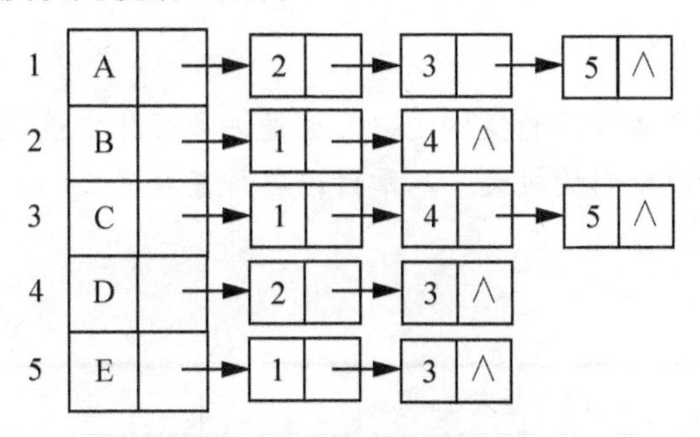

图 5.36　某无向图的邻接表

3．分别用 Prim 算法和 Kruskal 算法构造如图 5.37 所示的网络的最小生成树。

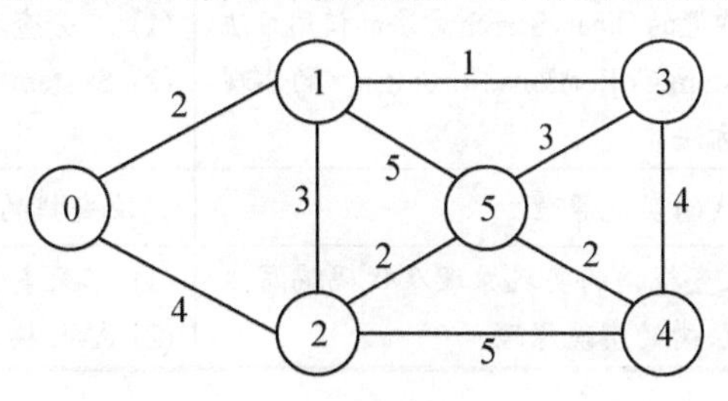

图 5.37　网络

五、算法设计题

1．设计一个深度优先遍历图的非递归算法(图用邻接矩阵存储)。

2．已知某有向图用邻接表表示，设计一个算法，求出给定两顶点间的简单路径。

【第 5 章答案】

第6章 查　　找

教学提示

查找是计算机应用中最常用的操作之一，也是许多程序中最耗时间的一部分，查找方法的优劣对系统的运行效率影响极大。本章讨论各种查找算法，并通过对它们的分析来比较各种查找方法的优劣。

教学要求

知识要点	能力要求	相关知识
查找的概念	理解查找的基本概念	查找的基本概念
二分查找	(1) 理解二分查找的基本原理 (2) 掌握C#内置的BinarySearch方法的使用方法 (3) 理解 System.Collections.SortedList 的实现原理及使用方法	(1) 二分查找算法实现 (2) System.Collections.SortedList的实现
分块查找	掌握分块查找的实现原理	分块查找的原理
二叉查找树	(1) 掌握二叉查找树的实现原理及代码编写 (2) 理解 AVL 树的实现原理	(1) 二叉查找树的实现 (2) AVL 树原理

6.1 查找的基本概念

1. 查找和查找表

查找是指在数据元素集合中查找满足某种条件的数据元素的过程，例如，在学生成绩表中查找某一学生的成绩、在字典中查找某个字等。

用于查找的数据元素集合就称为查找表，查找表由同一类型的数据元素组成。

2. 关键字、主关键字、次关键字

关键字是数据元素中的某个数据项。

能唯一标识数据元素的关键字称为主关键字，例如，在学校中，学生的学号肯定是唯一的。

不能唯一标识数据元素的关键字称为次关键字，如学生的姓名，因为有可能会出现两个学生的名字完全相同的情况。

3. 静态查找和动态查找

若在查找的同时对表做修改运算(如插入和删除)，则称这类查找为动态查找，否则为静态查找。静态查找在查找过程中查找表本身不发生变化，而动态查找在查找过程中查找表可能会发生变化。

4. 内查找和外查找

若整个查找过程全部在内存中进行，则称其为内查找；若在查找过程中还需要访问外存，则称其为外查找。本章仅针对内查找进行讲解。

6.2 顺序查找

顺序查找又称线性查找(Sequential Search)，是一种最简单、最基本的静态查找方法。其基本思想是：从表的一端开始，顺序扫描整个线性表，依次将扫描到的结点关键字与给定值K进行比较，若当前扫描到的结点关键字与K相等，则查找成功；若扫描结束后，仍未找到关键字值等于K的结点，则查找失败。

顺序查找方法既适用于线性表的顺序存储结构，也适用于线性表的链式存储结构，前面章节中曾多次使用顺序查找，这里不再做代码演示。

顺序查找所用的时间跟查找关键字K在表中的位置有关。若在长度为n的查找表中查找K值，最好的情况是K在查找表的第一个位置，这样只需一次比较就查找成功；最坏的情况是K在查找表的最后一个位置或K根本不在查找表中，此时就需要遍历整个查找表。顺序表查找的时间复杂度为$O(n)$。

顺序查找的优点是算法简单，且对表的结构无任何要求，无论是用顺序表还是用链表存放记录，也无论记录之间是否按关键字有序存放都适用顺序查找。顺序查找的缺点是查找效率低，因此在较大规模的数据集合中进行查找时，不宜采用顺序查找。

6.3 二 分 查 找

二分查找又称折半查找(Binary Search)，是一种效率较高的静态查找方法。二分查找要求各数据元素按关键字有序(升序或降序)排列，并且要求查找表使用线性表的顺序存储结构。也就是说，二分查找只适用于对有序顺序表进行查找。

6.3.1 二分查找的基本原理

假设在一个有 n 个元素的查找表中查找 K 值，二分查找的基本思想是：首先将 K 与查找表的中间位置上的元素进行比较，若相等，则查找成功；否则，中间元素将查找表分成两个部分，前一部分中的元素均小于中间元素，而后一部分的元素均大于中间元素。因此，K 与中间元素比较后，若 K 小于中间元素，则应在前一部分中查找，否则在后一部分中查找。重复上述过程，直至查找成功或失败。

下面演示在有 10 个元素的有序查找表(2,8,10,13,21,36,51,57,62,69)中查找关键字为 51 的数据元素。设 low 和 high 分别指示待查元素的下界和上界，mid = (low + high) / 2 指示中间位置。(注意：这里使用整除，结果将舍掉小数位)

(1) 初始状态如图 6.1 所示，low=0，high=9，mid=(0+9)/2=4。此时 mid 所指的值为 21，由于 21≠51，所以继续下一步查找。

【视频 6-1】

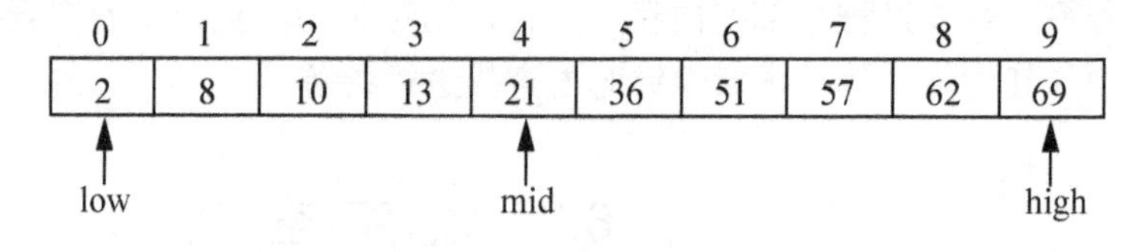

图 6.1 二分查找演示(1)

(2) mid 所指的值 21<51，说明待查元素必在[mid + 1,high]区间，此时 low = mid + 1 = 5，high 不变，而 mid = (low + high) / 2 = (5 + 9) / 2 = 7。图 6.2 中的灰色部分表示不再需要在这部分查找 K 值。此时 mid 所指的值为 57，由于 57≠51，所以继续下一步查找。

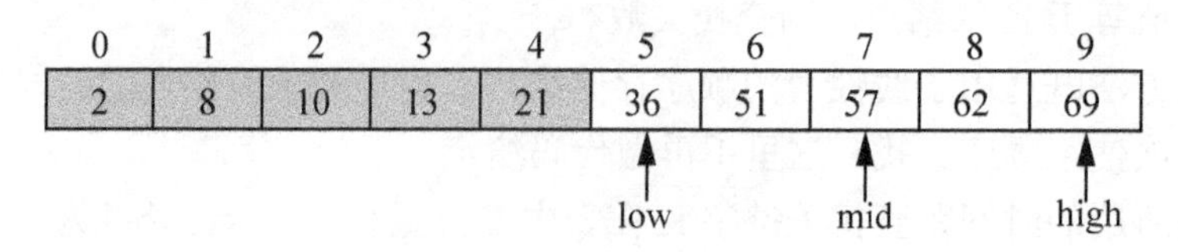

图 6.2 二分查找演示(2)

(3) mid 所指的值 57>51，说明待查元素必在[low,mid−1]区间，此时 low 不变，high = mid−1 = 6，而 mid = (low + high) / 2 = (5 + 6) / 2 = 5。如图 6.3 所示，此时 mid 所指的值为 36，由于 36≠51，所以继续下一步查找。

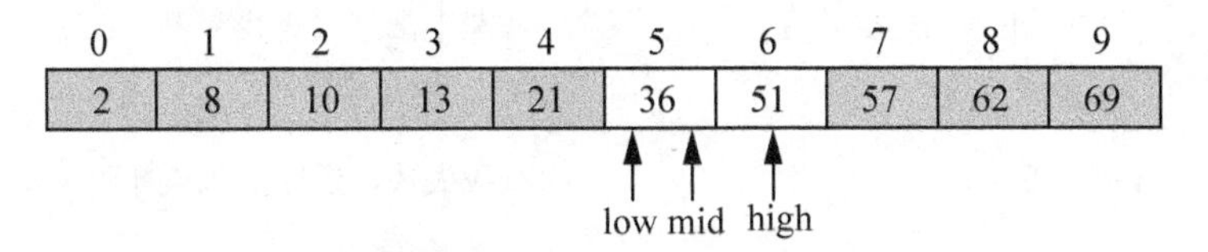

图 6.3 二分查找演示(3)

(4) mid 所指的值 36<51，说明待查元素必在[mid + 1,high]区间，此时 low= mid + 1 = 6，high 不变，而 mid = (low + high) / 2 = (6 + 6) / 2 = 6。如图 6.4 所示，此时 mid 所指的值为 51，查找成功，返回结果。

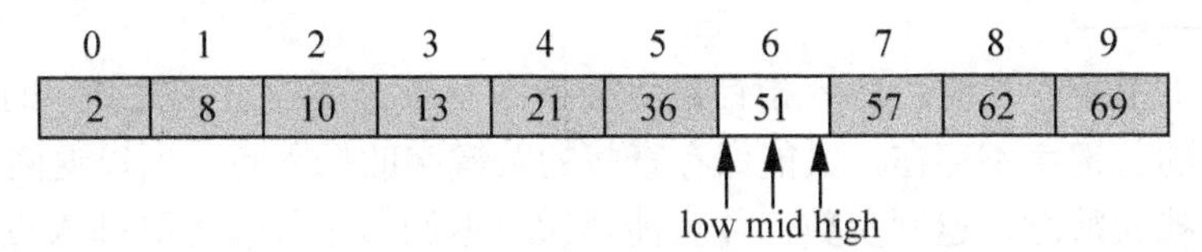

图 6.4 二分查找演示(4)

6.3.2 二分查找的算法实现

【例 6-1 Demo6-1.cs】使用循环实现二分查找。

```
1  using System;
2  class Demo6_1
3  {
4     static void Main()
5     {   //初始化有序查找表
6         int[] SeqList = { 2, 8, 10, 13, 21, 36, 51, 57, 62, 69 };
7         Console.WriteLine("查找 51: " + SeqSearch(SeqList, 51));
8         Console.WriteLine("查找 8: " + SeqSearch(SeqList, 8));
9         Console.WriteLine("查找 15: " + SeqSearch(SeqList, 15));
10    }
11    //使用循环进行二分查找
12    static int SeqSearch(int[] SeqList, int k)
13    {
14        int mid, low = 0, high = SeqList.Length - 1;
15        while (low <= high)
16        {
17            mid = (low + high) / 2;
18            if (k == SeqList[mid])
19            {
20                return mid;              //查找成功
21            }
22            else if (k > SeqList[mid])
23            {
```

```
24                low = mid + 1;          //在右半部继续查找
25            }
26            else
27            {
28                high = mid - 1;         //在左半部继续查找
29            }
30        }
31        return ~low;                    //查找失败，返回插入点补码
32    }
33 }
```

运行结果如下：

```
查找 51：6
查找 8：1
查找 15：-11
```

当所查找的值不存在时，low 指针最终会指向一个合适的查找关键字的插入点，为了既能表示查找的关键字不存在，又能保存查找的关键字的插入点，所以返回 low 指针的补码。这样当查找失败时，返回负数，并可能再次对返回值求补以得到插入点信息进行插入操作。

二分查找可用一棵称为判定树的二叉树来描述，判定树中的每一个结点对应表中的一个元素，但结点的值不是关键字的值，而是元素在表中的位置。根结点对应当前区间的中间记录，左子树对应左半子表，右子树对应右半子表。上述 10 个元素的有序表的查找过程可用图 6.5 所示的判定树来描述。从判定树上可以看到，查找 51 恰好是走了一条从根结点到结点 6 的路径。显然，二分查找成功时，与关键字的比较次数最多不超过判定树的深度。而具有 n 个结点的判定树的深度和 n 个结点的完全二叉树的深度相等，均为 $\log_2 n+1$，二分查找的算法复杂度为 $O(\log_2 n)$，也就是说在有 10 000 条记录的有序查找表中，平均只需查找 14 次就可找到指定元素。

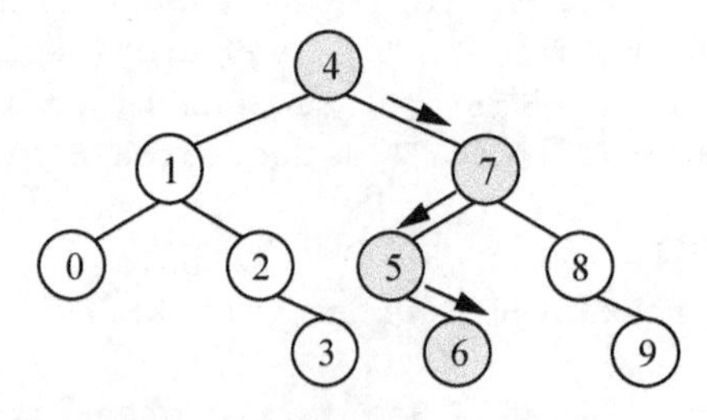

图 6.5　二分查找过程的判定树

二分查找的优点是比较次数少，查找速度快，效率非常高。但由于在查找之前需要将表按关键字进行排序，排序本身就是一种很费时的运算，因此二分查找方法适用于不经常变动而查找频繁的有序表。

6.3.3　Array. BinarySearch 方法

C#的数组内置了二分查找方法——Array.BianrySearch，它是一个静态方法。显然，在

调用这个方法之前，必须确保作为参数的查找表内的关键字已经按顺序排列，否则就需要先调用 Array.Sort( )方法将查找表排序后再调用 Array.BianrySearch( )方法进行查找。例 6-2 只需直接调用这个方法即可实现二分查找。

【例 6-2 Demo6-2.cs】实现二分查找。

```
1  using System;
2  class Demo6_2
3  {
4      static void Main()
5      {
6          int[] SeqList = { 2, 8, 10, 13, 21, 36, 51, 57, 62, 69 };
7          Console.WriteLine("查找 51: " + Array.BinarySearch(SeqList, 51));
8          Console.WriteLine("查找 8: " + Array.BinarySearch(SeqList, 8));
9          Console.WriteLine("查找 100: " + Array.BinarySearch(SeqList, 100));
10     }
11 }
```

运行结果如下：

```
查找 51：6
查找 8：1
查找 100：-11
```

Array.BianrySearch( )方法内部的求 mid 值的公式为：mid = low + ((high − low)>>1)。整数右移一位就相当于整数除 2 操作，但移位运算的速度快于除法运算。

6.3.4 剖析 System.Collections.SortedList

在 C#中，System.Collections.SortedList 和 System.Collections.Generic.SortedList<TKey, TValue> 类是用于存放键值对集合类，它们的元素存储于线性表中，并按键进行排序。其中 SortedList 使用了两个数组分别存放 key 和 value，并巧妙地运用二分查找使得它在各项性能与 ArrayList 十分接近的情况下，具备了远胜 ArrayList 的查找速度。

【例 6-3 Sortedlist.cs】可排序键值对集合类。

```
1   using System;
2   public class SortedList
3   {
4       private Object[] keys;                  //存放键的数组
5       private Object[] values;                //存放值的数组
6       private int _size; //指示集合中的元素个数
7       private const int _defaultCapacity = 16; //最小容量
8       private static Object[] emptyArray = new Object[0]; //0 元素引用
9       public SortedList()                           //无参构造方法
10      {   //初始化时没有任何元素时的状态
11          keys = emptyArray;
12          values = emptyArray;
13          _size = 0;
14      }
```

```
15      public SortedList(int initialCapacity)  //指定容量构造方法
16      {
17          if (initialCapacity < 0)
18              throw new ArgumentOutOfRangeException("容量不能小于零！");
19          keys = new Object[initialCapacity];
20          values = new Object[initialCapacity];
21      }
22      public virtual void Add(Object key, Object value)
23      {   //首先查找新添加元素是否已经存在
24          int i = Array.BinarySearch(keys, 0, _size, key);
25          if (i >= 0)
26          {   //不能插入重复键值
27              throw new ArgumentException("插入重复键！");
28          }
29          Insert(~i, key, value);                 //插入元素
30      }
31
32      public virtual int Capacity                 //容量属性
33      {
34          get
35          {
36              return keys.Length;
37          }
38          set
39          {
40              if (value != keys.Length)
41              {
42                  if (value < _size)              //指定容量小于元素个数时
43                  {
44                      throw new ArgumentOutOfRangeException("容量太小");
45                  }
46                  if (value > 0)
47                  {   //新开辟存储元素的内存空间
48                      Object[] newKeys = new Object[value];
49                      Object[] newValues = new Object[value];
50                      if (_size > 0)
51                      {   //元素搬家
52                          Array.Copy(keys, 0, newKeys, 0, _size);
53                          Array.Copy(values, 0, newValues, 0, _size);
54                      }
55                      keys = newKeys;
56                      values = newValues;
57                  }
58              }
59          }
60      }
61      public virtual int Count                    //元素个数属性
62      {
63          get
64          {
65              return _size;
```

```
66          }
67      }
68      private void EnsureCapacity(int min)     //扩容
69      {
70          int newCapacity = keys.Length == 0 ? 16 : keys.Length * 2;
71          if (newCapacity < min)
72          {
73              newCapacity = min;
74          }
75          Capacity = newCapacity;
76      }
77      public Object this[Object key]          //索引器
78      {
79          get
80          {   //查找指定 key 的元素
81              int i = Array.BinarySearch(keys, key);
82              if (i >= 0)
83              {
84                  return values[i];
85              }
86              return null;
87          }
88          set
89          {   //获取指定 key 的索引
90              int i = Array.BinarySearch(keys, key);
91              if (i >= 0) //如果指定 key 存在则更改相应的 value 值
92              {
93                  values[i] = value;
94                  return;
95              }
96              //如果指定 key 不存在，则插入新值
97              Insert(~i, key, value);          //~i 取插入点
98          }
99      }
100     //插入元素
101     private void Insert(int index, Object key, Object value)
102     {   //如果满员，则扩容
103         if (_size == keys.Length)
104         {
105             EnsureCapacity(_size + 1);
106         }
107         if (index < _size)
108         {   //插入点后面的元素全部后移一位
109             Array.Copy(keys, index, keys, index + 1, _size - index);
110             Array.Copy(values, index, values, index + 1, _size - index);
111         }
112         keys[index] = key; //插入新值
113         values[index] = value;
114         _size++;
115     }
116     public void Remove(Object key)
```

```
117     {
118         int index = Array.BinarySearch(keys, key);
119         if (index >= 0)
120         {
121             Array.Copy(keys, index + 1, keys, index, _size - index);
122             Array.Copy(values, index + 1, values, index, _size - index);
123         }
124     }
125     public override string ToString()        //仅用于测试
126     {
127         string s = string.Empty;
128         for (int i = 0; i < _size; i++)
129         {
130             s += keys[i].ToString() + "  " +
131                 values[i].ToString() + "\r\n";
132         }
133         return s;
134     }
135 }
```

上述代码通过在两个数组 keys 和 values 的基础上做进一步抽象，构建了一个可动态改变空间的可排序键值对集合类，它的实现与 ArrayList 类非常接近，下面对这些代码进行详细介绍。

1. *初始化*

第 8 行代码声明了一个长度为 0 的数组 emptyArray，它是静态成员。这样做的目的是：如果 keys 和 values 数组的初始状态为 null，那么这时就不能访问它们的 Length 属性，但是把它们的初始值设为一个 0 长度数组，在没有添加元素之前依然可以访问它们的 Length 属性。由于 emptyArray 是一个静态变量，所以无论有多少个 SortedList 实例，初始状态都只使用一个 emptyArray。

这里实现了两种构造方法，第一种为 9～14 行代码，它使 keys 和 values 同时指向 emptyArray，表示没有任何元素存在，只有新添加元素后才会开辟内存空间存放元素。

第二种构造方法为 15～21 行代码，它根据 initialCapacity 参数所指定的值来初始化 keys 和 values 数组的长度。在可以预见 SortedList 所存放的元素个数时，应该使用这种构造方法。

2. *添加元素*

22～30 行的 Add 方法为 SortedList 添加一个包含 key 和 value 的元素，它首先调用数组的 BinarySearch( )方法查找该键值是否已经存在，如果存在则引发异常，因为键值是不能重复的；如果键值不存在，则利用 BinarySearch( )方法的返回值在相应索引处插入新元素。前面已经讲过，当查找元素不存在时，BinarySearch( )方法返回指定键的插入点的补码，只需对这个返回值进行求补即可重新得到插入点，最后调用 Insert( )方法在插入点处插入新元素。新元素插入后，SortedList 内的元素依然按 key 值进行排序。

101～115 行的 Insert( )方法用于在指定索引处插入元素，它的原理跟 ArrayList 完全一样，都需要把插入点后的所有元素向后移动一位。当然，ArrayList 只移动一个数组的元素，而 SortedList 需要移动两个数组的元素。

3. 删除元素

116～124 行的 Remove( )方法用于删除指定键的元素。它也通过 BinarySearch( )方法找到指定元素的索引并删除。和 ArrayList 一样，删除一个元素需要将删除点后面的所有元素向前移动一位。

4. 查找

79～87 行的 get 访问器使用 BinarySearch( )方法查找指定键(key)的值(value)。

5. 扩容

68～76 行的 EnsureCapacity( )方法用于在满员的情况下扩容，在有 SortedList 存在元素的情况下，最小容量为 16，随着元素个数的增长，容量将以倍数增加，这一点与 ArrayList 类似。实际的扩容操作在 Capacity 属性的 set 访问器(38～59 行代码)中进行。

由以上分析可知，SortedList 的实现与 ArrayList 非常相似，不同之处只是前者存放键值对，而后者存放单个元素；前者内部元素按顺序排列，后者随机排列。由于使用了二分查找方法进行元素的添加、删除和查找，所以 SortedList 具有比较好的性能。

【例 6-3　Demo6-3.cs】SortedList 类测试。

```
1  using System;
2  class Demo6_3
3  {
4      static void Main()
5      {
6          SortedList slst = new SortedList();
7          slst.Add("005", "张三");
8          slst.Add("004", "李四");
9          slst.Add("006", "王五");
10         slst.Add("012", "马六");
11         slst.Add("002", "钱七");
12         slst.Add("009", "刘八");
13         Console.WriteLine(slst);
14     }
15 }
```

运行结果如下：

```
002  钱七
004  李四
005  张三
006  王五
009  刘八
012  马六
```

6.4 分块查找

分块查找又称索引查找，是针对分块有序数据的一种静态查找算法，分块有序并非指整个顺序表元素有序，而是将某一范围的数据划分在一个数据块内。这好比将一个班级某门课的成绩划分等级，成绩为90～100分的学生信息放在一个数据块内，成绩为80～89分的学生信息放在一个数据块内，然后专门使用一个索引表记录每一个分数段所在数据块的起始位置。这样在查找指定成绩的学生信息时，只需在索引表中找到相应的数据块的位置，然后在这个数据块中进行查找即可。

如图6.6所示，整个顺序表在逻辑上被索引表分成了3个数据块。索引表的地址栏数字代表的是顺序表的索引号，关键字表示该数据块中的最大值，它代表如下含义。

(1) 当data ≤ 23时，data存在于顺序表索引0～6所在的位置处。

(2) 当23 < data ≤ 48时，data存在于顺序表索引7～13所在的位置处。

(3) 当48 < data ≤ 96时，data存在于顺序表索引14～19所在的位置处。

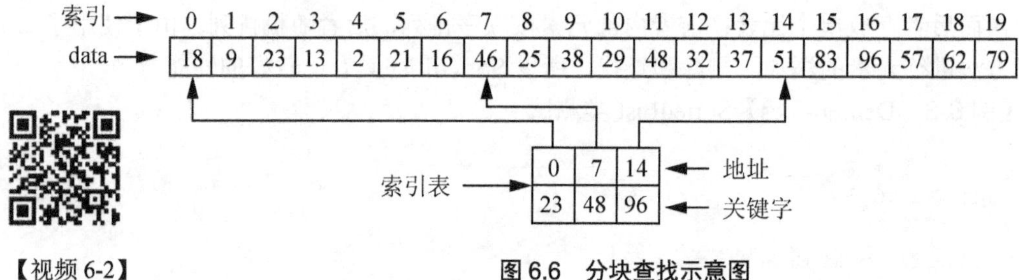

【视频6-2】

图6.6　分块查找示意图

例如，需要查找数据32，首先查找索引表，由于23 < 32 < 48，因此可以确定32在索引7～13处，因此只需在顺序表索引7～13所在位置处进行查找即可得到结果。由于索引表有序，因此可以采用二分查找方法快速确定元素所在的数据块。如果索引表元素数量不多，也可以采用简单的顺序方式进行查找。由于数据块内元素无序，因此只能采用简单低效的顺序查找方式进行。

分块查找的时间复杂度为$O(n^{1/2})$，它的效率介于顺序查找和二分查找之间，是顺序查找和二分查找的折中方案。

在分块查找中，不同的数据类型有不同的划分方法，把一个顺序表划分为多少块及每块的大小都要根据实际情况来确定。它不具有通用性，因此本书不提供其代码实现。

6.5 二叉查找树

前面讨论的几种查找法中，二分查找效率最高，但二分查找要求表中记录按关键字排序，而且它只能在顺序表上实现，从而在删除和插入元素时需要移动表中很多记录，这种由移动记录所引起的额外时间开销会部分抵消二分查找的优点。如果不希望表中记录按关键字排序，而又希望得到较高的插入和删除效率，可以考虑使用几种特殊的二叉树或树作为表的组织形式，这里将它们统称为树表。本节首先讨论二叉查找树。

6.5.1 二叉查找树的定义

二叉查找树(Binary Search Tree，BST)又称二叉排序树(Binary Sort Tree)，它是满足如下性质的二叉树。

(1) 若它的左子树非空，则左子树上所有记录的值均小于根记录的值。

(2) 若它的右子树非空，则右子树上所有记录的值均大于根记录的值。

(3) 左、右子树本身又各是一棵二叉查找树。

如图 6.7 所示，图 6.7(a)是一棵二叉查找树，而图 6.7(b)则不是，因为图 6.7(b)中，根结点 4 的左子树中有一个大于根结点本身的结点 6。

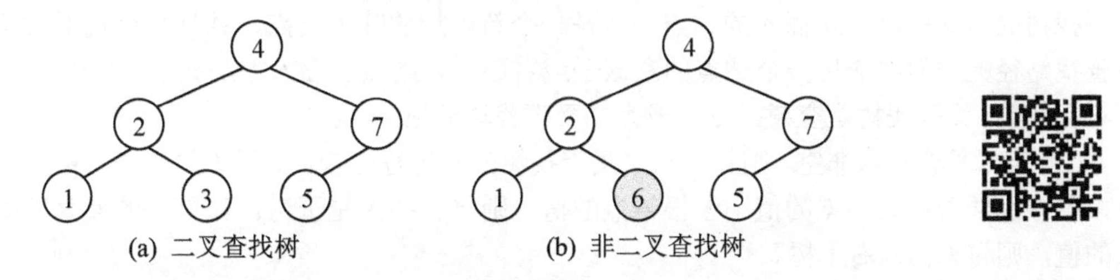

图 6.7 二叉查找树的定义 【视频 6-3】

二叉查找树是递归定义的，其一般理解是：二叉查找树中任一结点，其值为 k，只要该结点有左孩子，则左孩子的值必小于 k，只要有右孩子，则右孩子的值必大于 k。二叉查找树的一个重要的性质是：中序遍历该树得到的中序序列是一个递增有序序列。

6.5.2 二叉查找树的查找

二叉查找树的查找过程为：首先将给定值和根结点的关键字进行比较，若相等，则查找成功，否则，若小于根结点关键字，则在左子树中继续查找，若大于根结点关键字，则在右子树中查找。

例如，在图 6.8 所示的二叉查找树中查找值为 32 的结点，首先从根结点开始，由于 32>28，所以访问根结点的右孩子 35 继续查找，由于 32<35，所以往左继续查找，由于 32>30，所以往右继续查找，这时访问到结点 32，查找成功。

由此可知，二叉查找树的查找过程与前面讲解的二分查找的查找过程非常相似，只是二分查找的判定树是根据有序顺序表动态生成的，而二叉查找树本身就是一棵以二叉树形式进行存储的树。但二叉查找树与二分查找的判定树有本质的区别，由于二分查找的查找表是有序的，无论元素按什么样的顺序插入，二分查找的判定树只有一个；二叉查找树中，如果元素的插入顺序不同，它所生成的二叉查找树有可能不同。

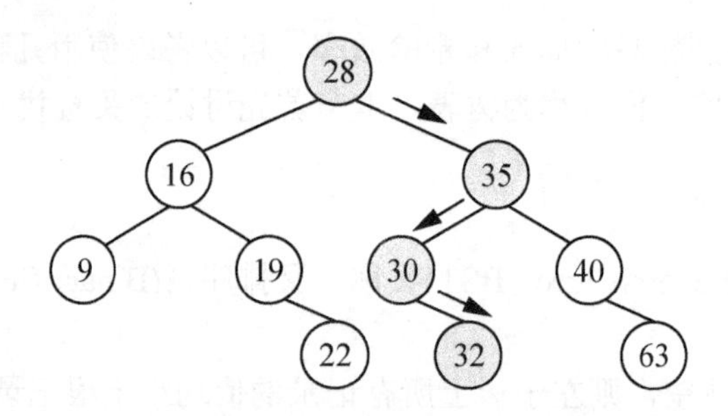

图6.8　二叉查找树的查找过程

6.5.3　二叉查找树的插入

已知一个关键字为 k 的结点，若将其插入到二叉查找树中，只要保证插入后仍符合二叉查找树的定义即可。新插入的结点一定是一个新添加的叶子结点，并且是查找不成功时在查找路径上访问的最后一个结点的左孩子或右孩子。结点的插入方法如下。

(1) 若二叉查找树是空树，则 k 成为二叉查找树的根。

(2) 若二叉查找树非空，则将 k 与二叉查找树的根进行比较。如果 k 的值等于根结点的值，则停止插入；如果 k 的值小于根结点的值，则将 k 插入左子树；如果 k 的值大于根结点的值，则将 k 插入右子树。

设查找的关键字序列为(5,8,3,4,6,1,2,7)，则其插入过程如图6.9所示。

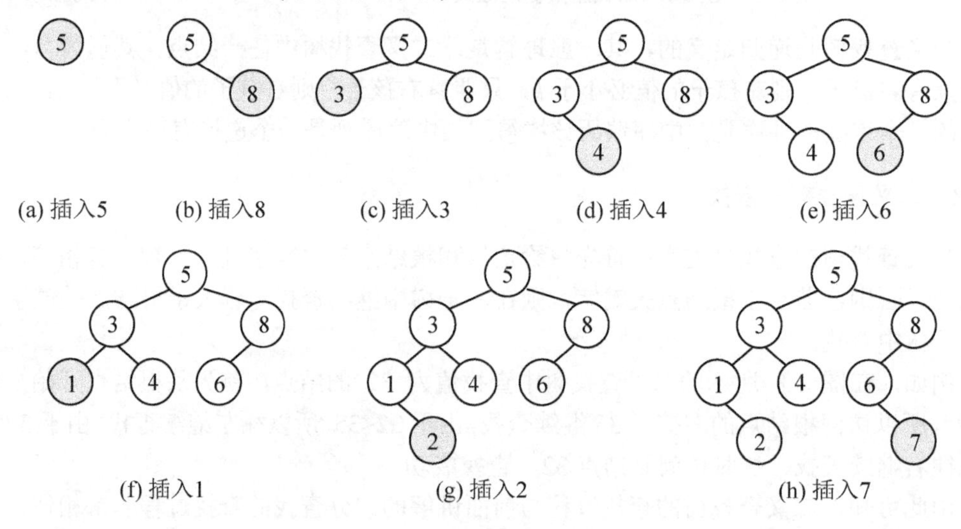

图6.9　二叉查找表的插入过程

若同样的集合，插入顺序改为(1,2,3,4,5,6,7,8)，那么上述算法生成的二叉查找树如图6.10所示。可以看到，不同的插入顺序将得到不同的二叉查找树，最糟糕的情况是插入一个有序序列，使得具有 n 个元素的集合生成高度为 n 的单枝二叉树，从而导致它的查找性能接近于线性表。

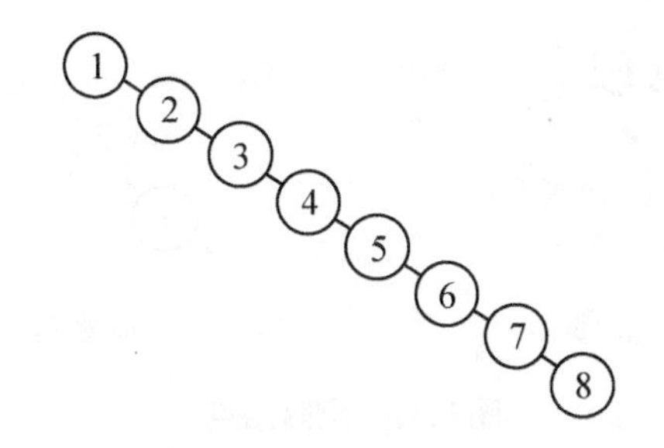

图 6.10 在二叉查找树中插入有序序列

6.5.4 二叉查找树的删除

二叉查找树结点的删除比较麻烦，在删除结点时，不能把以该结点为根的子树都删去，只能删掉该结点，并且还要保证删除后所得的二叉树仍然满足二叉查找树的性质。

假设要删除结点 p，结点 p 的双亲结点为 f，下面分 3 种情况讨论。

(1) 若 p 为叶子结点，则可直接将其删除。如图 6.11 所示，由于结点 2 和 7 都是叶子结点，直接删除即可。

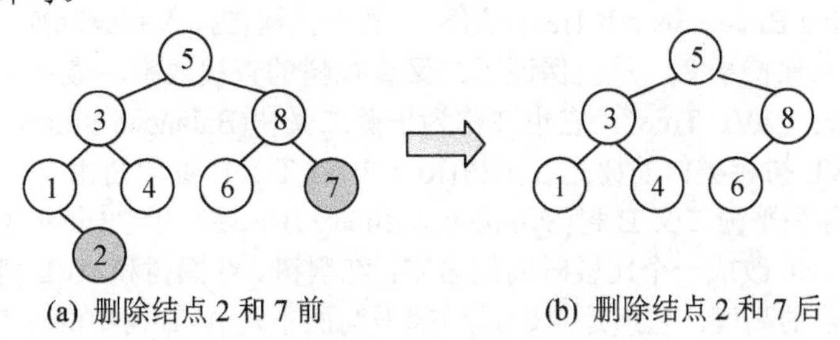

(a) 删除结点 2 和 7 前　　(b) 删除结点 2 和 7 后

图 6.11 删除结点 2 和 7

(2) 若 p 只有左子树或右子树，也就是只有一棵子树，则可将这棵子树取代 p 成为结点 f 的子树。其效果如图 6.12 所示。

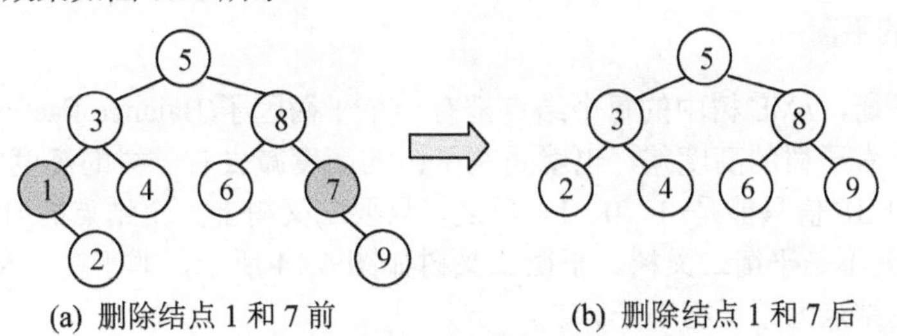

(a) 删除结点 1 和 7 前　　(b) 删除结点 1 和 7 后

图 6.12 删除结点 1 和 7

(3) 若 p 既有左子树，又有右子树，此时可以令 p 的中序遍历直接前驱结点代替 p，然后再从二叉查找树中删除它的直接前驱。如图 6.13 所示，结点 5 既有左子树，又有右子树，它的直接前驱结点为 4。在删除结点 5 时，首先用结点 4 代替结点 5，然后再删除结点 4，完成删除操作。这时读者可能会有疑问：如果结点 4 又有左子树和右子树怎么办呢？答案很简单，结点 4 不可能同时存在左右子树。

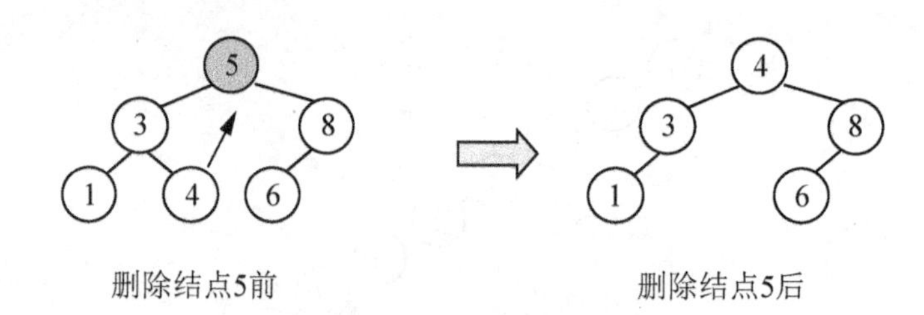

图 6.13　删除结点 5

6.6　平衡二叉树

前面一节曾经讲到在二叉查找树中，如果插入元素的顺序接近有序，那么二叉查找树将退化为链表，从而导致二叉查找树的查找效率大为降低。如何使得二叉查找树的形态无论在什么情况下都能最大限度地接近满二叉树以保证它的查找效率呢？

前苏联科学家 G.M. Adelson-Velskii 和 E.M. Landis 给出了答案。他们在 1962 年发表的一篇名为 *An algorithm for the organization of information* 的文章中提出了一种自平衡二叉查找树(Self-Balancing Binary Search Tree)。这种二叉查找树在插入和删除操作中，可以通过一系列的旋转操作来保持平衡，从而保证了二叉查找树的查找效率。最终这种二叉查找树以他们的名字命名为“AVL-Tree”，它也被称为平衡二叉树(Balanced Binary Tree)。

另一种与 AVL 树相类似的树是红黑树(Red Black Tree)，红黑树由 Rudolf Bayer 于 1972 年提出，当时被称为平衡二叉 B 树(Symmetric Binary B-trees)，1978 年被 Leonidas J. Guibas 和 Robert Sedgewick 改成一个比较时尚的名字：红黑树。红黑树和 AVL 树的区别在于它使用颜色来标识结点的高度，它所追求的是局部平衡而不是 AVL 树中的非常严格的平衡。

在 C#类库中的 System.Collections.Generic.SortedDictionary 类就是使用红黑树实现的，红黑树和 AVL 树的原理非常接近，但由于红黑树的复杂度远胜于 AVL 树，本书只介绍 AVL 树的实现原理。关于红黑树可参考二维码中的文章。

6.6.1　AVL 树的平衡

为了保证平衡，AVL 树中的每个结点都有一个平衡因子(Balance Factor，BF)，它表示这个结点的左、右子树的高度差，也就是左子树的高度减去右子树的高度的结果值。AVL 树上所有结点的 BF 值只能是-1、0、1。反之，只要二叉树上一个结点的 BF 的绝对值大于 1，则该二叉树就不是平衡二叉树。平衡二叉树如图 6.14 所示，非平衡二叉树如图 6.15 所示，其中的灰色结点为不平衡因子。

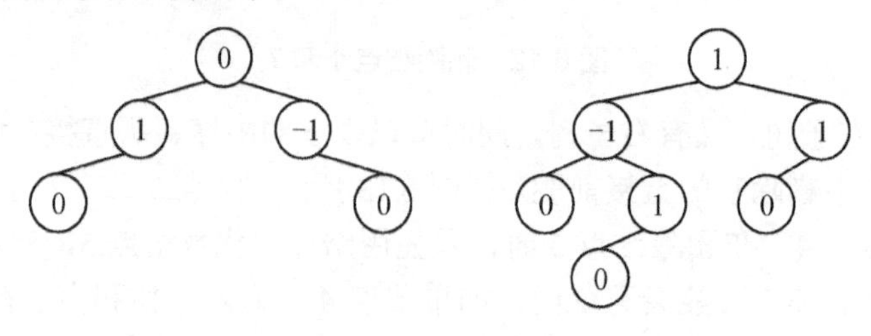

图 6.14　平衡二叉树

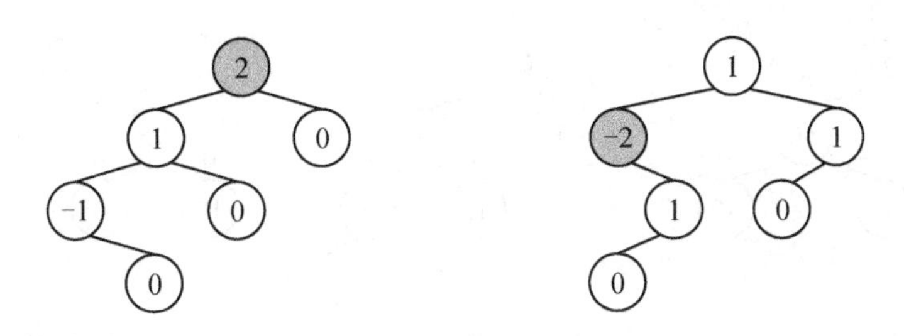

图 6.15　非平衡二叉树

6.6.2　AVL 树的构造

如何构造一棵平衡二叉树呢？动态地调整二叉查找树平衡的方法为：每插入一个结点后，首先检查是否破坏了树的平衡性，如果因插入结点而破坏了二叉查找树的平衡，则找出离插入点最近的不平衡结点，然后将以该不平衡结点为根的子树进行旋转操作，称该不平衡结点为旋转根，以该旋转根为根的子树称为最小不平衡子树。失衡状态可归纳为 4 种，它们对应着 4 种旋转类型。

1. LL 型旋转

图 6.16 中，图 6.16(a)为插入新结点前的二叉树形态，此时的二叉树处于平衡状态(结点上方数字为此结点的 BF 值)。图 6.16(b)为在结点 10 左侧插入结点 5 后，结点 50 的 BF 值由 1 变为 2，结点 50 为旋转根。这种插入结点 50 的左孩子的左子树而导致失衡的情况需要进行 LL 型旋转(LL 意为左左)。图 6.16(c)为 LL 型旋转后的二叉树形态，可以观察到，虽然结点 50 的 BF 值由 1 变为了 0，但最小不平衡子树在插入结点 5 前与旋转后的高度不变。

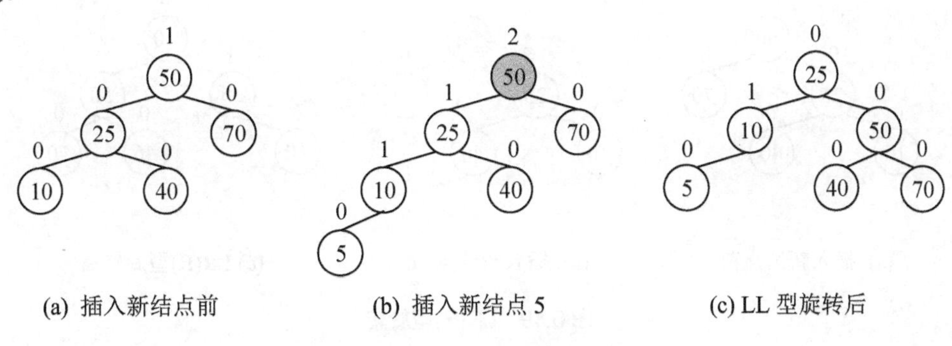

图 6.16　LL 型旋转

2. RR 型旋转

如图 6.17 所示，插入结点 90 后，结点 25 的 BF 值由−1 变为−2，此时结点 25 为旋转根。这种插入结点 25 的右孩子的右子树而导致失衡的情况需要进行 RR 型旋转。最小不平衡子树在插入结点 90 前与旋转后的高度不变。

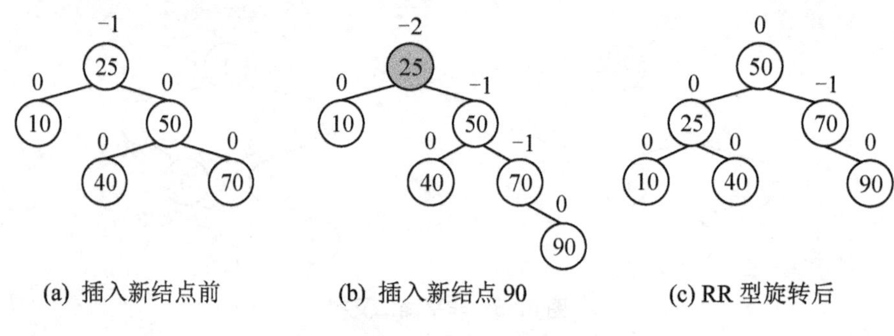

(a) 插入新结点前　(b) 插入新结点 90　(c) RR 型旋转后

图 6.17　RR 型旋转

3. LR 型旋转

插入旋转根的左孩子的右子树而导致失衡的情况需要进行 LR 型旋转。这里演示了 LR(L)型旋转(图 6.18)和 LR(R)型旋转(图 6.19)两种情况。插入结点前与旋转后的最小不平衡子树高度不变。

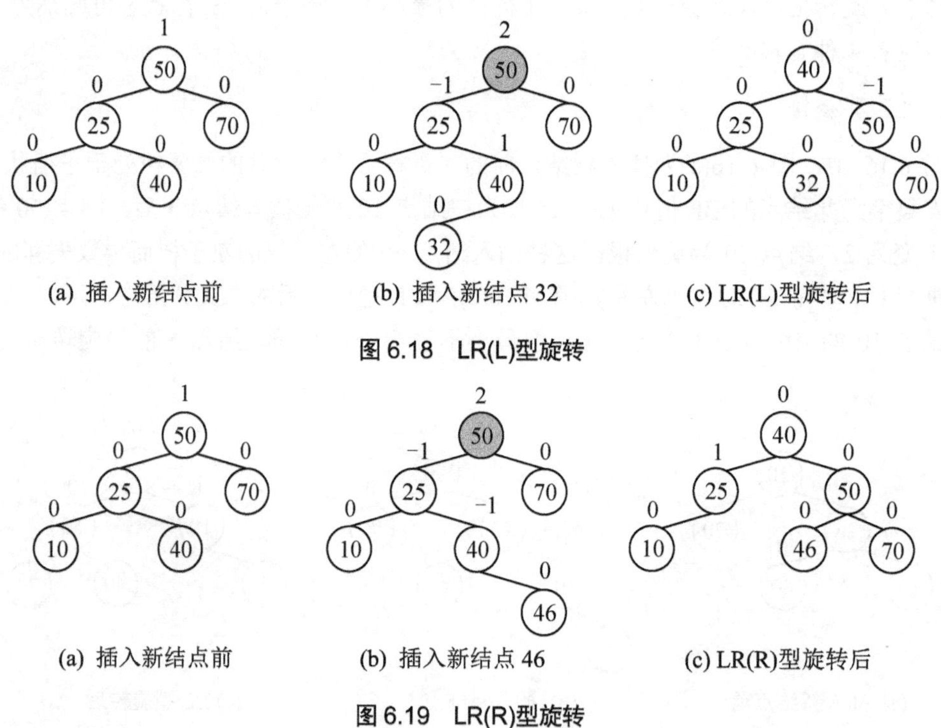

(a) 插入新结点前　(b) 插入新结点 32　(c) LR(L)型旋转后

图 6.18　LR(L)型旋转

(a) 插入新结点前　(b) 插入新结点 46　(c) LR(R)型旋转后

图 6.19　LR(R)型旋转

4. RL 型旋转

插入旋转根的右孩子的左子树而导致失衡的情况需要进行 RL 型旋转。这里演示了 RL(L)型旋转(图 6.20)和 RL(R)型旋转(图 6.21) 两种情况。插入结点前与旋转后的最小不平衡子树高度不变。

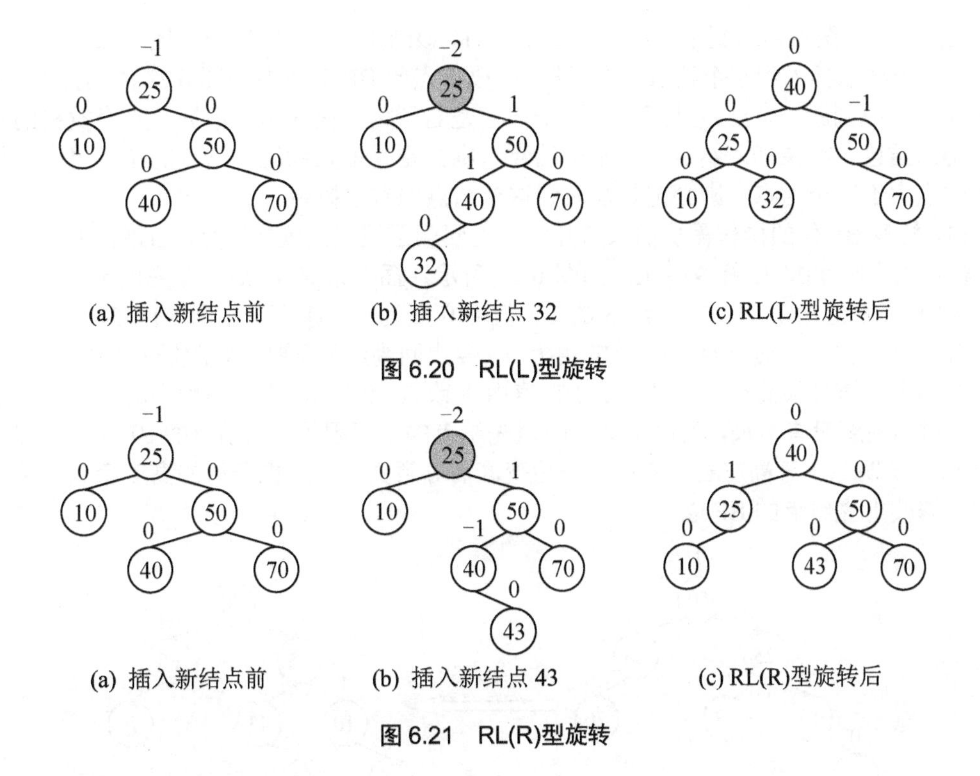

(a) 插入新结点前　　(b) 插入新结点 32　　(c) RL(L)型旋转后

图 6.20　RL(L)型旋转

(a) 插入新结点前　　(b) 插入新结点 43　　(c) RL(R)型旋转后

图 6.21　RL(R)型旋转

6.6.3　AVL 树结点的插入

AVL 树实现的难点在于插入和删除后如何回溯和修改 BF 值，本书使用无递归、无 parent 指针的方法实现。下面对算法进行原理上的介绍。

1. 回溯修改祖先结点的平衡因子

在 AVL 树上插入一个新结点后，有可能导致其他结点 BF 值的改变，哪些结点的 BF 值会被改变？如何计算新的 BF 值？要解决这些问题，必须理解以下几个要点。

(1) 只有根结点到插入结点路径(称为插入路径)上的结点 BF 值会被改变。如图 6.22 所示，只有插入路径(用粗线标识)上结点的 BF 值被改变，其他非插入路径上结点的 BF 值不变。

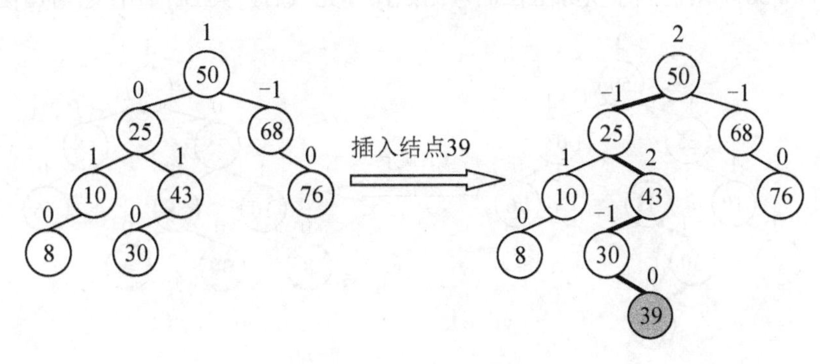

图 6.22　平衡因子的改变

(2) 当一个结点插入到某个结点的左子树时，该结点的 BF 值加 1(如图 6.22 的结点 50、43)；当一个结点插入到某个结点的右子树时，该结点的 BF 值减 1(如图 6.22 的结点 25、30)。如何在程序中判断一个结点是插入到左子树还是右子树？很简单，根据二叉查找树的特性可以得出结论：如果插入结点小于某个结点，则必定是插入到这个结点的左子树中；如果插入结点大于某个结点，则必定是插入到这个结点的右子树中。

(3) 修改 BF 值的操作需从插入点开始向上回溯至根结点依次进行，当路径上某个结点 BF 值修改后变为 0，则修改停止。如图 6.23 所示，插入结点 30 后，首先由于 30<43，将结点 43 的 BF 值加 1，使得结点 43 的 BF 值由 0 变为 1；接下来由于 30>25，结点 25 的 BF 值由 1 改为 0；此时结点 25 的 BF 值为 0，停止回溯，不需要再修改插入路径上结点 50 的平衡因子。道理很简单：当结点的 BF 值由 1 或−1 变为 0，表明高度小的子树添加了新结点，树的高度没有增加，所以不必修改祖先结点的平衡因子；当结点的 BF 值由 0 变为 1 或−1 时，表明原本等高左右子树由于一边变高而导致失衡，整棵子树的高度变高，所以必须向上修改祖先结点的 BF 值。

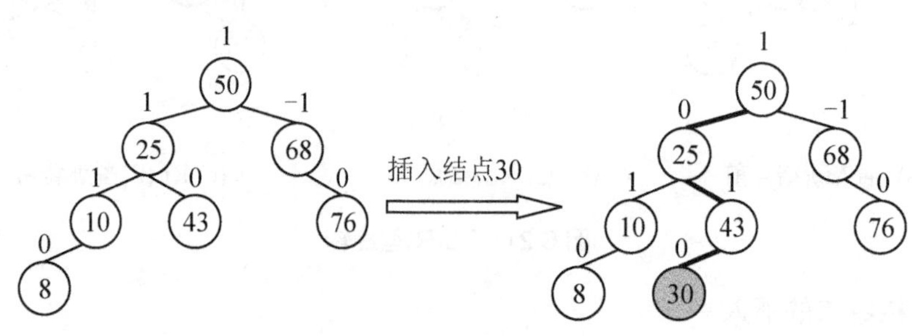

图 6.23　何时停止回溯

2. 旋转操作及其类型

在回溯修改祖先结点的平衡因子时，如果碰到某个结点的平衡因子变为 2 或−2，表明 AVL 树失衡，这时需要以该结点为旋转根，对最小不平衡子树进行旋转操作。由于是从插入点开始回溯，所以最先碰到的 BF 值变为 2 或−2 的结点必定为最小不平衡子树的根结点。如图 6.24 所示，插入 39 后，43 和 50 两个结点的 BF 值都会变为 2，而必定先访问到结点 43，所以 43 是最小不平衡子树的根。旋转操作完成后，最小不平衡子树插入结点前与旋转完成后的高度不变，所以可以得出结论：旋转操作完成后，无须再回溯修改祖先的 BF 值。这样，图 6.24 中的结点 25 和 50 的平衡因子实际上在插入结点操作完成后，其 BF 值不变(对比图 6.22)。

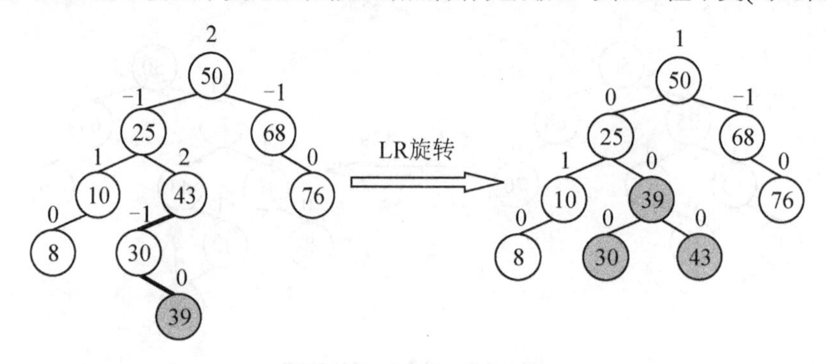

图 6.24　旋转后停止回溯

可以通过旋转根及其孩子的BF值来决定作什么类型的旋转操作。

(1)当旋转根的BF值为2时。

① 如果旋转根的左孩子的BF值为1，则进行LL型旋转。

② 如果旋转根的左孩子的BF值为-1，则进行LR型旋转。

(2)当旋转根的BF值为-2时。

① 如果旋转根的右孩子的BF值为1，则进行RL型旋转。

② 如果旋转根的右孩子的BF值为-1，则进行RR型旋转。

3. 保存插入路径

可以使用栈来保存插入路径上的各个结点，但由于栈是由数组抽象而来的，为了进一步加快AVL树的运行速度，直接使用数组存放插入路径，这样可以减少方法的调用，尽量避免一些不必要的操作。

如果AVL树实现索引器，而在索引器中使用int32，那么AVL树元素的长度不会超过一个32位整数的最大值。一个深度为32的满二叉树可以存放结点数为：2^32-1=4 294 967 295，这个值已经远远超出32位的整数范围，所以将数组的长度定为32(如现实需要，可增加数组长度)，这样就不必如ArrayList那样进行扩容操作了。另外，程序还使用了一个成员变量p用于指示当前访问结点，由于p指针的存在可以不必在每次进行插入和删除操作后清空数组中的元素，进一步增加了AVL树的运行速度。

使用数组的另一个好处是可以随时访问旋转根的双亲结点，以方便进行旋转操作时修改根结点。

6.6.4 AVL树结点的删除

AVL树的删除操作与插入操作有许多相似之处，它的大体步骤如下。

(1) 用二叉查找树的删除算法找到并删除结点(这里简称为删除点)。

(2) 沿删除点向上回溯，必要时，修改祖先结点的BF值。

(3) 回溯途中，一旦发现某个祖先的BF值失衡，如插入操作那样旋转不平衡子树使之变为平衡，与插入操作不同的是，旋转完成后，回溯不能停止，也就是说在AVL树上删除一个结点有可能引起多次旋转。

AVL树上的删除和插入操作虽然大体相似，但还是有一些不同之处，需要注意以下几点。

(1) 回溯方式的不同。在删除结点的回溯过程中，当某个结点的BF值变为1或-1时，则停止回溯。这一点与插入操作正好相反，因为BF值由0变为1或-1，表明原本平衡的子树由于某个结点的删除导致了不平衡，子树的总体高度不变，所以不再需要向上回溯。

(2) 旋转方式的不同。如图6.25所示，删除AVL树中的结点25导致结点50的BF值由原来的-1变为-2，但旋转根50的右孩子的BF值为0，这种情况在前面所讲的旋转操作中并不存在，那么是需要对它进行RR型旋转还是RL型旋转？正确方法是使用RR型旋转，所不同之处是旋转后的BF值不同，需要单独处理。注意，这种情况在插入操作时不可能发生，LL型旋转也存在类似的情况。另外，旋转完成后树的整体高度没有改变，所以大部分情况下旋转操作完成后，子树的高度降低，需要继续向上回溯修改祖先的 BF 值，而只有这种情况由于子树的高度未改变，所以停止回溯。

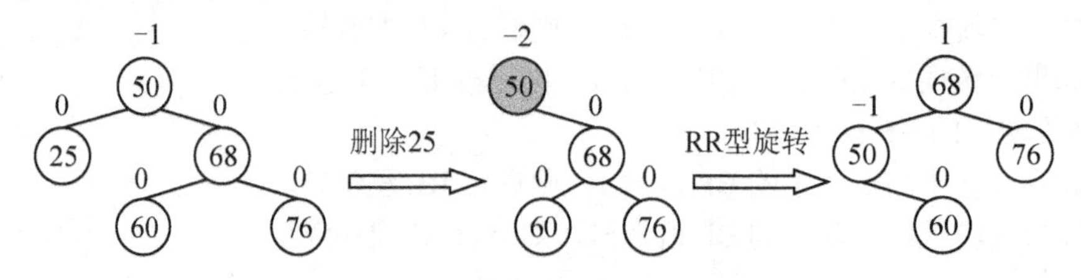

图 6.25　删除操作中的旋转特例

(3) 删除点的选择特例。前面曾经讲过，在二叉查找树中，当删除点 p 既有左子树，又有右子树时，可以令 p 的中序遍历直接前驱结点代替 p，然后再从二叉查找树中删除它的直接前驱。如图 6.26 所示，结点 5 既有左子树，又有右子树，它的直接前驱结点为 4。在删除结点 5 时，首先用结点 4 代替结点 5，然后再删除结点 4 完成删除操作。这里需要注意的是此时必须将删除前的结点 4 作为删除点来进行向上回溯操作，而不是结点 5。

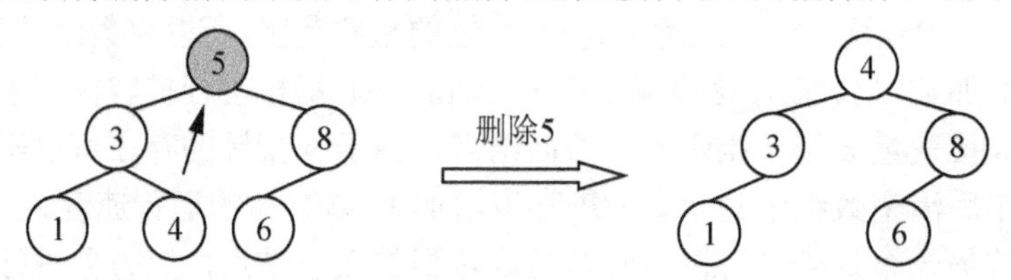

图 6.26　二叉查找树中的删除

6.6.5　AVL 树的代码实现

AVL 树代码实现非常复杂，了解其原理即可，并不要求掌握代码如何编写。如有兴趣，可参看素材中的【AVLTree】文件夹，此文件夹下是一个 AVL 树的动态演示程序源码，包含了 AVL 树的实现、二叉树最小面积画树算法等内容，可以实时观测 AVL 树插入和删除操作时的二叉树形态变化。AVL 树代码实现参看【Node.cs】(结点类)和【BinarySearchTree.cs】(AVL 树类)两个源文件即可。

6.6　本 章 小 结

本章介绍了几种常见的查找算法，下面对这几种查找算法进行总结。

(1) 顺序查找对于数据无任何特殊要求，但它的查找速度是最慢的，仅适用于在数据量不大的线性表中进行查找。

(2) 二分查找仅适用于有序顺序表，它的查找效率是最高的，但维持数据有序性的成本太高，不适用于数据需要经常增删的情况。

(3) 分块查找属于上述两个方案的折中方案，既要求保持块间的有序性，又允许块内的无序性。

(4) 二叉查找树适用于链表，它的查找效率较高，且数据增删的成本较低，适用于数据经常增删的情况。但二叉查找树的形态与数据的输入顺序有关，在最坏的情况下，它会退化成链表。

(5) AVL 树是一种可以自平衡的二叉查找树，它完全解决了二叉树会退化成链表的可能性，是一种高效的查找表。

6.7 实训指导：Array. BinarySearch 的使用

一、实训目的

(1) 掌握如何在 C#中正确使用内置的二分查找方法。
(2) 掌握 IComparer 接口的使用。

二、实训内容

本章简单介绍了 Array.BinarySearch( )方法的使用，但如果数组中存放的是自定义类型，那么调用 BinarySearch( )方法则需要给自定义类型实现 IComparable 接口，这样系统才会明确比较的是哪些内容，也可以专门创建一个实现了 IComparer 接口的类用于比较。例如，一个员工信息类 Employee，包含“名字”“年龄”“薪水”3 个字段，如果希望同时使用 BinarySearch( )方法查找“年龄”和“薪水”字段，就需要针对两个字段分别实现 IComparer 接口。

三、实训步骤

本次实训使用控制台应用程序。

【Demo6-5.cs】IComparer 接口的实现。

```
1  using System;
2  using System.Collections;
3  class Employee                          //员工类
4  {
5     private string _name;                //姓名
6     private int _age;                    //年龄
7     private decimal _salary;             //薪水
8     public Employee() { }                //构造方法
9     public Employee(string name, int age, decimal salary)
10    {
11        _name = name;
12        _age = age;
13        _salary = salary;
14    }
15    public string Name                   //“姓名”属性
16    {
17        get { return _name; }
18        set { _name = value; }
```

```
19     }
20     public int Age                        //“年龄”属性
21     {
22         get { return _age; }
23         set { _age = value; }
24     }
25     public decimal Salary                 //“薪水”属性
26     {
27         get { return _salary; }
28         set { _salary = value; }
29     }
30     public override string ToString()
31     {
32         return _name + " " + _age.ToString() + " " + _salary.ToString();
33     }
34 }
35 //针对“年龄”字段的IComparer接口实现
36 class AgeCompare : IComparer
37 {
38     int IComparer.Compare(object left, object right)
39     {
40         return (((Employee)left).Age.CompareTo(((Employee)right).Age));
41     }
42 }
43 //针对“薪水”字段的IComparer接口实现
44 class SalaryCompare : IComparer
45 {
46     int IComparer.Compare(object left, object right)
47     {
48         return (((Employee)left).Salary.CompareTo(
49             ((Employee)right).Salary));
50     }
51 }
52 //测试类
53 class Program
54 {
55     static void Main(string[] args)
56     {   //创建一个Employee数组
57         Employee[] empArr ={
58             new Employee("张三",35,5000),
59             new Employee("李四",25,3500),
60             new Employee("王五",40,4200),
61             new Employee("马六",46,4000),
62             new Employee("钱七",39,1800)
63         };
64         Console.WriteLine("按年龄排序：");
```

```
65          //创建一个 ageComparer 接口实例用于针对年龄进行排序和查找
66          IComparer ageComparer = new AgeCompare();
67          Array.Sort(empArr, ageComparer);        //按年龄排序
68          foreach (Employee e in empArr)
69          {   //打印整个数组
70              Console.WriteLine(e);
71          }
72          //专门创建一个年龄为 35 岁的 Employee 数组用于搜索
73          Employee emp = new Employee();
74          emp.Age = 35;
75          //调用 BinarySearch 方法查找年龄为 35 岁的员工
76          int index = Array.BinarySearch(empArr, emp, ageComparer);
77          Console.WriteLine("搜索年龄为 35 岁的员工: " + empArr[index]);
78          Console.WriteLine();
79          Console.WriteLine("按薪水排序: ");
80          //创建一个 SalaryComparer 接口实例用于针对薪水进行排序和查找
81          IComparer SalaryCompare = new SalaryCompare();
82          Array.Sort(empArr, SalaryCompare);    //按薪水排序
83          foreach (Employee e in empArr)
84          {   //打印整个数组
85              Console.WriteLine(e);
86          }
87          //将 emp 对象的 Salary 设为 1800 用于搜索工资为 1800 元的员工
88          emp.Salary = 1800;
89          index = Array.BinarySearch(empArr, emp, SalaryCompare);
90          Console.WriteLine("搜索工资为 1800 元的员工: " + empArr[index]);
91      }
92  }
```

运行结果如图 6.27 所示。

图 6.27　运行结果

本实训所实现的IComparer接口一般是在无Employee类源代码或不方便更改Employee源代码时使用。如果Employee类代码由自己实现，则应该将IComparer接口类置于Employee类的内部，以实现更好的封装及方便用户调用。

6.8 习　　题

一、选择题

1．静态查找表与动态查找表两者的根本差别在于(　　)。

A．它们的逻辑结构不一样

B．施加在其上的操作不同

C．所包含的数据元素的类型不一样

D．存储实现不一样

2．顺序查找法适合于存储结构为(　　)的线性表。

A．散列存储　　B．顺序存储或链表存储

C．压缩存储　　D．索引存储

3．下面描述不正确的是(　　)。

A．顺序查找对表中元素的存放位置无任何要求，当 n 较大时，效率低

B．静态查找表中关键字有序时，可用二分查找

C．分块查找也是一种静态查找

D．经常进行插入和删除操作时可以采用二分查找

4．设有一个长度为100的已排好序的表，用二分查找进行查找，若查找不成功，至少比较(　　)次。

A．9　　B．8　　C．7　　D．6

5．分块查找时确定块的查找可以用顺序查找，也可以用(　　)，而在块中只能用(　　)。

A．二分查找，顺序查找　　B．静态查找，顺序查找

C．二分查找，二分查找　　D．散列查找，顺序查找

6．对一棵二叉查找树的根结点而言，左子树中所有结点与右子树中所有结点的关键字大小关系是(　　)。

A．等于　　B．大于　　C．小于　　D．不小于

7．从具有 n 个结点的二叉查找树中查找一个元素时，最坏情况下的时间复杂度为(　　)。

A．$O(n)$　　B．$O(1)$　　C．$O(\log_2 n)$　　D．$O(n^2)$

8．设二叉查找树中的关键字由1至1 000的整数构成，现要查找关键字为363的结点，下述关键字序列(　　)是不可能在二叉查找树上查找到的序列。

A．2,252,401,398,330, 344,397,363

B．924, 220, 911, 244, 898, 258, 362, 363

C．2, 399, 387, 219, 266, 382, 381, 278, 363

D．925, 202, 911, 240, 912, 245, 363

二、判断题

1．内查找与外查找的区别在于内查找的过程全部在内存中进行，外查找过程中还需要访问外存。（　）

2．二分查找只适用于有序表，包括有序的顺序表和有序的链表。（　）

3．二分查找是一种效率较高的静态查找方法，但是二分查找要求查找表用顺序存储结构存放。（　）

4．二分查找的算法复杂度为$O(\log_2 n)$。（　）

5．分块查找适用于任何有序表或者无序表。（　）

6．分块查找中，每一块的大小是相同的。（　）

7．二叉判定树和二叉排序树一样，都不是唯一的。（　）

8．若二叉树中每个结点的值均大于其左孩子的值，小于其右孩子的值，则该二叉树一定是二叉查找树。（　）

三、填空题

1．_______在查找过程中查找表本身不发生变化，而_______在查找过程中查找表可能会发生变化。

2．二分查找的存储结构仅限于_______，且是_______。

3．已知一个有序表为(12,18,20,25,29,32,40,62,83,90,95,98)，当二分查找值为 29 和 90 的元素时，分别需要_______次和_______次比较才能查找成功；若采用顺序查找，分别需要_______次和_______次比较才能查找成功。

4．分块查找的时间复杂度为_______。

5．分块查找中，要得到最好的平均查找长度，应对有 256 个元素的线性查找表分成_______块，每块的最佳长度是_______。若每块的长度为 8，则等概率下平均查找长度为_______。

6．_______是一棵二叉树，如果不为空，则它必须满足下面的条件。

(1) 若左子树不空，则左子树上所有结点的值均小于根的值。

(2) 若右子树不空，则右子树上所有结点的值均大于根的值。

(3) 其左、右子树均为二叉查找树。

7．从一棵二叉查找树中查找一个元素时，若元素的值等于根结点的值，则表明______，若元素的值小于根结点的值，则继续向_______查找，若元素的值大于根结点的值，则继续向_______查找。

8．二叉查找树在删除结点时，不能把以该结点_______删去，只能删掉_______，并且还要保证删除后所得的仍然是_______。

四、简答题

1．简述二分查找的基本原理。

2．构造有 12 个元素的二分查找的判定树，并求解下列问题。

(1) 各元素的查找长度最大是多少？

(2) 查找长度为 1、2、3、4 的元素各有多少？具体是哪些元素？

(3) 查找第 5 个元素依次要比较哪些元素？

3．以数据集合{1,2,3,4,5,6}的不同序列为输入，构造 4 棵高度为 4 的二叉排序树。

五、算法设计题

1．设计一个算法，以求出给定二叉查找树中值最大的结点。

2．编写在二叉查找树中插入或者删除一个关键字的算法。

【第 6 章答案】

第7章 哈希表

教学提示

在C#的object类中定义了一个虚方法GetHashCode( )，这个方法用于获取对象的哈希码。什么是哈希码？它有什么作用？为什么要在如此重要的类中定义这个方法？哈希码与哈希表有什么内在的联系吗？本章将对这些问题展开论述。

教学要求

知识要点	能力要求	相关知识
哈希表的概念及原理	(1) 理解哈希表的基本概念 (2) 了解构造哈希函数的几种方法 (3) 了解哈希冲突解决的几种方法	哈希表的概念及原理
Hashtable	掌握System.Collection.Hashtable的原理及实现	System.Collection.Hashtable的实现
Dictionary	(1) 掌握Dictionary<TKey,Tvalue>的原理及实现 (2) 了解Hashtable和Dictionary的区别	Dictionary<TKey,Tvalue>的实现

7.1 概念引入

前面章节所介绍的很多数据结构都是基于数组来实现的，数组的最大特点是可以通过一个索引号快速地查找到指定元素，无论是访问数组的第一个元素还是最后一个元素，所耗费的时间都是一样的。但是在大多数情况下，索引并不具有实际的意义，它仅仅表示一个元素在数组中的位置而已。当需要查找某个元素时，往往会使用有实际意义的字段。

【例 7-1 Demo7-1.cs】使用学号查找学生地址。

```
1  using System;
2  class StuInfo
3  {
4      private string _stuNum;       //学号
5      private string _address;      //地址
6      public StuInfo(string stuNum, string address)
7      {
8          _stuNum = stuNum;
9          _address = address;
10     }
11     public string StuNum          //学号属性
12     {
13         get { return _stuNum; }
14         set { _stuNum = value; }
15     }
16     public string Address         //地址属性
17     {
18         get { return _address; }
19         set { _address = value; }
20     }
21 }
22 class Demo7_1
23 {
24     static void Main()
25     {   //在 StuInfo 数组内添加学生信息
26         StuInfo[] arrStu = {
27                 new StuInfo("200809001","广西南宁"),
28                 new StuInfo("200809002","广西桂林"),
29                 new StuInfo("200809003","北京"),
30                 new StuInfo("200809004","上海"),
31                 new StuInfo("200809005","广东深圳")
32             };
33         foreach (StuInfo s in arrStu) //查找学号为"200809004"的学生
34         {
35             if (s.StuNum == "200809004")
36             {
37                 Console.WriteLine("查找成功，" +
38                     "学号为 200809004 的学生的地址为：" + s.Address);
```

```
39                break;
40            }
41        }
42    }
43 }
```

运行结果如下：

```
查找成功，学号为200809004的学生的地址为：上海
```

例 7-1 设计了一个 StuInfo 类用于表示学生的学号和地址信息(2～21 行代码)。其中 StuNum 属性表示学生的学号，Address 属性表示学生的地址。

接下来使用数组 arrStu 来存放多个 StuInfo 类的对象(26～32 行代码)，这样可以很方便地处理一个班级所有学生的信息。数组中数据的逻辑关系如图 7.1 所示。

索引	学号(StuNum)	地址(Address)
0	200809001	广西南宁
1	200809002	广西南宁
2	200809003	北京
3	200809004	上海
4	200809005	广东深圳

图 7.1 arrStu 数组

当需要查找某个学生的地址信息时，显然数组的索引号无法作为查找的依据，因为数组的索引与学生的信息并没有必然联系，只是表示它在数组中存放的位置而已，能唯一表示一个学生的只有学号。大多数情况下都是通过学号来查找某个学生的地址。33～41 行代码演示了如何通过学号 “200809004” 来查找学生的地址，它依次访问数组中的每一个 StuInfo 对象，用“200809004”与 StuInfo 对象的 StuNum 字段进行对比，如果相等则表示找到相应的记录，打印地址并退出循环。当所查找的记录是数组的第一个元素，则可以马上返回，但如果查找的记录位于数组的最后或者根本就不存在，就需要遍历整个数组。当数组非常大时，以这样的方式进行查找将会耗费较多的时间。是否有一种方法通过学号关键字就能很快地定位到相应的记录？

观察图 7.1，可以发现这一组学号存在一定的规律，学号的后 3 位数字是一组有序数列，如果把每个学生学号的后 3 位数字抽取出来并减 1，结果正好与数组的索引号一一对应。将例 7-1 更改如下。

【例 7-2 Demo7-2.cs】哈希查找：将例 7-1 中的 22～43 行代码的 Demo7_1 类更改为下面的 Demo7_2，其余不变。

```
22 class Demo7_2
23 {   //把学号转换为存储地址的方法
24     static int GetHashCode(string s)
25     {
26         string s1 = s.Substring(6);         //取后 3 位字符
```

```
27          return Convert.ToInt32(s1) - 1;   //转换为整数并减1
28      }
29      static void Main()
30      {   //在StuInfo数组内添加学生信息
31          StuInfo[] arrStu = {
32                  new StuInfo("200809001","广西南宁"),
33                  new StuInfo("200809002","广西桂林"),
34                  new StuInfo("200809003","北京"),
35                  new StuInfo("200809004","上海"),
36                  new StuInfo("200809005","广东深圳")
37              };
38          Console.WriteLine("学号为200809001的学生的地址为: " +
39              arrStu[GetHashCode("200809001")].Address);
40          Console.WriteLine("学号为200809005的学生的地址为: " +
41              arrStu[GetHashCode("200809005")].Address);
42      }
43 }
```

运行结果如下：

```
学号为200809001的学生地址为：广西南宁
学号为200809005的学生地址为：广东深圳
```

24～28行定义了一个GetHashCode( )方法，这个方法会取一个字符串的后3个字符，并把这3个字符转换为整数，然后返回这个整数减1的值。

39行和41行代码把学号作为参数传递给GetHashCode( )方法，计算出记录在数组中的索引号，然后通过索引号直接访问。对例7-1改进后，直接由学号得到记录的存储地址，从而不再需要经过一系列的比较来进行查找，使算法复杂度变为常数$O(1)$。

上例中的“学号”字段是不重复的，它可以唯一地标识表中的每一条记录，这样的字段被称为“关键字”。而在记录存储地址和它的关键字之间建立一个确定的对应关系h，使每个关键字和一个唯一的存储位置相对应。在查找时，只要根据这个对应关系h，就可以找到所需的关键字及其对应的记录，这种查找方法称为哈希查找。关键字(key)和存储地址之间的对应关系可以用函数表示为

$$h(\text{key})=\text{存储地址}$$

其中，函数h称为哈希函数，h(key)的值称为哈希地址或散列地址，由关键字的值key得到存储地址的h(key)的过程称为映射。把线性表中每个对象的关键字通过哈希函数h(key)映射为内存单元地址(或称索引号、下标)，并把对象存储在这个内存单元中，这样的线性表存储结构称为哈希表(Hash Table)或散列表。

前面所建立的哈希表存在如下问题。

(1) 学号可以分为3个部分：前4位表示入学年份，中间2位表示班级编号，后3位表示学生序号。当在arrStu数组中存入了其他班级的学生信息时，就会出现问题，例如，“200809003”和“200805003”两个学号使用GetHashCode( )方法计算出的哈希地址是相同的，这种现象称为冲突(Collisions)。所谓冲突是指对不同的关键字可能得到同一地址，即key1≠key2，而h(key1)=h(key2)。具有相同函数值的关键字对该哈希函数来说称为同义词。

(2) 如果使用学生的姓名作为关键字，姓名为字符串类型字段，再使用之前所使用的哈希函数来求取哈希地址是行不通的。

显然，例 7-2 所示的哈希表是一种非常完美的、理想状态下的哈希表，但这样的情况几乎不可能存在。更多时候，哈希表的关键字不会是有序数列，甚至还有可能是任何一种数据类型。在讲述 C#如何解决这些问题之前，首先了解常用的构造哈希函数的方法和哈希冲突解决方法。

7.2 构造哈希函数的方法

构造哈希函数的目标是使哈希地址尽可能均匀地分布在连续的内存单元地址上，以减少冲突发生的可能性，同时使计算尽可能简单以达到尽可能高的时间效率。根据关键字的结构和分布不同，可构造出与之适应的各不相同的哈希函数。这里主要讨论几种常用的整数类型关键字的哈希函数构造方法。

1. 直接定址法

直接定址法取关键字或关键字的某个线性函数为哈希地址，即

$$h(\text{key}) = \text{key}$$

或

$$h(\text{key}) = a \times \text{key} + b$$

其中，a、b 为常数，调整 a 与 b 的值可以使哈希地址取值范围与存储空间范围一致。这种哈希函数计算简单，并且不会发生冲突。它适合于关键字分布基本连续的情况，若关键字分布不连续，将造成存储空间的大量浪费。

2. 数字分析法

该方法是提取关键字中随机性较好的数字位，然后把这些数位拼接起来作为哈希地址。它适合于所有关键字值都已知的情况，并需要对关键字中每位的取值分布情况进行分析。例如，如图 7.2 所示的一组关键字，经过分析可知，③、⑥、⑦、⑧这几位取值较为集中，随机性不好，不适合用于哈希函数，而①、⑤这两位取值非常分散，可将这两位数字拼接起来作为哈希地址。需要注意，提取多少位数字应该根据哈希表的长度来确定。

位 →	⑧	⑦	⑥	⑤	④	③	②	①	提取结果
	6	1	3	1	7	6	3	2	12
	6	2	3	2	6	8	7	5	25
	6	2	3	4	3	6	3	4	44
	6	2	7	0	6	6	1	6	6
	6	1	7	7	4	6	3	8	78
	6	1	3	8	1	2	6	1	81
	6	1	3	9	4	2	2	0	90

图 7.2 数字分析法

3. 除留余数法

除留余数法采用取模运算(%)，把关键字除以某个不大于哈希表表长的整数得到的余数作为哈希地址。哈希函数的形式为

$$h(\text{key}) = \text{key} \% p$$

除留余数法的关键是选好 p，使得记录集合中的每个关键字通过该整数转换后映射到哈希表范围内任意地址上的概率相等，从而尽可能减少发生冲突的可能性。例如，p 不要设为 2 的次幂，设 $p=2^5$，则对 p 的取模截取 p 的最低 5 位二进制数(图 7.3)，这等于将关键字的所有高位二进制数都忽略了。另外，p 取奇数比取偶数好。理论研究表明，p 取不大于哈希表长度的素数效果最好。

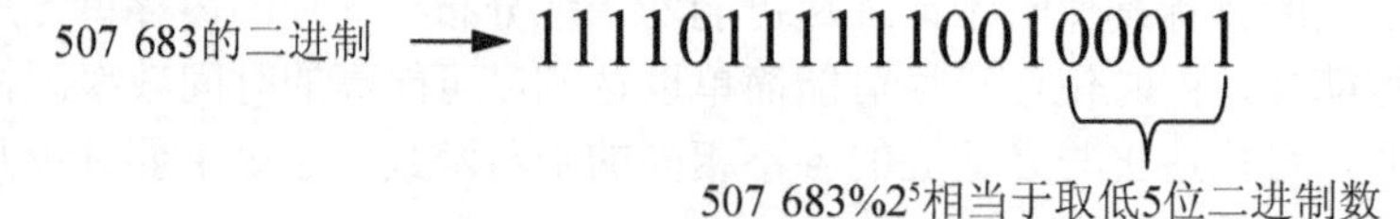

图 7.3 取模运算

哈希函数的构造方法还有平方取中法、折叠法和移位法等，这里不再一一介绍。

在设置哈希函数时，通常要考虑以下因素。

(1) 计算哈希函数所需的时间。

(2) 关键字的长度。

(3) 哈希表的长度。

(4) 关键字的分布情况。

(5) 记录的查找频率。

7.3 哈希冲突解决方法

哈希函数的目标是尽量减少冲突，但实际应用中冲突是无法避免的，所以在冲突发生时，必须有相应的解决方案。而发生冲突的可能性又与以下两个因素有关。

(1) 装填因子α。所谓装填因子是指哈希表中已存入的记录数 n 与哈希地址空间大小 m 的比值，即$\alpha=n/m$，α越小，冲突发生的可能性就越小；α越大(最大可取 1)，冲突发生的可能性就越大。这很容易理解，因为α越小，哈希表中空闲单元的比例就越大，所以待插入记录与已插入记录发生冲突的可能性就越小；反之，α越大，哈希表中空闲单元的比例就越小，所以待插入记录与已插入记录发生冲突的可能性就越大。另外，α越小，存储空间的利用率就越低；反之，存储空间的利用率就越高。为了兼顾减少冲突的发生和提高存储空间的利用率，通常把α控制在 0.6～0.9 的范围之内，C#的 Hash Table 类把α的最大值定为 0.72。

(2) 与所采用的哈希函数有关。若哈希函数选择得当，就可使哈希地址尽可能均匀地分布在哈希地址空间上，从而减少冲突的发生；否则，就可能使哈希地址集中于某些区域，从而加大冲突发生的可能性。

冲突解决技术可分为两大类：开散列法(又称为链地址法)和闭散列法(又称为开放地址法)。哈希表是用数组实现的一片连续的地址空间，两种冲突解决技术的区别在于发生冲突的元素是存储在这片数组的空间之外还是空间之内。

(1) 开散列法发生冲突的元素存储于数组空间之外。可以把“开”字理解为需要另外“开辟”空间存储发生冲突的元素。

(2) 闭散列法发生冲突的元素存储于数组空间之内。可以把“闭”字理解为所有元素，不管是否有冲突，都“关闭”于数组之中。闭散列法又称开放地址法，意指数组空间对所有元素，不管是否冲突都是开放的。

7.3.1 闭散列法

闭散列法是把所有的元素都存储在哈希表数组中。当发生冲突时，在冲突位置的附近寻找可存放记录的空单元。寻找“下一个”空位的过程称为探测。上述方法可用如下公式表示：

$$h_i=(h(\text{key})+d_i)\%m \qquad i=1,2,\cdots,k\ (k\leqslant m-1)$$

其中，$h(\text{key})$为哈希函数；m 为哈希表长；d_i 为增量的序列。根据 d_i 取值的不同，可以分成几种探测方法，下面介绍常用的 3 种方法。

1. 线性探测法

线性探测法的基本思想是：当发生冲突时，从冲突位置的下一个单元顺序寻找，只要找到一个空位，就把元素放入此空位中。顺序查找时，把哈希表看成一个循环表，即如果到最后一个位置也没有找到空位，则回到表头开始继续查找。此时，如果仍然未找到空位，则说明哈希表已满，需要进行溢出处理。

例如，已知一组关键字为(12,19,23,28,39,51,56,76,84)，哈希表长 m=13，哈希函数为 $h(\text{key})=\text{key}\%11$，则利用线性探测法得到的哈希表如图 7.4 所示。每个图中的第三行数字表示查找对应地址的元素时将要进行比较的次数。由图 7.4 所演示的演算过程可知，当数组的 i、i+1、i+2 位置上已有元素时，则地址为 i、i+1、i+2、i+3 的新元素都将填入 i+3 单元中。每个元素经哈希函数计算出来的地址称为基地址，这种不同基地址的元素争夺同一个单元的现象叫作二次聚集。二次聚集实际上是在处理同义词之间的冲突时引发的非同义词的冲突。显然，这种现象对查找不利。线性探测很容易出现二次聚集，小的聚集能汇合成大的聚集，最终导致很长的探测序列，从而降低哈希表的运算效率。

(a) 依次插入12、28、19后的哈希表

图 7.4 使用线性探测法处理冲突得到的哈希表

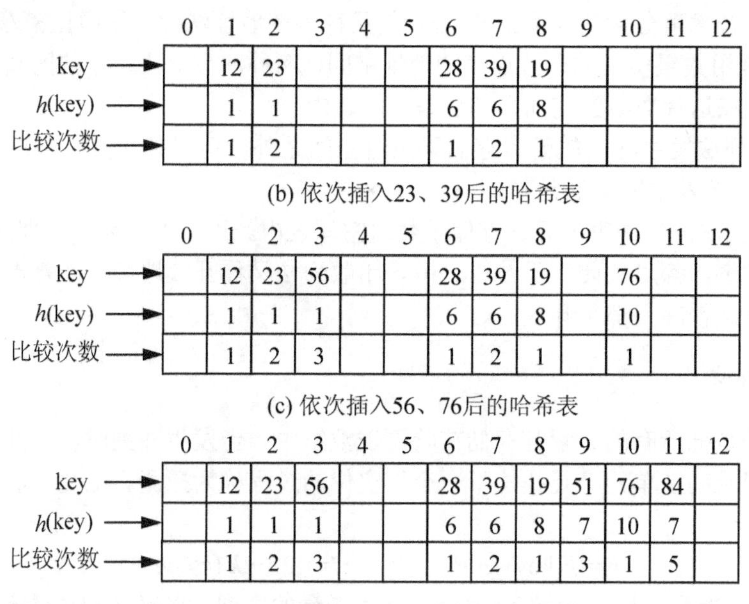

图 7.4 使用线性探测法处理冲突得到的哈希表(续)

2. 二次探测法

线性探测法的缺点是容易出现二次聚集，为了减少二次聚集的产生，可以加大探测序列的步长，使发生冲突的元素的位置比较分散。如果在地址 i 发生冲突，不是探测 $i+1$ 地址，而是探测 $i+1^2, i-1^2, i+2^2, i-2^2, \cdots$ 地址。该方法的优点是可以减少二次聚集的产生，缺点是不易探测到整个哈希空间。

3. 双重散列法

双重散列法又称二度哈希，是闭散列法中较好的一种方法，它是以关键字的另一个散列函数值作为增量。设两个哈希函数为 h_1 和 h_2，则得到的探测序列为

$$(h_1(\text{key})+h_2(\text{key}))\%m, (h_1(\text{key})+2h_2(\text{key}))\%m,(h_1(\text{key})+3h_2(\text{key}))\%m,\cdots$$

其中，m 为哈希表长。由此可知，双重散列法探测下一个开放地址的公式为

$$(h_1(\text{key}) + i \times h_2(\text{key})) \% m \qquad (1 \leqslant i \leqslant m-1)$$

定义 h_2 的方法较多，但无论采用什么方法都必须使 $h_2(\text{key})$ 的值和 m 互素(又称互质，表示两数的最大公约数为 1，或者说是两数没有共同的因子，1 除外)，才能使发生冲突的同义词地址均匀地分布在整个哈希表中，否则可能造成同义词地址的循环计算。若 m 为素数，则 h_2 取 1 至 $m-1$ 之间的任何数均与 m 互素，因此可以简单地将 h_2 定义为

$$h_2(\text{key}) = \text{key} \% (m-2) + 1$$

7.3.2 开散列法

开散列法的常见形式是将所有关键字为同义词的结点链接在同一个单链表中。哈希表的每个地址空间定义为一个单链表的表头指针，单链表中每个结点包括一个数据域和一个

指针域，数据域存储数据元素，指针域指向下一个同义词的地址信息(关于单链表请参考第 2 章)。哈希表地址相同的所有元素存储在以该哈希地址为表头指针的单链表里。每个单链表中除了表头指针存储在哈希表数组中以外，所有元素都存储在数组以外的空间，哈希表没有“边界”，这也是“开散列法”名称的来源。

图 7.4 所演示的例子中，关键字为(12,19,23,28,39,51,56,76,84)，哈希表长 m=13，哈希函数为 h(key) = key % 11，如果使用开散列法进行存储，元素插入单链表时总是插在表头作为第一个结点。设插入顺序为(12,28,19,23,39,56,76,51,84)，其结果如图 7.5 所示。

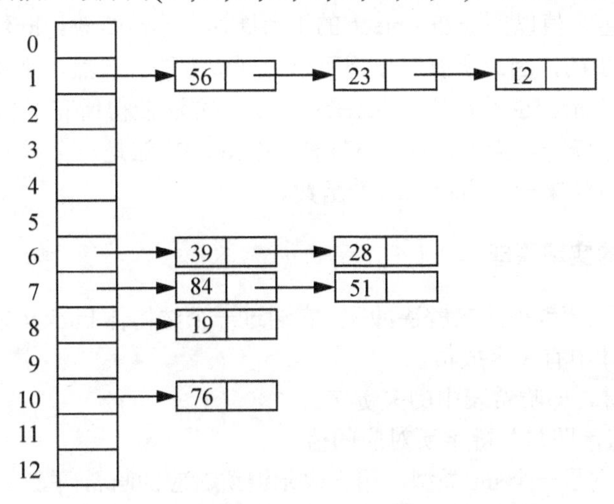

图 7.5 使用链地址法处理冲突得到的哈希表

与开放地址法相比，链地址法有如下优点。

(1) 使用链地址法处理冲突无二次聚集现象，因此平均查找长度较短。

(2) 由于链地址法中各链表上的结点空间是动态申请的，因此适合于无法确定表长的情况。

(3) 在用链地址法构造的哈希表中，删除结点的操作易于实现，只要删除链表中相应的结点即可。

但链地址法也存在一定的缺点。

(1) 指针需要额外空间，故当记录规模较小时，闭散列法较为节省空间。

(2) 在.NET 中，链表的各个元素分散于托管堆各处，这会给自动垃圾回收带来压力，影响程序性能。

7.4 剖析 System.Collections.Hashtable

C#中实现了哈希表数据结构的集合类有以下两个。

(1) System.Collections.Hashtable。

(2) System.Collections.Generic.Dictionary<TKey,TValue>。

前者为一般类型的哈希表，后者是泛型版本的哈希表。Dictionary 和 Hashtable 之间并非只是简单的泛型和非泛型的区别，两者使用了完全不同的哈希冲突解决办法。本节介绍 Hashtable 的实现。

C#是完全面向对象的一种编程语言，C#中万物皆为对象。在前面的演示中可以通过提取关键字中的数字作为哈希码，但如果关键字中的字符串为中文，甚至使用了用户自己定义的对象作为关键字又如何提取哈希码呢？C#对 Hashtable 的设计可以使用任何数据类型作为其关键字，这又是如何实现的呢？

本章开头曾提到过，object 类中定义了一个 GetHashCode( )方法，这个方法默认的实现是返回一个唯一的整数值以保证在 object 的生命周期中不被修改。既然每种类型都是直接或间接从 object 派生的，因此所有对象都可以访问该方法。自然，字符串或其他类型都能以唯一的数字值来表示。也就是说，GetHashCode( )方法使得所有对象的哈希函数构造方法都趋于统一。当然，由于 GetHashCode( )方法是一个虚方法，也可以通过重写这个方法来构造自己的哈希函数。

【视频 7-1】

7.4.1 Hashtable 的实现原理

Hashtable 使用了闭散列法来解决冲突，它通过一个结构体 bucket 来表示哈希表中的单个元素，这个结构体中有 3 个成员。

(1) key：表示键，即哈希表中的关键字。

(2) val：表示值，即与关键字所对应的值。

(3) hash_coll：它是一个 int 类型，用于表示键所对应的哈希码。

int 类型占据 32 位的存储空间，它的最高位是符号位，为“0”时，表示是一个正整数；为“1”时表示是一个负整数。hash_coll 使用最高位表示当前位置是否发生冲突，为“0”时，也就是为正数时，表示未发生冲突；为“1”时，表示当前位置存在冲突。之所以专门使用一个位用于标注是否发生冲突，主要是为了提高哈希表的运行效率。

Hashtable 解决冲突使用了双重散列法，但又与前面所介绍的双重散列法稍有不同。它探测地址的方法如下：

$$h(\text{key}, i) = h_1(\text{key}) + i \times h_2(\text{key})$$

其中哈希函数 h_1 和 h_2 的公式如下：

$$h_1(\text{key}) = \text{key.GetHashCode( )}$$

$$h_2(\text{key}) = 1 + (((h_1(\text{key}) >> 5) + 1) \% (\text{hashsize}-1))$$

由于使用了二度哈希，最终的 $h(\text{key}, i)$的值有可能会大于 hashsize，所以需要对 $h(\text{key}, i)$ 进行模运算，最终计算的哈希地址为

$$\text{哈希地址} = h(\text{key}, i) \% \text{hashsize}$$

注意：bucket 结构体的 hash_coll 字段所存储的是 $h(\text{key}, i)$的值而不是哈希地址。

哈希表的所有元素存放于一个名称为 buckets(又称为数据桶) 的 bucket 数组之中，下面演示一个哈希表的数据的插入和删除过程，其中数据元素使用(键,值,哈希码)来表示。注意，本例假设 Hashtable 的长度为 11，即 hashsize = 11，这里只显示其中的前 5 个元素。

1) 插入元素(k_1,v_1,1)和(k_2,v_2,2)

由于插入的两个元素不存在冲突，所以直接使用 h_1(key) % hashsize 的值作为其哈希码而忽略 h_2(key)。其效果如图 7.6 所示。

索引	0	1	2	3	4	5
键		k_1	k_2			
值		v_1	v_2			
哈希码		1	2			

图 7.6　插入元素(k_1,v_1,1)和(k_2,v_2,2)

2) 插入元素(k_3,v_3,12)

新插入的元素的哈希码为 12，由于哈希表长为 11，12 % 11 = 1，所以新元素应该插入到索引 1 处，但由于索引 1 处已经被 k_1 占据，所以需要使用 h_2(key)重新计算哈希码。

$$h_2(\text{key}) = 1 + (((h_1(\text{key}) >> 5) + 1) \% (\text{hashsize}-1))$$

$$h_2(\text{key}) = 1 + ((12 >> 5) + 1) \% (11-1)) = 2$$

新的哈希地址为 h_1(key) + i × h_2(key) = 1 + 1 × 2 = 3，所以 k_3 插入到索引 3 处。而由于索引 1 处存在冲突，所以需要置其最高位为“1”。

$(10000000000000000000000000000001)_2 = (-2\ 147\ 483\ 647)_{10}$

最终效果如图 7.7 所示。

索引	0	1	2	3	4	5
键		k_1	k_2	k_3		
值		v_1	v_2	v_3		
哈希码		-2 147 483 647	2	12		

图 7.7　插入元素(k_3,v_3,12)

3) 插入元素(k_4,v_4,14)

k_4 的哈希码为 14，14 % 11 = 3，而索引 3 处已被 k_3 占据，所以使用二度哈希重新计算地址，得到新地址为 14。索引 3 处存在冲突，所以需要置高位为“1”。

$$(12)_{10} = (00000000000000000000000000001100)_2$$

$$(10000000000000000000000000001100)_2 = (-2\ 147\ 483\ 636)_{10}$$

高位置“1”后最终效果如图 7.8 所示。

索引	0	1	2	3	4	5
键		k_1	k_2	k_3		k_4
值		v_1	v_2	v_3		v_4
哈希码		-2 147 483 647	2	-2 147 483 636		14

图 7.8　插入元素(k_4,v_4,14)

4) 删除元素 k_1 和 k_2

Hashtable 在删除一个存在冲突的元素时(hash_coll 为负数)，会把这个元素的 key 指向数组 buckets，同时将该元素的 hash_coll 的低 31 位全部置“0”而保留最高位，由于原 hash_coll 为负数，所以最高位为“1”。

$(10000000000000000000000000000000)_2 = (-2\ 147\ 483\ 648)_{10}$

单凭判断 hash_coll 的值是否为−2 147 483 648 无法判断某个索引处是否为空，因为当索引 0 处存在冲突时，它的 hash_coll 的值同样也为−2 147 483 648，这也是为什么要把 key 指向 buckets 的原因。这里把 key 指向 buckets 并且 hash_coll 值为−2 147 483 648 的空位称为“有冲突空位”。如图 7.9 所示，当 k_1 被删除后，索引 1 处的空位就是有冲突空位。

Hashtable 在删除一个不存在冲突的元素时(hash_coll 为正数)，会把键和值都设为 null，hash_coll 的值设为 0。这种没有冲突的空位称为“无冲突空位”，如图 7.9 所示，k_2 被删除后索引 2 处就属于无冲突空位。当一个 Hashtable 被初始化后，buckets 数组中的所有位置都是无冲突空位。

索引→	0	1	2	3	4	5
键→		buckets		k_3		k_4
值→				v_3		v_4
哈希码→		−2 147 483 648	0	−2 147 483 636		14

图 7.9　删除元素 k_1 和 k_2

哈希表通过关键字查找元素时，首先计算出键的哈希地址，然后通过这个哈希地址直接访问数组的相应位置并对比两个键值，如果相同，则查找成功并返回；如果不同，则根据 hash_coll 的值来决定下一步操作。当 hash_coll 为 0 或正数时，表明没有冲突，此时查找失败；如果 hash_coll 为负数时，表明存在冲突，此时需通过二度哈希继续计算哈希地址进行查找，如此反复直到找到相应的键值表明查找成功，如果在查找过程中遇到 hash_coll 为正数或计算二度哈希的次数等于哈希表长度则查找失败。由此可知，将 hash_coll 的高位设为冲突位主要是为了提高查找速度，避免无意义地多次计算二度哈希的情况。

7.4.2　Hashtable 的代码实现

哈希表的实现较为复杂，为了简化代码，本例忽略了部分出错判断，在测试时不要设置 key 值为空。扫描二维码可以观察哈希表运行过程中内部数据的动态变化。

在前面讲解双重散列法时曾提到过，哈希表的长度 m 必须为素数，所以需要声明一个辅助类用于获取一个合适的素数。

【例 7-3　HashHelpers.cs】哈希表辅助类。

```
1  using System;
2  internal static class HashHelpers
3  {   //部分素数集合
4     static readonly int[] primes = {
5          3, 7, 11, 17, 23, 29, 37, 47, 59, 71, 89, 107, 131, 163,
6           197, 239, 293, 353, 431, 521, 631, 761, 919, 1103, 1327,
7           1597, 1931, 2333, 2801, 3371, 4049, 4861, 5839, 7013, 8419,
8           10103, 12143, 14591, 17519, 21023, 25229, 30293, 36353,
9           43627, 52361, 62851, 75431, 90523, 108631, 130363, 156437,
10         187751, 225307, 270371, 324449, 389357, 467237, 560689,
11          672827, 807403, 968897, 1162687, 1395263, 1674319, 2009191,
12            2411033, 2893249, 3471899, 4166287, 4999559, 5999471, 7199369};
```

```
13     //判断一个整数是否是素数
14     internal static bool IsPrime(int candidate)
15     {
16         if ((candidate & 1) != 0) //判断最后一位是否为0
17         {
18             int limit = (int)Math.Sqrt(candidate);
19             for (int divisor = 3; divisor <= limit; divisor += 2)
20             {   //判断candidate能否被3～Sqrt(candidate)之间的奇数整除
21                 if ((candidate % divisor) == 0)
22                     return false;
23             }
24             return true;
25         }
26         return (candidate == 2); //偶数中只有2为素数
27     }
28     //获取一个比min大，并最接近min的素数
29     internal static int GetPrime(int min)
30     {
31         for (int i = 0; i < primes.Length; i++)
32         {   //获取primes中比min大的第一个素数
33             int prime = primes[i];
34             if (prime >= min) return prime;
35         }
36         for (int i = (min | 1); i < Int32.MaxValue; i += 2)
37         {   //对于不在数组中的素数需要另外判断
38             if (IsPrime(i))
39                 return i;
40         }
41         return min;
42     }
43 }
```

C#中的 Hashtable 是可以自动扩容的，当以指定长度初始化哈希表或给哈希表扩容时需要保证哈希表的长度为素数，GetPrime(int min)方法正是用于获取这个素数，参数 min 表示初步确定的哈希表长度。这个方法返回一个比 min 大的最合适的素数。

4～12 行代码声明了一个 primes 数组，里面存放了 3 到 7 199 369 之间的部分素数，在 GetPrime( )方法中寻找素数时可以直接在 primes 数组里查找(31～35 行代码)。这样做一方面极大地加快了寻找素数的速度，另一方面也排除了一些不合适的素数，如 11 和 17 之间的 13 被排除，主要原因是 13 离 11 太近，如果使用它可能会导致频繁的内存转换操作。

primes 里最大的素数是 7 199 369，而有符号整数的最大值为 2 147 483 647。也就是说还有很大一部分素数并未列出，这是因为 7 199 369 已经达到百万级别的记录数，一般极少会使用长度达到百万的哈希表，把这么多的记录同时放入内存显示不是一个好主意。但也不排除存在这种情况的可能，所以在 min 值大于 7 199 369 时会使用 36～40 行代码寻找素数，这种方法是常规的寻找素数的方法，它的效率显然不能与在素数数组中查找一个素数相比。

14～27行的IsPrime( )方法用于判断一个数字是否是素数。要判断一个自然数是否为素数，只要看它能否被比它小的自然数(1除外)整除，若能被一个自然数整除则不是素数，否则是素数。另一方面，若一个自然数n不是素数，则必然能表示成两个自然数n_1和n_2之积，并且其中之一必然小于等于$\sqrt{n}$，另一个必然大于等于$\sqrt{n}$。所以要判断一个自然数n是否为素数，可简化为判断它能否被1至$\sqrt{n}$之间的自然数整除即可。偶数都不是素数(2除外)，16行代码把偶数排除之后只需判断一个数能否被奇数整除(只有偶数才能被偶数整除)。

下面是Hashtable的实现。

【例7-3　Hashtable.cs】哈希表。

```
1   using System;
2   public class Hashtable
3   {
4      private struct bucket
5      {
6         public Object key;            //键
7         public Object val;            //值
8         public int hash_coll;         //哈希码
9      }
10     private bucket[] buckets;        //存储哈希表数据的数组(数据桶)
11     private int count;               //元素个数
12     private int loadsize;            //当前允许存储的元素个数
13     private float loadFactor;        //填充因子
14     //默认构造方法
15     public Hashtable() : this(0, 1.0f) { }
16     //指定容量的构造方法
17     public Hashtable(int capacity, float loadFactor)
18     {
19        if (!(loadFactor >= 0.1f && loadFactor <= 1.0f))
20           throw new ArgumentOutOfRangeException(
21              "填充因子必须在0.1～1之间");
22        this.loadFactor = loadFactor > 0.72f ? 0.72f : loadFactor;
23        //根据容量计算表长
24        double rawsize = capacity / this.loadFactor;
25        int hashsize = (rawsize > 11) ? //表长为大于11的素数
26           HashHelpers.GetPrime((int)rawsize) : 11;
27        buckets = new bucket[hashsize]; //初始化容器
28        loadsize = (int)(this.loadFactor * hashsize);
29     }
30     public virtual void Add(Object key, Object value) //添加
31     {
32        Insert(key, value, true);
33     }
34     //哈希码初始化
35     private uint InitHash(Object key,int hashsize,
36        out uint seed,out uint incr)
37     {
38        uint hashcode = (uint)GetHash(key) & 0x7FFFFFFF; //取绝对值
```

```
39          seed = (uint)hashcode;                      //h1
40          incr = (uint)(1 + (((seed >> 5)+1) % ((uint)hashsize-1)));//h2
41          return hashcode;                            //返回哈希码
42      }
43      public virtual Object this[Object key]      //索引器
44      {
45          get
46          {
47              uint seed;                              //h1
48              uint incr;                              //h2
49              uint hashcode = InitHash(key, buckets.Length,
50                  out seed, out incr);
51              int ntry = 0; //用于表示h(key,i)中的i值
52              bucket b;
53              int bn = (int)(seed % (uint)buckets.Length); //h(key,0)
54              do
55              {
56                  b = buckets[bn];
57                  if (b.key == null)                  //b为无冲突空位时
58                  {  //找不到相应的键，返回空
59                      return null;
60                  }
61                  if (((b.hash_coll & 0x7FFFFFFF) == hashcode) &&
62                      KeyEquals(b.key, key))
63                  {   //查找成功
64                      return b.val;
65                  }
66                  bn = (int)(((long)bn + incr) %
67                      (uint)buckets.Length);          //h(key+i)
68              } while (b.hash_coll < 0 && ++ntry < buckets.Length);
69              return null;
70          }
71          set
72          {
73              Insert(key, value, false);
74          }
75      }
76      private void expand()                           //扩容
77      {   //使新的容量为旧容量的近似两倍
78          int rawsize = HashHelpers.GetPrime(buckets.Length * 2);
79          rehash(rawsize);
80      }
81      private void rehash(int newsize)                //按新容量扩容
82      {
83          bucket[] newBuckets = new bucket[newsize];
84          for (int nb = 0; nb < buckets.Length; nb++)
85          {
86              bucket oldb = buckets[nb];
87              if ((oldb.key != null) && (oldb.key != buckets))
```

```
88              {
89                  putEntry(newBuckets, oldb.key, oldb.val,
90                      oldb.hash_coll & 0x7FFFFFFF);
91              }
92          }
93          buckets = newBuckets;
94          loadsize = (int)(loadFactor * newsize);
95          return;
96      }
97      //在新数组内添加旧数组的一个元素
98      private void putEntry(bucket[] newBuckets, Object key,
99          Object nvalue, int hashcode)
100     {
101         uint seed = (uint)hashcode;                //h1
102         uint incr = (uint)(1 + (((seed >> 5) + 1) %
103             ((uint)newBuckets.Length - 1)));       //h2
104         int bn = (int)(seed % (uint)newBuckets.Length);//哈希地址
105         do
106         {   //当前位置为有冲突空位或无冲突空位时都可添加新元素
107             if ((newBuckets[bn].key == null) ||
108                 (newBuckets[bn].key == buckets))
109             {   //赋值
110                 newBuckets[bn].val = nvalue;
111                 newBuckets[bn].key = key;
112                 newBuckets[bn].hash_coll |= hashcode;
113                 return;
114             }
115             //当前位置已存在其他元素时
116             if (newBuckets[bn].hash_coll >= 0)
117             {   //置 hash_coll 的高位为1
118                 newBuckets[bn].hash_coll |=
119                     unchecked((int)0x80000000);
120             }
121             //二度哈希 h1(key)+h2(key)
122             bn = (int)(((long)bn + incr) % (uint)newBuckets.Length);
123         } while (true);
124     }
125     protected virtual int GetHash(Object key)
126     {   //获取哈希码
127         return key.GetHashCode();
128     }
129     protected virtual bool KeyEquals(Object item, Object key)
130     {   //用于判断两个 key 是否相等
131         return item == null ? false : item.Equals(key);
132     }
133     //当 add 为 true 时用作添加元素，当 add 为 false 时用作修改元素值
134     private void Insert(Object key, Object nvalue, bool add)
135     {   //如果超过允许存放元素个数的上限则扩容
136         if (count >= loadsize)
```

```
137         {
138             expand();
139         }
140         uint seed; //h1
141         uint incr; //h2
142         uint hashcode = InitHash(key, buckets.Length,out seed, out incr);
143         int ntry = 0; //用于表示 h(key,i)中的 i 值
144         int emptySlotNumber = -1;                          //用于记录空位
145         int bn = (int)(seed % (uint)buckets.Length);     //索引号
146         do
147         {   //如果是有冲突空位，需继续向后查找以确定是否存在相同的键
148             if (emptySlotNumber == -1 && (buckets[bn].key == buckets) &&
149                 (buckets[bn].hash_coll < 0))
150             {
151                 emptySlotNumber = bn;
152             }
153             if (buckets[bn].key == null)           //确定没有重复键才添加
154             {
155                 if (emptySlotNumber != -1)         //使用之前的空位
156                     bn = emptySlotNumber;
157                 buckets[bn].val = nvalue;
158                 buckets[bn].key = key;
159                 buckets[bn].hash_coll |= (int)hashcode;
160                 count++;
161                 return;
162             }
163             //找到重复键
164             if (((buckets[bn].hash_coll & 0x7FFFFFFF)==hashcode) &&
165                 KeyEquals(buckets[bn].key, key))
166             {   //如果处于添加元素状态，则由于出现重复键而报错
167                 if (add)
168                 {
169                     throw new ArgumentException("添加了重复的键值！");
170                 }
171                 buckets[bn].val = nvalue;          //修改指定键的元素
172                 return;
173             }
174             //存在冲突则置 hash_coll 的最高位为 1
175             if (emptySlotNumber == -1)
176             {
177                 if (buckets[bn].hash_coll >= 0)
178                 {
179                     buckets[bn].hash_coll |= unchecked((int)0x80000000);
180                 }
181             }
182             bn = (int)(((long)bn + incr) % (uint)buckets.Length);//二度哈希
183         } while (++ntry < buckets.Length);
184         throw new InvalidOperationException("添加失败！");
185     }
```

```
186     public virtual void Remove(Object key)                    //移除一个元素
187     {
188         uint seed; //h1
189         uint incr; //h2
190         uint hashcode = InitHash(key, buckets.Length,out seed, out incr);
191         int ntry = 0; //h(key,i)中的i
192         bucket b;
193         int bn = (int)(seed % (uint)buckets.Length);      //哈希地址
194         do
195         {
196             b = buckets[bn];
197             if (((b.hash_coll & 0x7FFFFFFF) == hashcode) &&
198                 KeyEquals(b.key, key)) //如果找到相应的键值
199             {   //保留最高位，其余清0
200                 buckets[bn].hash_coll &= unchecked((int)0x80000000);
201                 if (buckets[bn].hash_coll != 0)           //如果原来存在冲突
202                 {   //使key指向buckets
203                     buckets[bn].key = buckets;
204                 }
205                 else //原来不存在冲突
206                 {   //置key为空
207                     buckets[bn].key = null;
208                 }
209                 buckets[bn].val = null;                   //释放相应的“值”
210                 count--;
211                 return;
212             } //二度哈希
213             bn = (int)(((long)bn + incr) % (uint)buckets.Length);
214         } while (b.hash_coll < 0 && ++ntry < buckets.Length);
215     }
216     public override string ToString()
217     {
218         string s = string.Empty;
219         for (int i = 0; i < buckets.Length; i++)
220         {
221             if (buckets[i].key != null && buckets[i].key != buckets)
222             {   //不为空位时打印索引、键、值、hash_coll
223                 s += string.Format("{0,-5}{1,-8}{2,-8}{3,-8}\r\n",
224                     i.ToString(), buckets[i].key.ToString(),
225                     buckets[i].val.ToString(),
226                     buckets[i].hash_coll.ToString());
227             }
228             else
229             {   //为空位时则打印索引和hash_coll
230                 s += string.Format("{0,-21}{1,-8}\r\n", i.ToString(),
231                     buckets[i].hash_coll.ToString());
232             }
233         }
234         return s;
```

```
235     }
236     public virtual int Count        //属性
237     {                               //获取元素个数
238         get { return count; }
239     }
240 }
```

Hashtable 和 ArrayList 的实现有相似的地方，如两者都是以数组为基础做进一步抽象而来的，两者都可以成倍地自动扩展容量。下面介绍 Hashtable 的一些基本操作。

1. *初始化*

17～29 行的构造方法是最主要的构造方法，其他构造方法大都会调用它。这个方法的第一个参数为 capacity，表示给哈希表指定的容量，第二个参数 loadFactor 表示填充因子。由代码可知，就算把填充因子设置为 1，它也会被改变为 0.72，这是因为微软经过长期测试，发现 0.72 是填充因子的最佳值，当它的值超过 0.72 后，Hashtable 的性能会大大降低。也就是说，无论输入的 loadFactor 实参是多少，它最终的值都不会大于 0.72。

Hashtable 的最小长度为 11，它能够容纳的元素个数(loadsize)为 $11 \times 0.72 = 7.92$，把小数舍掉后，loadsize 的值为 7。

2. *添加和修改元素*

添加元素使用 30～33 行的 Add( )方法，修改元素则使用索引器中的 set 访问器(71～74 行代码)。它们都使用了 134～185 行的 Insert(Object key, Object nvalue, bool add)方法进行添加和修改操作。当 add 参数的实参为 true 时，表示进行添加操作；为 false 时则是修改操作。

下面是 Insert 方法中的几个局部变量的意义。

(1) seed：表示 h_1(key)。它用来备份 h_1(key)。

(2) hashcode：表示 h_1(key)。

(3) incr：表示 h_2(key)。

(4) ntry：表示二度哈希的次数，即 h(key, i)中的 i 值。

(5) emptySlotNumber：用于在查找过程中记录空位，当存在一个有冲突空位时(图 7.9 索引 1 所示的情况)，不能直接把元素添加在这个位置，因为其他位置上的同义词的键值有可能与插入元素的键值相同，这时就需要沿着整条链探测所有的同义词，只有确定了没有相同键后才能在最初的有冲突空位处插入新元素。emptySlotNumber 就是用于记录第一个探测到的有冲突空位。当 emptySlotNumber 的值为-1 时，表示探测路径中没有有冲突空位。

插入元素的过程其实就是一个使用 do...while 语句进行探测的过程，代码中使用的二度哈希的公式与前面所介绍的 h(key, i)稍有不同，它直接使用上一次哈希地址的运算结果作为下一次哈希计算的依据，两者的运算结果是一样的。

159 行插入 hash_coll 值的代码比较难理解。

```
buckets[bn].hash_coll |= (int)hashcode;
```

当空位为无冲突空位时，原 hash_coll 的值为“0”，这句代码相当于直接把 hashcode

赋给 hash_coll；当空位为有冲突空位时，hash_coll 的最高位为“1”，其余为“0”，这句代码在把 hashcode 赋给 hash_coll 的同时保留了最高位的“1”，以表示它存在冲突。

175～181 行代码用于在探测过程中如果发现冲突则把最高位置“1”。

哈希表长度为 *m*，如果经过 *m* 次探测还没有找到合适的空位存放新元素，则引发异常，插入元素失败。

3. 查找元素

Hashtable 实现了一个索引器，它的 get 访问器用于查找指定键的值(45～70 行代码)。它根据 *h*(key, *i*)的公式不断计算哈希地址进行查找，直到找到相应的键值为止。如果在查找过程中碰到 key 为 null 的情况或探测了 *m* 次仍未找到，则查找失败，返回 null 值。

4. 删除元素

186～215 行的 Remove( )方法用于删除指定键的元素，它的具体删除过程如图 7.9 所示。

5. 扩容

76～80 行的 expand( )方法用于扩容，在插入元素时，首先判断元素个数是否超过 Hashtable 的容量(loadsize)，如果超出，则执行 expand( )方法进行扩容。需要注意，这时数组并未满员，只是元素个数和哈希表长度的比值大于填充因子(loadFactor)而已。

在 expand( )方法中，首先把数组的长度乘以 2 得到一个长度的最小值，再根据这个最小值调用 HashHelpers 类的 GetPrime( )方法获得比这个最小值大且离它最近的素数，把这个素数作为新的哈希表长度。所以每次扩容，新的哈希表长度总是原哈希表长度的 2 倍以上。

在确定新的哈希表长度后，则调用 81～96 行的 rehash( )方法进行扩容，所有元素根据新的哈希表长度重新计算哈希码和哈希地址，以存放于新的数组中(可参照 98～124 行的 putEntry 方法)。由此可知，Hashtable 的扩容是非常耗时而低效的。在实际使用 Hashtable 时，应尽量估计哈希表的长度，使用指定容量的方法来创建 Hashtable，以最大限度减少哈希表的扩容。

下面根据图 7.6 至图 7.9 所演示的哈希表数据插入和删除的过程，对 Hashtable 类进行测试。

【例 7-3　Demo7-3.cs】测试哈希表。

```
1  using System;
2  class Demo7_3
3  {
4   static void Main(string[] args)
5   {
6       Hashtable h = new Hashtable();
7       //添加元素
8       h.Add(1, "V1");
9       h.Add(2, "V2");
10      h.Add(12, "V3");
11      h.Add(14, "V4");
```

```
12        //删除元素
13        h.Remove(1);
14        h.Remove(2);
15        Console.WriteLine(h.ToString()); //打印
16    }
17 }
```

运行结果如图 7.10 所示。

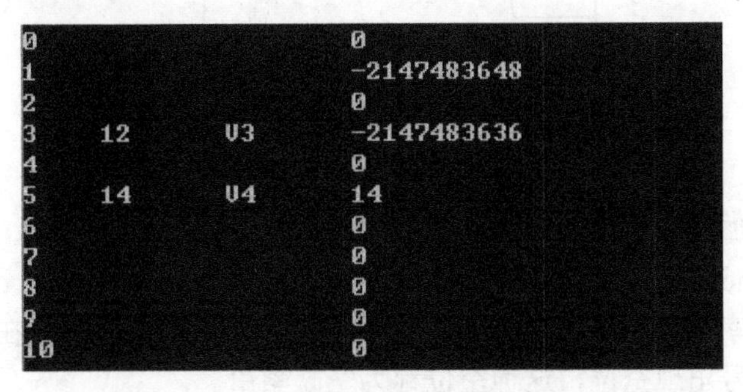

图 7.10 【例 7-3 Demo7-3.cs】运行结果

7.5 剖析 Dictionary<TKey, TValue>

Dictionary<TKey, TValue>类(以下简称 Dictionary)使用开散列法(链地址法)解决冲突，这使得 Dictionary 不再有填充因子的概念。前面分析开散列法时曾提到过，C#中的链表会给自动垃圾回收带来压力，影响程序性能。Dictionary 通过静态链表很好地解决了这个问题，它完美地将多个单链表集中于数组之中进行统一管理，提高了程序的性能。

【视频 7-2】

7.5.1 Dictionary<TKey, TValue>类实现原理

Dictionary 的哈希地址求解较 Hashtable 简单许多。

哈希地址 ＝key.GetHashCode( ) % hashsize

Dictionary 内有两个数组，一个数组名为 buckets(图 7.11(a))，用于存放由多个同义词组成的静态链表头指针(链表的第一个元素在数组中的索引号，当它的值为-1 时表示此哈希地址处不存在元素)；另一个数组名为 entries(图 7.11(b))，它用于存放哈希表中的实际数据，同时这些数据通过 next 指针构成多个单链表。entries 中所存放的是 Entry 结构体，Entry 结构体由 4 个部分组成，如图 7.11(c)所示。

(1) key：元素的键。

(2) value：元素的值。

(3) hashCode：元素的哈希码。

(4) next：指向哈希表中下一个同义词的指针，实际为下一个同义词在数组中的索引，当不存在下一个同义词时，next 的值为-1。

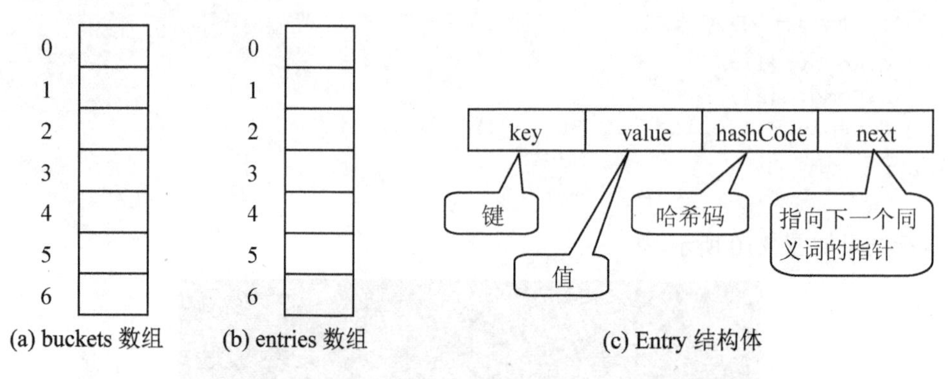

图 7.11　Dictionary<TKey, TValue>结构图

为了正确地添加和删除元素，Dictionary 内部维护了 3 个成员变量。

(1) count。Dictionary 的数据在 entries 中是按输入顺序依次存储的，count 标识了在 entries 中已经使用的最大索引号的下一索引号，它并不代表元素个数，因为在删除元素时，会导致曾经使用的索引号出现空位，这种空位称为空缺索引。

(2) freeCount。在删除元素时，会出现空缺索引，再次添加元素时，会优先填充这些空缺索引所在的位置，freeCount 指示 entries 中存在的空缺索引的个数。综上所述，元素个数应为 count 值减去 freeCount 值。

(3) freeList。在删除多个元素时，会形成多个空缺索引，需要把它们记录下来，以便在下次添加元素时使用这些空位进行存储。所有空缺索引通过 Entry 结构体的 next 指针形成一个单链表，这种单链表称为空缺链表，而 freeList 正是指向空缺链表的头结点。

下面通过演示 Dictonary 中数据的插入和删除过程来理解它的实现原理。其中$(k_1,v_1,1)$表示元素的键为k_1，值为v_1，哈希码为 1。

(1) 插入元素$(k_1,v_1,1)$、$(k_2,v_2,2)$和$(k_3,v_3,3)$。

新插入的元素会根据插入顺序依次存入 entries 中，由于所插入的 3 个元素不存在冲突，链表无后继元素，所以 next 指针值都为-1。新添加的 3 个元素的哈希地址分别为 1、2、3，所以在 buckets 中索引 1、2、3 处的值变为 3 个指向链表头的指针，其效果如图 7.12 所示。在没有进行删除操作之前，freeCount 和 freeList 的值不会改变，始终为 0 和-1。

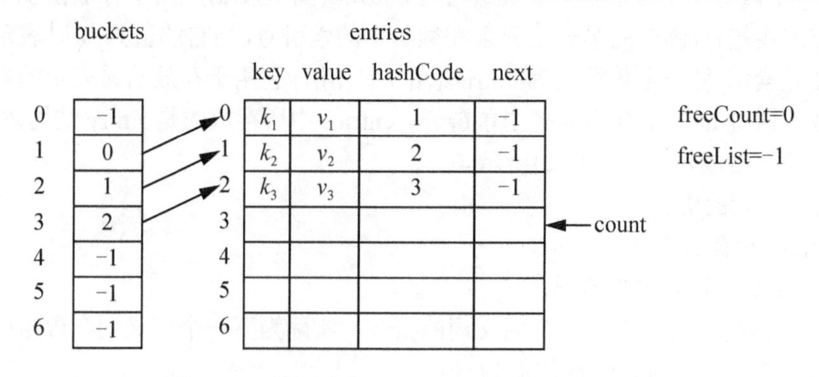

图 7.12　插入元素$(k_1,v_1,1)$、$(k_2,v_2,2)$和$(k_3,v_3,3)$

(2) 插入元素(k_4,v_4,9)和(k_5,v_5,10)。

根据 Dictionary 的哈希地址公式计算出 k_4 的哈希地址为 9%7 = 2，也就是说 k_4 和 k_2 存在冲突，此时 k_4 的存储需要经过以下步骤。

① 将 k_4 存入 entries 数组空白处。

② 将 k_4 的 next 指针指向 k_2。

③ 将 buckets[2]处原来指向 k_2 的指针改为指向 k_4。

如图 7.13 所示，k_4 并非插入到单链表尾部，而是链表的头部。至此，k_4 和 k_2 形成一个有两个结点的单链表，链表的尾部以-1 标识。

k_5 的插入和 k_4 类似，它与 k_3 存在冲突，最终效果如图 7.13 所示。

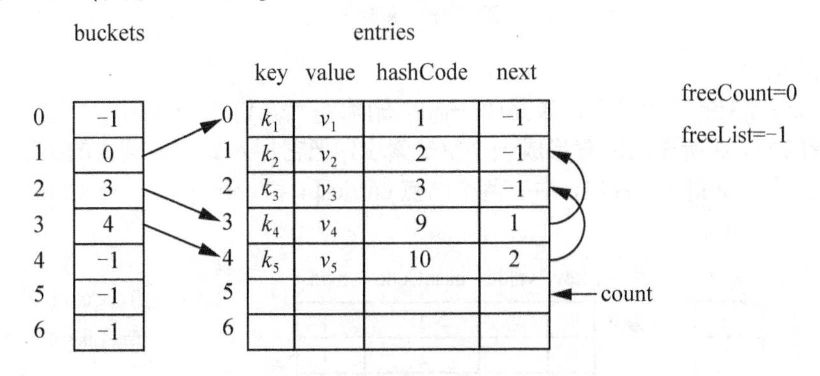

图 7.13 插入元素(k_4,v_4,9)和(k_5,v_5,10)

(3) 插入元素(k_6,v_6,16)。

k_6 的哈希地址为 16%7 = 2，它与 k_2 和 k_4 存在冲突。因此将 k_6 插入到 buckets[2]的单链表头部，buckets[2]则指向 k_6。从而使得单链表变为($k_6 \rightarrow k_4 \rightarrow k_2$)，其效果如图 7.14 所示。

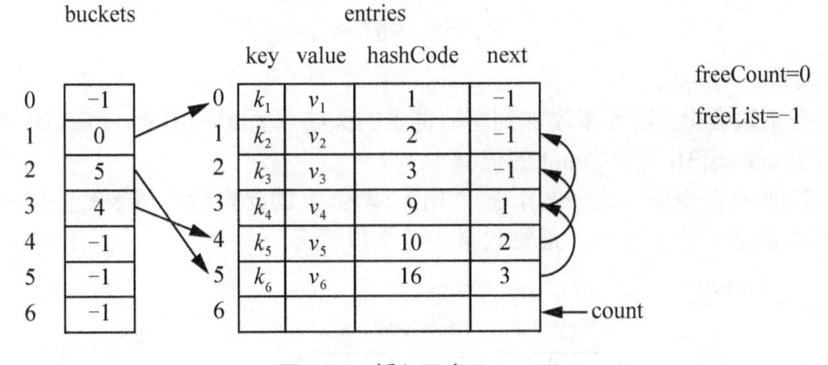

图 7.14 插入元素(k_6,v_6,16)

(4) 删除 k_4。

由于删除的是链表($k_6 \rightarrow k_4 \rightarrow k_2$)的中间结点，所以需要把 k_6 的 next 指针指向 k_2，并清空 k_4 在 entries 中所占的空间，现在 entries 的索引 3 为空缺索引，这时把 freeList 指向它，由于出现了一个空缺索引，所以 freeCount 的值为 1。需要注意，count 指针并无移动，实际的元素个数应该为 count－freeCount 的值。最终效果如图 7.15 所示。

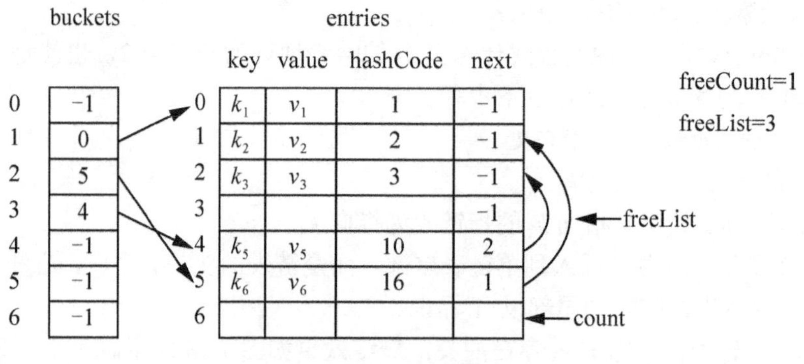

图 7.15 删除 k_4

(5) 删除 k_5。

原本 buckets[3]所指向的单链表是(k_5→k_3)，删除 k_5 后，链表中只剩一个结点 k_3，从而把 buckets[3]指向 k_3。k_5 所在的位置形成一个空缺索引，把它加入到空缺链表的头结点处，如图 7.16 所示，现在空缺链表 freeList 中有两个结点 entries[4]和 entries[3]。freeCount 的值加 1。

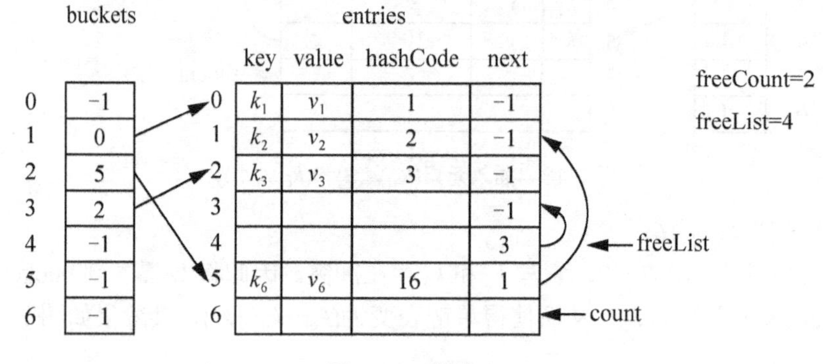

图 7.16 删除 k_5

(6) 插入元素(k_7,v_7,9)。

由于存在空缺索引，新元素添加到空缺链表的头结点 entries[4]处，freeList 指向唯一的一个空缺索引 entries[3]，freeCount 的值减 1。

buckets[2]所指链表原为(k_6→k_2)，插入哈希码为 9 的元素后，链表变为(k_7→k_6→k_2)，buckets[2]指向新插入的结点 k_7，最终效果如图 7.17 所示。

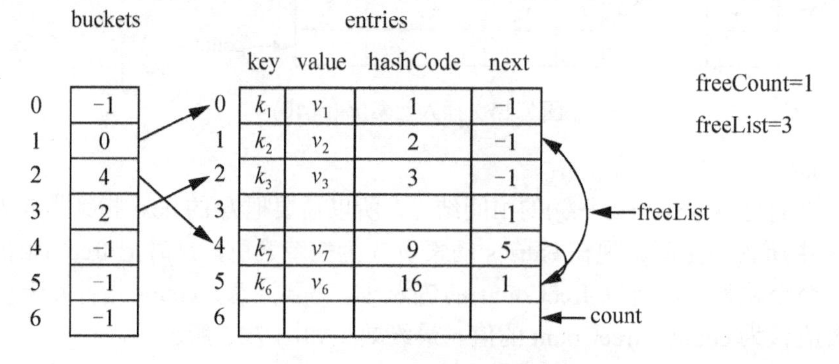

图 7.17 插入元素(k_7,v_7,9)

如果把 Dictionary 中的静态链表改为非静态链表，那么它的实现原理是非常容易理解的，计算复杂度相较 Hashtable 而言更是简单许多。Dictionary 中最值得借鉴的地方也最为复杂之处在于将多个链表集成于一个顺序表之中进行统一管理。

7.5.2 Dictionary<TKey, TValue>的代码实现

为了尽可能减少冲突的发生，使数据均匀分布，Dictionary 的哈希表长度(hashsize)同样遵循 Hashtable 中所使用的规则，使用素数，因此需要借助例 7-3 中的 HashHelpers 类计算表长。

【例 7-4　HashHelpers.cs】哈希表辅助类。

使用例 7-3 中的同名文件。

【例 7-4　dictionary.cs】泛型哈希表。

```
1   using System;
2   public class Dictionary<TKey, TValue>
3   {
4      private struct Entry                   //表示哈希表中的键值对
5      {
6         public int hashCode;                //哈希码的低 31 位
7         public int next;                    //指示链表中的下一个元素
8         public TKey key;                    //键
9         public TValue value;                //值
10     }
11     private int[] buckets;                 //存放链表头指针
12     private Entry[] entries;               //存放实际数据
13     private int count;                     //指示 entries 中使用过的最大索引
14     private int freeList;                  //空缺链表表头
15     private int freeCount;                 //空缺索引个数
16     //构造方法
17     public Dictionary() : this(0) { }
18     public Dictionary(int capacity) //指定容量的构造方法
19     {
20        if (capacity < 0)
21        {
22           throw new ArgumentOutOfRangeException("容量不能小于 0");
23        }
24        if (capacity > 0)
25        {
26           Initialize(capacity);      //初始化
27        }
28     }
29     //属性
30     public int Count                       //元素个数
31     {
32        get { return count - freeCount; }
33     }
34     public TValue this[TKey key]     //索引器
```

```
35      {
36          get
37          {
38              int i = FindEntry(key);
39              if (i >= 0)
40              {
41                  return entries[i].value;
42              }
43              return default(TValue);        //返回类型的初始化值
44          }
45          set
46          {
47              Insert(key, value, false);    //修改元素
48          }
49      }
50      public void Add(TKey key, TValue value) //添加元素
51      {
52          Insert(key, value, true);
53      }
54      private int FindEntry(TKey key)        //查找指定键的索引
55      {
56          if (buckets != null)
57          {
58              int hashCode = key.GetHashCode() & 0x7FFFFFFF; //取哈希码低31位
59              //通过next指针在数据桶中查找指定元素
60              for (int i = buckets[hashCode % buckets.Length]; i >= 0;
61                   i = entries[i].next)
62              {   //哈希码和键值都相同时则找到指定元素
63                  if (entries[i].hashCode == hashCode && entries[i].key.Equals(
64                          key))
65                  {
66                      return i;
67                  }
68              }
69          }
70          return -1; //查找失败返回-1
71      }
72      private void Initialize(int capacity)    //初始化数据存储空间
73      {   //获取离capacity最近的素数
74          int size = HashHelpers.GetPrime(capacity);
75          buckets = new int[size];
76          for (int i = 0; i < buckets.Length; i++)
77          {   //buckets数组中的元素全部初始化为-1
78              buckets[i] = -1;
79          }
80          entries = new Entry[size];
81          freeList = -1; //空缺链表头指针值为-1表示不存在空缺索引
82      }
83      //插入元素，add为true时表示添加元素，add为false时表示修改元素
```

```
84      private void Insert(TKey key, TValue value, bool add)
85      {
86          if (buckets == null)
87          {
88              Initialize(0);
89          }
90          int hashCode = key.GetHashCode() & 0x7FFFFFFF; //取哈希码低31位
91          //首先查找是否存在相同的key
92          for (int i = buckets[hashCode % buckets.Length]; i >= 0;
93               i = entries[i].next)
94          {   //当存在相同的key时
95              if (entries[i].hashCode == hashCode && entries[i].key.Equals(key))
96              {
97                  if (add) //不允许添加已存在的key
98                  {
99                      throw new ArgumentException("键值不能重复！");
100                 }
101                 entries[i].value = value; //修改元素
102                 return;
103             }
104         }
105         //无相同元素时插入到指定哈希地址的头指针处
106         int index; //用于记录新元素的插入位置
107         if (freeCount > 0) //如果存在空缺索引
108         {    //记录空缺链表头结点，用于插入新元素
109             index = freeList;
110             freeList = entries[index].next;      //删除头结点
111             freeCount--;
112         }
113         else
114         {   //如果处于满员状态
115             if (count == entries.Length)
116             {
117                 Resize(); //重新开辟并增加数据存储的内存空间
118             }
119             index = count; //新记录将插入到数组末端空白处
120             count++; //移动count指针
121         }
122         int bucket = hashCode % buckets.Length;      //哈希地址
123         entries[index].hashCode = hashCode;
124         entries[index].next = buckets[bucket];       //成为链表头结点
125         entries[index].key = key;
126         entries[index].value = value;
127         buckets[bucket] = index;          //buckets中的指针指向新元素
128     }
129     private void Resize()                      //增加Dictonary的存储空间
130     {   //获取离count*2最近的素数
131         int newSize = HashHelpers.GetPrime(count * 2);
132         int[] newBuckets = new int[newSize];
```

```
133         for (int i = 0; i < newBuckets.Length; i++)
134         {   //初始化新的 buckets
135             newBuckets[i] = -1;
136         }
137         Entry[] newEntries = new Entry[newSize];
138         Array.Copy(entries, 0, newEntries, 0, count); //元素搬家
139         //由于 hashsize 改变，元素哈希地址将跟着改变
140         //这里使用了一个循环更新所有链表
141         for (int i = 0; i < count; i++)
142         {   //计算当前元素的新哈希地址
143             int bucket = newEntries[i].hashCode % newSize;
144             //将当前元素插入到链表头结点处
145             newEntries[i].next = newBuckets[bucket];
146             newBuckets[bucket] = i; //将 buckets 中的指针指向当前元素
147         }
148         buckets = newBuckets;
149         entries = newEntries;
150     }
151     public bool Remove(TKey key)
152     {
153         if (buckets != null)
154         {   //取哈希码低 31 位
155             int hashCode = key.GetHashCode() & 0x7FFFFFFF;
156             int bucket = hashCode % buckets.Length; //取哈希地址
157             int last = -1; //用于记录空缺链中上次访问的元素
158             for (int i = buckets[bucket];
159                  i >= 0;
160                  last = i, i = entries[i].next)
161             {   //如果找到指定删除的元素
162                 if (entries[i].hashCode == hashCode &&
163                     entries[i].key.Equals(key))
164                 {
165                     if (last < 0) //当删除的是链表中的头元素时
166                     {   //把 buckets 指针指向删除元素的下一个元素
167                         buckets[bucket] = entries[i].next;
168                     }
169                     else //如果删除的是链表中的非头元素时
170                     {   //让链表中的上一个元素的指针域指向删除元素的下一元素
171                         entries[last].next = entries[i].next;
172                     }
173                     entries[i].hashCode = -1;
174                     entries[i].next = freeList;          //把空缺的元素加入空缺链
175                     entries[i].key = default(TKey);          //删除键
176                     entries[i].value = default(TValue);    //删除值
177                     freeList = i;        //把空缺链的链头指向当前删除元素
178                     freeCount++;         //增加空元素个数
179                     return true;
180                 }
181             }
```

```
182         }
183         return false;
184     }
185     public override string ToString()    //此方法仅用于分析测试
186     {
187         string s = string.Empty;
188         int j = 0;
189         foreach (Entry e in entries)     //打印entries中的内容
190         {
191             if (!e.key.Equals(default(TKey)))
192             {
193                 s += string.Format("index={0,-2}key={1,-3}value={2,-3}" +
194                     "hashCode={3,-3}next={4,-3}", j.ToString(),
195                     e.key.ToString(), e.value.ToString(),
196                     e.hashCode.ToString(), e.next.ToString()) + "\r\n";
197             }
198             else
199             {
200                 s += "\r\n";
201             }
202             j++;
203         }
204         s += "buckets: ";
205         foreach (int i in buckets)        //打印buckets
206         {
207             s += i.ToString() + "  ";
208         }
209         s += "\r\n数组长度为: " + entries.Length.ToString() + "\r\n";
210         return s;
211     }
212 }
```

【例 7-4 Demo7-4.cs】测试泛型哈希表。

```
1  using System;
2  class Demo7_4
3  {
4     static void Main()
5     {  //创建Dictionary,并初始化容量为6,实际结果为7
6        Dictionary<int, string> d = new Dictionary<int, string>(6);
7        d.Add(1, "a");              //参照图7.12
8        d.Add(2, "b");
9        d.Add(3, "c");
10       d.Add(9, "e");              //参照图7.13
11       d.Add(10, "f");
12       d.Add(16, "g");             //参照图7.14
13       d.Remove(9);                //参照图7.16
14       d.Remove(10);               //参照图7.17
15       Console.WriteLine(d);       //打印
16    }
17 }
```

运行结果如图7.18所示。

```
index=0 key=1  value=a  hashCode=1  next=-1
index=1 key=2  value=b  hashCode=2  next=-1
index=2 key=3  value=c  hashCode=3  next=-1


index=5 key=16 value=g  hashCode=16 next=1

buckets: -1  0  5  2  -1  -1  -1
数组长度为: 7
```

图7.18 【例7-4 Demo7-4.cs】运行结果

7.6 本章小结

本章介绍了哈希表及C#中实现的哈希表的两个集合类Hashtable和Dictionary。两种哈希表的区别如下。

(1) Hashtable使用闭散列法来解决冲突，而Dictionary使用开散列法解决冲突。

(2) Dictionary相对Hashtable来说需要更多的存储空间，但它不会发生二次聚集的情况，并且由于使用泛型实现，Dictonary的速度更快。

(3) Hashtable使用了填充因子的概念，Dictionary不存在填充因子的概念。

(4) 哈希表在扩容时由于需要重新计算哈希地址，会消耗大量时间进行计算，但Dictionary的扩容相对Hashtable来说更快。

(5) 单线程程序中推荐使用Dictionary，多线程程序中推荐使用Hashtable。默认的Hashtable允许单线程写入，多线程读取，对Hashtable进一步调用Synchronized( )方法可以获得完全线程安全的类型。而Dictionary非线程安全，必须人为使用lock语句进行保护，效率大为降低。

7.7 实训指导：几种高效查找表的测试和对比

一、实训目的

(1) 掌握Hashtable和Dictionary的使用方法。

(2) 掌握测试查找表各类操作运行时间的方法。

(3) 掌握测试和分析各类数据结构优缺点的方法。

二、实训内容

本次实训针对C#中的SortedDictionary、Hashtable、Dictionary三种高效查找表数据结构进行对比测试。首先创建一个有50万个随机排列整数的数组，然后将数组中的数字依次插入三种数据结构中，最后从三种数据结构中删除所有数据，每个操作分别计算耗费时间，并显示在标签内。

三、实训步骤

1. 界面设计

虚拟哈希表界面如图 7.19 所示。黑色框为标签控件，从左到右，从上到下依次命名为：lblRbInsert、lblRbDel、lblHtInsert、lblHtDel、lblDtInsert、lblDtDe。按钮命名为：btnTest。

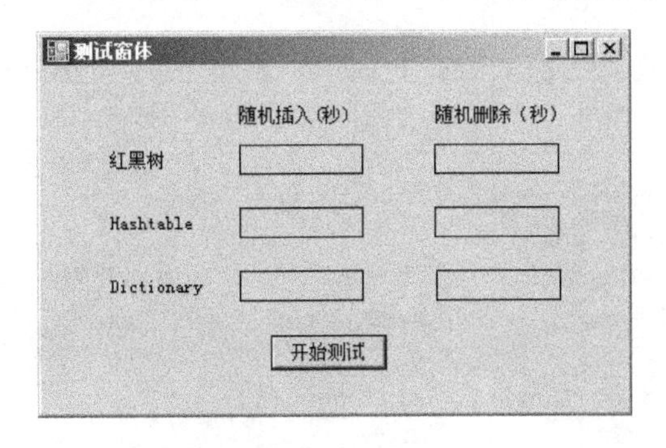

图 7.19 “测试窗体”界面

2. 代码实现

注意引入 System.Collections.Generic 和 System.Collections 两个命名空间。双击按钮，在事件方法中输入如下代码：

```
1  int k = 500000;
2  //生成一个长度为 50 万的数组并初始化
3  int[] arrNum = new int[k];
4  for (int i = 0; i < k; i++)
5  {
6      arrNum[i] = i;
7  }
8  Random rm = new Random();//将数组中的数字打乱
9  for (int i = 0; i < k; i++)
10 {
11     int rmNum = rm.Next(i, k);
12     int temp = arrNum[i];
13     arrNum[i] = arrNum[rmNum];
14     arrNum[rmNum] = temp;
15 }
16 //----------------------------------------红黑树测试
17 SortedDictionary<int, int> rbTree = new SortedDictionary<int, int>();
18 //红黑树随机插入计时
19 long oldtime = DateTime.Now.Ticks; //计时开始
20 for (int i = 0; i < k; i++)
21 {
22     rbTree.Add(arrNum[i], arrNum[i]);
```

```
23  }
24  double useTime = (DateTime.Now.Ticks - oldtime) / 10000000.0D;
25  blRbInsert.Text = useTime.ToString();
26  //红黑树随机删除计时
27  oldtime = DateTime.Now.Ticks; //计时开始
28  for (int i = 0; i < k; i++)
29  {
30      rbTree.Remove(arrNum[i]);
31  }
32  useTime = (DateTime.Now.Ticks - oldtime) / 10000000.0D;
33  lblRbDel.Text = useTime.ToString();
34  //--------------------------------------Hashtable 测试
35  Hashtable hash = new Hashtable();
36  //Hashtable 随机插入计时
37  oldtime = DateTime.Now.Ticks;        //计时开始
38  for (int i = 0; i < k; i++)
39  {
40      hash.Add(arrNum[i], arrNum[i]);
41  }
42  useTime = (DateTime.Now.Ticks - oldtime) / 10000000.0D;
43  lblHtInsert.Text = useTime.ToString();
44  //Hashtable 随机删除计时
45  oldtime = DateTime.Now.Ticks;        //计时开始
46  for (int i = 0; i < k; i++)
47  {
48      hash.Remove(arrNum[i]);
49  }
50  useTime = (DateTime.Now.Ticks - oldtime) / 10000000.0D;
51  lblHtDel.Text = useTime.ToString();
52  //--------------------------------------Dictionary 测试
53  Dictionary<int, int> dictionary = new Dictionary<int, int>();
54  //Dictionary 随机插入计时
55  oldtime = DateTime.Now.Ticks;        //计时开始
56  for (int i = 0; i < k; i++)
57  {
58      dictionary.Add(arrNum[i], arrNum[i]);
59  }
60  useTime = (DateTime.Now.Ticks - oldtime) / 10000000.0D;
61  lblDtInsert.Text = useTime.ToString();
62  //Dictionary 随机删除计时
63  oldtime = DateTime.Now.Ticks;        //计时开始
64  for (int i = 0; i < k; i++)
65  {
66      dictionary.Remove(arrNum[i]);
67  }
68  useTime = (DateTime.Now.Ticks - oldtime) / 10000000.0D;
69  lblDtDel.Text = useTime.ToString();
```

3. 运行程序

运行 10 次程序，分别记录每次运行所生成的数据，计算出 10 次数据的平均值，将结果进行对比分析，根据各数据结构内部原理阐述产生时间差别的原因，分析各数据结构的优缺点及使用场合，最终形成实验报告。

4. 思考与改进

尝试加入顺序插入、查找、顺序删除等操作，并加大或减少数据规模，与之前的实验数据进行对比，得出更全面、详细的结论。

7.8 习 题

一、选择题

1. 下面有关散列查找的说法中正确的是(　　)。

A. 直接定址法所得地址集合和关键字集合的大小不一定相同

B. 除留余数法构造的哈希函数 H(key)=key % p，其中 p 必须选择素数

C. 构造哈希函数时不需要考虑记录的查找频率

D. 数字分析法适用于事先知道哈希表中出现的关键字的情况

2. 下面有关散列冲突解决的说法中不正确的是(　　)。

A. 处理冲突即当某关键字得到的哈希地址已经存在时，为其寻找另一个空地址

B. 使用链地址法在链表中插入元素的位置随意，既可以在表头、表尾，也可以在中间

C. 二次探测能够保证只要哈希表未填满，总能找到一个不冲突的地址

D. 线性探测能够保证只要哈希表未填满，总能找到一个不冲突的地址

3. 设哈希表长 m=14，哈希函数 H(key)=key%11。表中已有 4 个结点：addr(15)=4，addr(38)=5，addr(61)=6，addr(84)=7。其余地址为空，如用二次探测处理冲突，关键字为 49 的结点的地址是(　　)。

A. 8　　B. 3　　C. 5　　D. 9

4. 下列(　　)不是链地址法的优点。

A. 使用链地址法处理冲突没有二次聚集现象，因此平均查找长度较短

B. 指针需要额外空间，当记录规模较小时，节省空间

C. 由于链地址法中各链表上的结点空间是动态申请的，因此适合于无法确定表长的情况

D. 在用链地址法构造的哈希表中，删除结点的操作易于实现，只要删除链表上相应的结点即可

二、判断题

1. 构造一个好的哈希函数必须均匀，即没有冲突。　　(　　)

2．哈希函数的构造方法只有直接定址法、数字分析法和除留余数法3种。 (　　)

3．开散列法和闭散列法这两种冲突解决技术的区别在于发生冲突的元素是存储在数组的空间之外还是空间之内。 (　　)

4．链地址法处理冲突没有二次聚集现象，因此平均查找长度较短。 (　　)

三、填空题

1．直接定址法取________或________为哈希地址。

2．在除留余数法中 H(key)=key%p，p 应取________最适合。

3．在设置哈希函数时，通常要考虑________、________、________、________和________等因素。

4．________又称二度哈希，是闭散列法中较好的一种方法，它是以________的另一个散列函数值作为增量。

5．________使用闭散列法解决冲突，而________使用开散列法解决冲突。

四、简答题

1．简述链地址法的优缺点。

2．C#中实现了哈希表的两个集合类 Hashtable 和 Dictionary，简述两种哈希表的区别。

五、算法设计题

假设哈希表长为 m，哈希函数为 $H(x)$，用链地址法处理冲突。试编写输入一组关键字并构造哈希表的算法。

【第7章答案】

第8章 排序

教学提示

排序(Sorting)是计算机内经常进行的一种操作，其目的是将一组“无序”的记录序列调整为按关键字“有序”的记录序列。如何进行排序，特别是高效率地进行排序是计算机工作者学习和研究的重要课题之一。本章主要介绍几类内部排序方法的基本思想、排序过程、算法实现。

教学要求

知识要点	能力要求	相关知识
插入排序	(1) 掌握直接插入排序的原理及代码编写 (2) 掌握希尔排序的原理及代码编写	(1) 直接插入排序的实现 (2) 希尔排序的实现
交换排序	(1) 掌握冒泡排序的原理及代码编写 (2) 掌握快速排序的原理及代码编写	(1) 冒泡排序的实现 (2) 快速排序的实现
选择排序	(1) 掌握直接选择排序的原理及代码编写 (2) 掌握堆排序的原理及代码编写	(1) 直接选择排序的实现 (2) 堆排序的实现
归并排序	(1) 掌握二路归并排序的原理及代码编写	二路归并排序的实现

8.1 排序的基本概念

排序在生活中比比皆是：每个学期评定奖学金时，首先要将学生按各科成绩总和进行排名，然后选出符合条件的奖学金获得者；《福布斯》财富排行榜；世界500强——全球最大500家公司排名等。在个人计算机中最常用到的排序就是在【资源管理器】窗口中右击，在弹出的快捷菜单中选择【排列图标】菜单项，按不同的方式排列图标可以很方便地找到想要的文件。以上所讨论的情况都是按某种规则进行排序，以方便人们查找或检索某一成员。

排序有内排序和外排序之分。若整个排序过程不需要访问外存便能完成，则称此类排序为内部排序；反之，若参加排序的记录数量很大，内存无法容纳全部资料，排序需要借助外部存储设备才能完成，则称此类排序为外部排序。内部排序适用于记录数不是很多的文件，而外部排序适用于记录数很多的大文件，其整个排序过程需要在内外存之间多次交换数据才能得到排序结果。本章只介绍部分典型、常用的内排序。

8.2 插 入 排 序

插入排序(Insertion Sort)的主要思想是不断地将待排序的元素插入到有序序列中，使有序序列不断扩大，直至所有元素都被插入到有序序列中。插入排序法有很多种，这里只选取直接插入排序和希尔排序这两种较典型的插入排序法进行介绍。

玩扑克时的抓牌就是插入排序的一个很好的例子，每抓一张牌，便插入到合适的位置，直到抓完牌为止，即可得到一个有序序列。

8.2.1 直接插入排序

直接插入排序(Straight Insertion Sort)是一种比较简单的排序方法，它将待排序序列分为如图8.1所示的3个部分：有序序列R[0,…,i−1]，插入元素R[i]，无序序列R[i+1,…,n]。

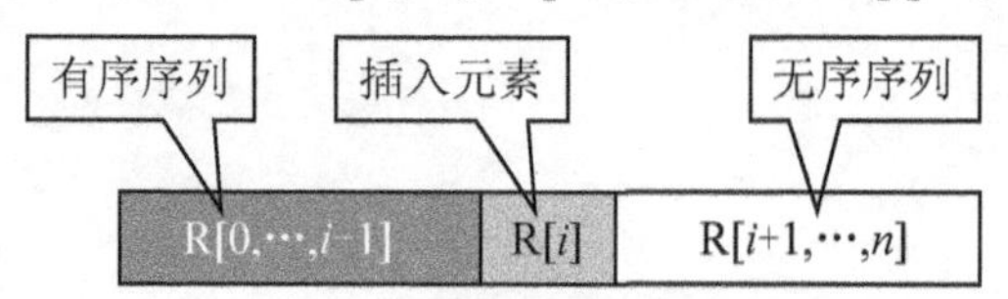

图8.1 插入排序序列

直接插入排序不断从无序序列中取出插入元素，并把插入元素插入到有序序列的合适位置，直到无序序列的所有元素被插入到有序序列为止。图8.2演示了序列(3,6,5,9,7,1,8,2,4)的直接插入排序过程。

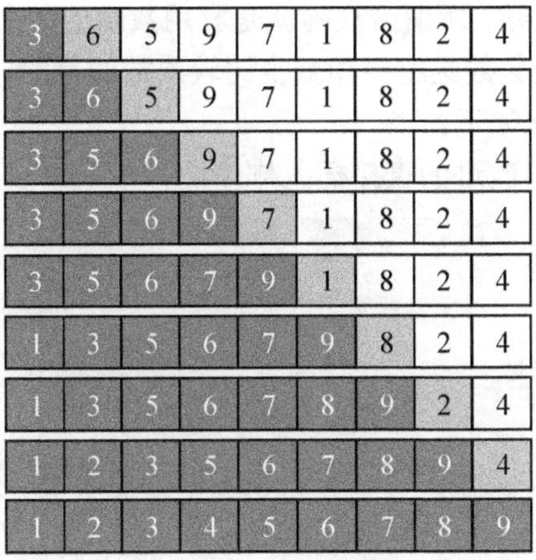

3 6 5 9 7 1 8 2 4

3 6 5 9 7 1 8 2 4

3 5 6 9 7 1 8 2 4

3 5 6 9 7 1 8 2 4

3 5 6 7 9 1 8 2 4

1 3 5 6 7 9 8 2 4

1 3 5 6 7 8 9 2 4

1 2 3 5 6 7 8 9 4

1 2 3 4 5 6 7 8 9

图 8.2 插入排序过程

【**例 8-1** Demo8-1.cs】直接插入排序法演示。

```
1  using System;
2  class Demo8_1
3  {
4      static void Main()
5      {   //temp 用于记录插入元素
6          int j, temp;                                  //j 是寻找插入位置的指针
7          int[] R ={ 3, 6, 5, 9, 7, 1, 8, 2, 4 };      //待排序序列
8          for (int i = 2; i < R.Length; i++)            //约定第一个元素为有序
9          {
10             temp = R[i];                              //将插入元素存于变量 temp 中
11             j = i - 1;
12             //从后向前查找插入位置，同时将已排序记录向后移动
13             while (j >= 0 && temp < R[j])
14             {
15                 R[j + 1] = R[j];                      //移动记录
16                 j--;
17             }
18             R[j + 1] = temp;                          //将插入元素插入到合适位置
19         }
20         foreach (int i in R)                          //打印排序后的元素
21         {
22             Console.Write(i + "  ");
23         }
24     }
25 }
```

运行结果如下：

1 2 3 4 5 6 7 8 9

以上算法 13 行代码的循环条件之一“j>=0”用于避免向前查找合适位置而导致 j 值超出数组界限，这使每次 while 循环都要进行两次比较，可以通过设置监视哨来对算法进行

改进，减少循环中的比较次数。所谓监视哨就是利用数组的某个元素来存放当前待排序记录，从而达到避免数组超界和减少比较次数的目的。这里使用 R[0] 作为监视哨，改进后的算法如下。

【视频 8-1】

【例 8-2 Demo8-2.cs】改进的直接插入排序法。

```
1  using System;
2  class Demo8_2
3  {
4     static void Main()
5     {
6        int j;
7        int[] R ={ 0, 3, 6, 5, 9, 7, 1, 8, 2, 4 };    //待排序序列
8        for (int i = 2; i < R.Length; i++)
9        {
10          R[0] = R[i];                              //将插入元素存于监视哨R[0]中
11          j = i - 1;
12          while (R[0] < R[j])
13          {
14             R[j + 1] = R[j];                       //移动记录
15             j--;
16          }
17          R[j + 1] = R[0];                          //将插入元素插入到合适位置
18       }
19       for (int i = 1; i < R.Length; i++)        //打印排序后的元素
20       {
21          Console.Write(R[i] + "  ");
22       }
23    }
24 }
```

运行结果如下：

1 2 3 4 5 6 7 8 9

使用监视哨的前提是 R[0]元素必须不在待排序序列中，否则在排序前要在 R[0]处插入一个额外元素，这样会使数组中的所有元素向右移动一位，导致改进后的性能提升被抵消。直接插入排序算法最好情况的时间复杂度为 $O(n)$，最坏情况的时间复杂度为 $O(n^2)$，它适合于数据量较少的排序。

8.2.2 希尔排序

希尔排序(Shell Sort)又称缩小增量排序，是由 D.L.Shell 在 1959 年提出的，它是对直接插入排序的一种改进方法。直接插入排序法适合于数据量较少的排序，当待排序记录序列接近“正序”时，其时间复杂度也可提高至接近 $O(n)$。希尔排序正是依此对直接插入排序进行的改进算法。其基本思想是将待排序的记录划分成几组，从而减少参与直接插入排序的数据量，当经过几次分组排序后，记录的排列已经基本有序，这时再对所有记录实施直接插入排序。

图 8.3 演示了希尔排序的执行过程，它分别以 4、2、1 作为步长进行了 3 趟排序，每次对图中连线两端的元素进行对比，如果左端元素大于右端元素，则进行交换。第 3 趟排序的 d=1，它演变为直接插入排序。

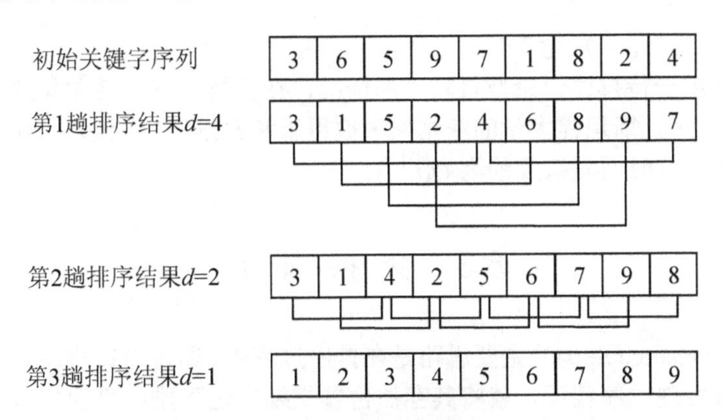

图 8.3　希尔排序过程

希尔排序的主要特点是排序的每一趟以不同的间隔数对子序列进行排序，当 d 很大时，被移动的元素是以跳跃式进行的；当 d=1 时，序列几乎已经有序，只需进行较少的元素移动，就能最终达到排序的目的。

【视频 8-2】

【例 8-3　Demo8-3.cs】希尔排序。

```
1  using System;
2  class Demo8_3
3  {
4      static void Main(string[] args)
5      {
6          int j, temp;
7          int[] R ={ 3, 6, 5, 9, 7, 1, 8, 2, 4 };
8          for (int d = R.Length / 2; d >= 1; d = d / 2)
9          {
10             for (int i = d; i < R.Length; i++)
11             {
12                 temp = R[i];
13                 j = i - d;
14                 while (j >= 0 && temp < R[j])
15                 {
16                     R[j + d] = R[j];
17                     j = j - d;
18                 }
19                 R[j + d] = temp;
20             }
21         }
22         foreach(int i in R)
23         {
24             Console.Write(i + "  ");
```

```
25         }
26     }
27 }
```

运行结果如下：

1　2　3　4　5　6　7　8　9

希尔排序适用于待排序记录数目较大的情况，在此情况下，希尔排序一般要比直接插入排序快。1971 年，斯坦福大学的詹姆斯·彼得森和戴维·L·拉塞尔在大量实验的基础上推导出希尔排序的时间复杂度约为 $O(n^{1.3})$。

8.3 交换排序

交换排序(Exchange Sort)的主要思路是在排序过程中，通过对待排序记录序列中的元素进行比较，如果发现次序相反，就将其存储位置交换来达到排序目的。本节主要介绍两种交换排序方法：冒泡排序和快速排序。

8.3.1 冒泡排序

冒泡排序(Bubble Sort)是一种简单的交换排序方法。它的基本思想是对所有相邻记录进行比较，如果是逆序，则将其交换，最终达到有序。

冒泡排序的算法描述如下。

假设对 n 个元素按递减的顺序进行排序，首先进行第一轮排序：从数组的第一项开始，每一项(i)都与其下一项(i+1)进行比较。如果其下一项的值较大，就将这两项的位置交换，直到最后第 n−1 项与第 n 项进行比较，将最小的数排列在最后。然后进行第二轮排序：从数组的第一项开始，每一项(i)都与其下一项(i+1)进行比较。如果其下一项的值较大，就将这两项的位置交换，直到最后第 n−2 项与第 n−1 项进行比较，将最小的数排列在倒数第二位。以此类推，直到只有第一项与第二项进行比较交换，最后完成递减排序。

图 8.4 演示了待排序序列(10,8,3,15,26,11,30)的第一轮排序过程。

【视频 8-3】

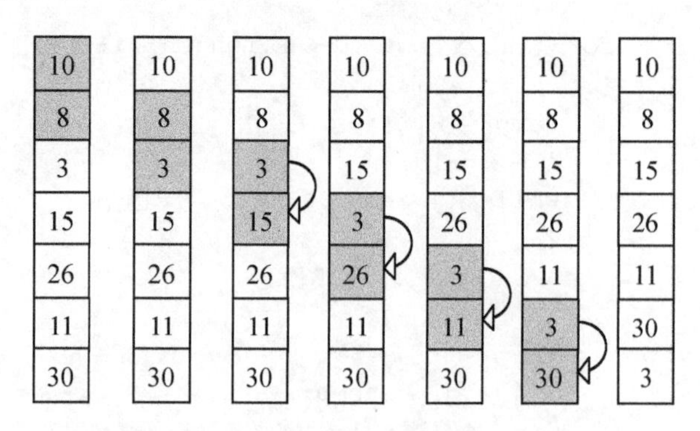

图 8.4　冒泡排序的第一轮排序

【例 8-4　Demo8-4.cs】冒泡排序。

```
1  using System;
2  class Demo8_4
3  {
4      static void Main()
5      {
6          int[] arr = new int[] { 10, 8, 3, 15, 26, 11, 30 };
7          for (int j = 1; j < arr.Length; j++)
8          {//外层循环每次把参与排序的最大数排在最后
9              for (int i = 0; i < arr.Length - j; i++)
10             {//内层循环负责对比相邻的两个数，并把大的排在后面
11                 if (arr[i] > arr[i + 1])
12                 {   //如果前一个数大于后一个数，则交换两个数
13                     int temp = arr[i];
14                     arr[i] = arr[i + 1];
15                     arr[i + 1] = temp;
16                 }
17             }
18         }
19         for (int i = 0; i < arr.Length; i++)
20         {   //用一个循环访问数组里的元素并打印
21             Console.Write(arr[i] + "  ");
22         }
23     }
24 }
```

运行结果如下：

3　8　10　11　15　26　30

冒泡排序法在运行时间方面，待排序的记录越接近有序，算法的执行效率就越高，反之，执行效率就越低，它的平均时间复杂度为 $O(n^2)$。

8.3.2 快速排序

冒泡排序在扫描过程中只对相邻的两个元素进行比较，因此在互换两个相邻元素时只能消除一个逆序。如果通过两个不相邻元素的交换能够消除待排序记录中的多个逆序，则会大大加快排序的速度。快速排序(Quick Sort)正是通过不相邻元素交换而消除多个逆序的。

快速排序是由 C.A.R Hoarse 提出并命名的一种排序方法。在各种排序方法中，这种方法对元素进行比较的次数较少，因而速度也比较快，被认为是目前最好的排序方法之一。在.NET 的多个集合类所使用的 Sort( )方法正是使用快速排序法对集合中的元素进行排序的。

快速排序的基本思想是：在待排序的 n 个记录中任取一个记录(通常取第一个记录)作为基准值，数据序列被此记录划分成两个部分。所有比该记录小的记录放置在前半部分，所有比它大的记录放置在后半部分，并把该记录排在这两部分中间(称为记录归位)，这个过程称为一趟快速排序。然后对左、右两个部分分别重复上述过程，直到每部分内只有一个记录为止。简而言之，每趟排序使表的第一个元素放入适当位置，将表一分为二，对子表按递归方式继续这种划分，直至划分的子表长度为 1。

【例8-5 Demo8-5.cs】快速排序。

【视频8-4】

```
1  using System;
2  class Demo8_5
3  {   //对序列R中索引号从low到high所表示的区间进行快速排序
4      static void QuickSort(int[] R, int low, int high)
5      {
6          if (low < high)        //确保区间至少存在一个以上的元素
7          {   //temp表示基准值，这里是取区间的第一个元素作为它的值
8              int i = low, j = high, temp = R[i];
9              while (i < j)      //从区间两端交替向中间扫描，直到i=j为止
10             {
11                 while (i < j && R[j] >= temp)
12                 {
13                     j--;        //从右向左扫描直到找到比基准值小的元素
14                 }
15                 R[i] = R[j];    //将比基准值小的元素移到左端
16                 while (i < j && R[i] <= temp)
17                 {
18                     i++;        //从左向右扫描直到找到比基准值大的元素
19                 }
20                 R[j] = R[i];    //将比基准值大的元素移到右端
21             }
22             R[i] = temp;       //记录归位
23             QuickSort(R, low, i - 1);          //对左区间递归排序
24             QuickSort(R, i + 1, high);         //对右区间递归排序
25         }
26     }
27     static void Main(string[] args)
28     {
29         int[] R ={ 3, 6, 5, 9, 7, 1, 8, 2, 4 };
30         QuickSort(R, 0, R.Length - 1);         //快速排序
31         foreach (int i in R)                   //打印所有元素
32         {
33             Console.Write(i + "  ");
34         }
35     }
36 }
```

运行结果如下：

1 2 3 4 5 6 7 8 9

快速排序的平均时间复杂度为$O(n\log_2 n)$。就平均时间而言，快速排序是目前被认为最好的内部排序方法。但是，如果待排序记录的初始状态有序，则快速排序蜕化为冒泡排序，其时间复杂度为$O(n^2)$。也就是说，排序记录越乱，基准两侧记录数量越接近，排序速度越快；待排序记录越有序，排序速度越慢。为了避免一趟排序后记录集中在基准的一侧，可以在快速排序前对序列进行“预处理”，将序列的第一个元素、中间元素和最后一个元素进行对比，取中间值作为基准值。

8.4　选 择 排 序

选择排序(Selection Sort)是以选择为基础的一种常用排序方法，它的基本思想是：每一趟从待排序的记录中选出关键字最小的记录，顺序放在已排好序的记录序列的最后，直到全部排列完为止。选择排序的方法有很多种，这里只介绍两种最有代表性的方法：直接选择排序和堆排序。

8.4.1　直接选择排序

直接选择排序的基本思想是：第一趟从所有的 n 个记录中选取最小的记录放在第一位，第二趟从 $n-1$ 个记录中选取最小的记录放到第二位。以此类推，经过 $n-1$ 趟排序后，整个序列就成为有序序列。

图 8.5 演示了直接选择排序的运算过程，其中，深灰色背景白色字体的单元格代表已排好序的元素，浅灰色背景的单元格代表将要进行相互交换的元素。

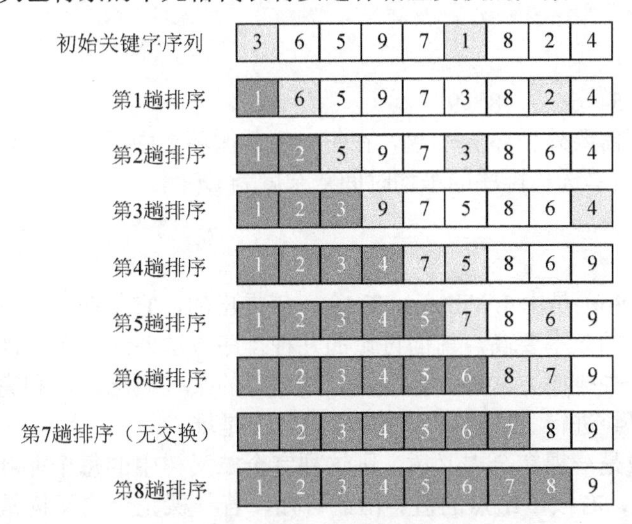

图 8.5　直接选择排序

【例 8-6　Demo8-6.cs】直接选择排序。

【视频 8-5】

```
1  using System;
2  class Demo8_6
3  {
4      static void Main()
5      {
6          int[] R ={ 3, 6, 5, 9, 7, 1, 8, 2, 4 };
7          int k, temp;
8          for (int i = 0; i < R.Length - 1; i++)
9          {
10             k = i; //k用于记录一趟排序中最小元素的索引号
11             for (int j = i + 1; j < R.Length; j++)
```

```
12              {
13                  if (R[j] < R[k]) //只要发现比R[j]小的元素
14                  {   //就把这个元素的索引号记录在变量k内
15                      k = j;
16                  }
17              }
18              if (i != k)
19              {   //交换R[i]和R[k]的值，把最小元素依次放在最左边
20                  temp = R[i];
21                  R[i] = R[k];
22                  R[k] = temp;
23              }
24          }
25          foreach (int i in R) //打印所有元素
26          {
27              Console.Write(i + "  ");
28          }
29          Console.ReadLine();
30      }
31 }
```

运行结果如下：

1 2 3 4 5 6 7 8 9

简单选择排序需要外循环 $n-1$ 趟，在每一趟外循环之中又有一个内循环，内循环要做 $n-i$ 次比较，由此简单选择排序的平均时间复杂度为 $O(n^2)$。

8.4.2 堆排序

堆排序(Heap Sort)是由 J.Williams 在 1964 年提出的，它是在选择排序的基础上发展起来的，比选择排序的效率要高。前面讨论的几种排序方法并未过多地涉及其他概念，但堆排序方法除了是一种排序方法外，还涉及方法之外的某些概念：堆和完全二叉树。完全二叉树的概念前面已经进行了讲解，现在先了解什么是堆。

如果将堆看成是一棵完全二叉树，则这棵完全二叉树中的每个非叶子结点的值均不大于(或不小于)其左、右孩子结点的值。由此可知，若一棵完全二叉树是堆，则根结点一定是这棵树的所有结点的最小者或最大者。非叶子结点的值大于其左、右孩子结点的值的堆被称为大根堆，如图 8.6(a)所示；非叶子结点的值小于其左、右孩子结点的值的堆被称为小根堆，如图 8.6(b)所示；图 8.6(c)所示的完全二叉树则不是堆。

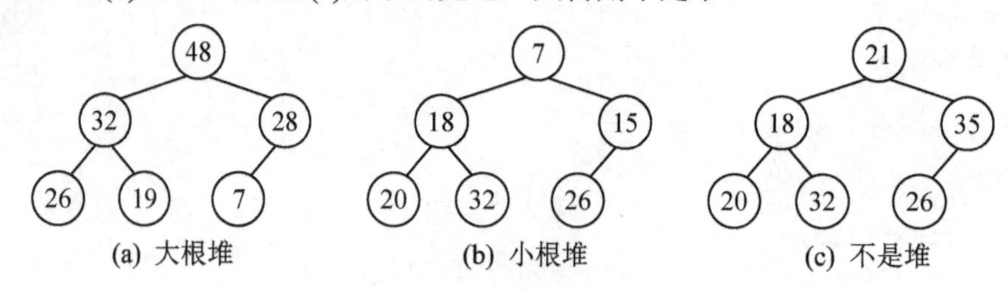

图 8.6 堆与非堆

堆排序的基本思想是：首先将待排序的记录序列构造成一个堆。此时，选出堆中所有记录的最小记录或最大记录，然后将它从堆中移出，并将剩余的记录再调整成堆，这样又找到了次大(或次小)的记录。以此类推，直到堆中只有一个记录为止。每个记录出堆的顺序就是一个有序序列。堆排序的处理步骤如下。

(1) 设堆中元素个数为 n，先取 $i=n/2-1$，将以 i 结点为根的子树调整成堆，然后令 $i=i-1$。再将以 i 结点为根的子树调整成堆。如此反复，直到 $i=0$ 为止，完成初始堆的创建。

(2) 首先输出堆顶元素，将堆中最后一个元素上移到原堆顶位置，这样会破坏原有堆的特性，这时重复步骤(1)恢复堆。

(3) 重复执行步骤(2)，直到输出全部元素为止。按输出元素的前后次序排序，就形成了有序序列，从而完成堆排序操作。

假设待排序序列为(3,6,5,9,7,1,8,2,4)，图 8.7 演示了根据这个序列创建大根堆的过程。

(1) 将序列按二叉树的顺序存储结构转换为如图 8.7(a)所示的完全二叉树。

(2) 首先，因为 $n=9$，所以 $i=n/2-1=3$，即调整以结点 9 为根的子树，由于结点 9 均大于它的孩子结点 2 和 4，所以不需要交换。

(3) 如图 8.7(b)所示，$i=2$，调整以结点 5 为根的子树，由于结点 5 小于它的右孩子 8，所以 5 与 8 交换，交换结果如图 8.7(c)所示。

(4) 如图 8.7(c)所示，$i=1$，调整以结点 6 为根的子树，由于结点 6 小于它的左、右孩子 9 和 7，故结点 6 需要与较大的左孩子 9 交换，交换后的结果如图 8.7(d)所示。

(5) 如图 8.7(d)所示，$i=0$，调整以结点 3 为根的子树，3 与孩子结点中较大的结点 9 进行交换，交换后的结果如图 8.7(e)所示。又因为交换后的结点 3 小于它的孩子结点，所以需要继续交换。

(6) 如图 8.7(e)所示，结点 3 应该与它的孩子结点中较大的结点进行交换，所以结点 3 与结点 7 进行交换，交换后的结果如图 8.7(f)所示。至此，完成初始堆的创建，待排序序列变为(9,7,8,6,3,1,5,2,4)。

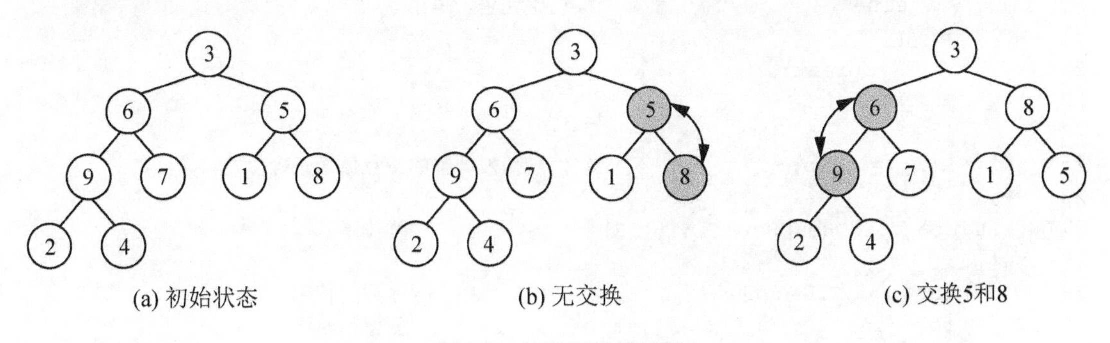

图 8.7　创建初始堆过程

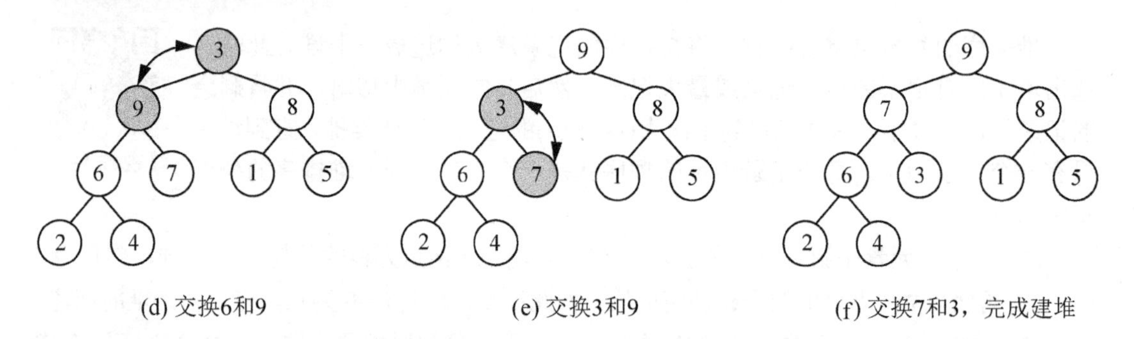

图 8.7　创建初始堆过程(续)

以下是堆排序的代码实现。

【例 8-7　Demo8-7.cs】堆排序。

```
1  using System;
2  class Demo8_7
3  {   //建堆过程
4      static void Sift(int[] R, int low, int high)
5      {   //i 为欲调整子树的根结点的索引号，j 为这个结点的左孩子
6          int i = low, j = 2 * i + 1;
7          int temp = R[i]; //记录双亲结点的值
8          while (j <= high)
9          {   //如果左孩子小于右孩子，则将欲交换的孩子结点指向右孩子
10             if (j < high && R[j] < R[j + 1])
11             {
12                 j++; //j 指向右孩子
13             }
14             if (temp < R[j])        //如果双亲结点小于它的孩子结点
15             {
16                 R[i] = R[j];        //交换双亲结点和它的孩子结点
17                 i = j;              //以交换后的孩子结点为根，继续调整它的子树
18                 j = 2 * i + 1;      //j 此时代表交换后的孩子结点的左孩子
19             }
20             else                    //调整完毕，退出
21             {
22                 break;
23             }
24         }
25         R[i] = temp;                //使最初被调整的结点放入正确位置
26     }
27     static void HeapSort(int[] R)                //堆排序
28     {
29         int n = R.Length;                        //序列的长度
30         for (int i = n / 2 - 1; i >= 0; i--) //创建初始堆
31         {
32             Sift(R, i, n - 1);
33         }
34         for (int i = n - 1; i >= 1; i--)
```

```
35          {
36              int temp = R[0];          //取堆顶元素
37              R[0] = R[i];              //让堆中最后一个元素上移到堆顶位置
38              R[i] = temp;              //此时 R[i]已不在堆中，用于存放排序好的元素
39              Sift(R, 0, i - 1);        //重新调整堆
40          }
41      }
42      static void Main(string[] args)
43      {
44
45          int[] R = { 3, 6, 5, 9, 7, 1, 8, 2, 4 };
46          HeapSort(R);                  //进行堆排序
47          foreach (int i in R)          //打印所有元素
48          {
49              Console.Write(i + "  ");
50          }
51      }
52 }
```

运行结果如下：

1　2　3　4　5　6　7　8　9

堆排序的执行时间主要由建立初始堆和反复重建堆这两个部分的时间开销构成。堆排序的最坏时间复杂度为$O(n\log_2 n)$。堆排序的平均性能较接近于最坏性能。由于建初始堆所需的比较次数较多，所以堆排序不适用于记录数较少的文件。

8.5　归并排序

归并排序(Merging Sort)是利用“归并”技术进行的排序，所谓归并是指将两个或两个以上的有序表合并成一个新的有序表。它的基本思想是：将这些有序的子序列进行合并，从而得到有序的序列。合并是一种常见的运算，其方法为比较各子序列的第一个记录，将小者取出作为合并序列的第一个记录，如此继续比较，最终可以得到排序结果。因此，归并排序的基础是合并。

8.5.1　二路归并排序

利用两个有序序列的合并实现归并排序称为二路归并排序。二路归并排序的基本思想是：如果序列中有 n 个记录，可以先把它看成 n 个子序列(由于只包含一个记录，所以是排好序的)。将每相邻的两个子序列合并，得到 $n/2$ 个有序子序列，每个子序列包含 2 个记录。继续将这些子序列合并，得到 $n/4$ 个有序子序列。如此反复，直到最后合并成一个有序序列，排序完成。

假设待排序序列为(3,6,5,9,7,1,8,2,4)，它们的索引号为 0～8。图 8.8 演示了使用二路归并排序方法对这个序列进行排序的过程。首先合并索引号为 0、1 和 2 的元素成为集合(3,5,6)，接下来将待排序序列划分为 4 组，索引号分别为(0～2)、(3～4)、(5～6)、(7～8)，

4组元素的内部分别已经排好序(图8.8第二排)。然后将4组元素合并为两组元素，索引号为(0～4)、(5～8)，效果如图8.8第三排所示。最后将这两组合并为一组，排序完成，如图8.8第4排所示。

【视频8-7】

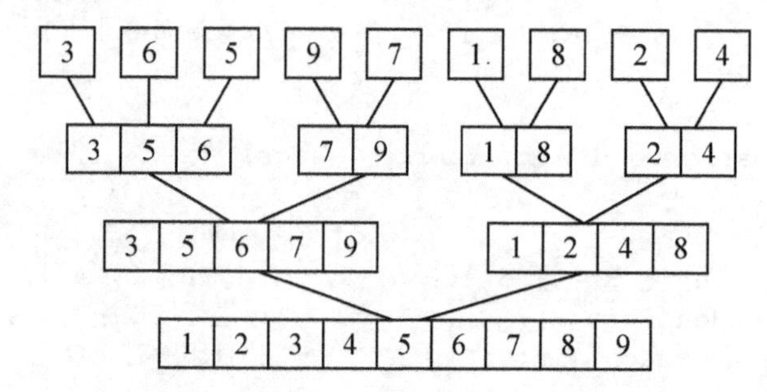

图8.8　二路归并排序

8.5.2　二路归并排序的实现

以下是二路归并排序的代码实现。

【例8-8　Demo8-8.cs】二路归并排序。

```
1  using System;
2  class Demo 8_8
3  {   //将两个有序的子集合R[low,…,mid]和R[mid+1,…,high]合并成一个
4      //有序的集合R[low,…,high]。
5      static void Merge(int[] R, int low, int mid, int high)
6      {   //R1为临时空间，用于存放合并后的数据
7          int[] R1 = new int[high - low + 1];
8          int i = low, j = mid + 1, k = 0;       //k代表R1的下标
9          while (i <= mid && j <= high)          //合并两个子集合
10         {
11             R1[k++] = (R[i] < R[j]) ? R[i++] : R[j++];
12         }
13         while (i <= mid)                       //将左边子集合的剩余部分复制到R1
14         {
15             R1[k++] = R[i++];
16         }
17         while (j <= high)                      //将右边子集合的剩余部分复制到R1
18         {
19             R1[k++] = R[j++];
20         }
21         for (k = 0, i = low; i <= high; k++, i++)
22         {   //将R1复制回R中
23             R[i] = R1[k];
24         }
25     }
26     //二路归并排序
27     static void MergeSort(int[] R, int low, int high)
28     {
29         if (low < high)
```

```
30          {
31              int mid = (low + high) / 2;
32              MergeSort(R, low, mid);              //归并左边子集合(递归调用)
33              MergeSort(R, mid + 1, high);         //归并右边子集合(递归调用)
34              Merge(R, low, mid, high);            //归并当前集合
35          }
36      }
37      static void Main()
38      {
39          int[] R = { 3, 6, 5, 9, 7, 1, 8, 2, 4 };
40          MergeSort(R, 0, R.Length - 1);            //使用二路归并法进行排序
41          foreach (int i in R)                      //打印所有元素
42          {
43              Console.Write(i + "  ");
44          }
45      }
46  }
```

运行结果如下：

1　2　3　4　5　6　7　8　9

二路归并排序易于在链表上实现，它的时间复杂度无论是在最好情况下还是在最坏情况下均是 $O(n\log_2 n)$，但二路归并排序与其他排序相比，需要更多的临时空间。

思考： 从第 7 行代码可知，二路归并排序需要频繁创建临时空间来存放合并后的数据，这使得以上实现不具有实用价值。但可以让所有的 Merge( )方法共用同一块临时空间，以最大限度地减少内存使用，请思考该如何实现。

8.6　本 章 小 结

本章介绍了多种排序方法，其中并无绝对好与不好的算法，每种排序方法都有其优缺点，适合于不同的环境。因此在实际应用中，应根据具体情况做出选择。下面提出几点建议供读者参考。

(1) 当待排序记录数 n 较小时(一般 $n \leqslant 50$)，可采用直接插入排序、直接选择排序或冒泡排序。若文件初始状态基本为正序，则应选用直接插入排序、冒泡排序。如果单条记录本身信息量较大，由于直接插入排序所需的记录移动操作较直接选择排序多，因此用直接选择排序较好。

(2) 当 n 较大时，则应采用时间复杂度为 $O(n\log_2 n)$的排序方法，如快速排序、堆排序或归并排序。快速排序是目前基于比较的内部排序中被认为最好的方法。当待排序的关键字随机分布时，快速排序的平均时间最短，C#集合类中内置的排序方法也是使用快速排序法实现的；堆排序所需的辅助空间少于快速排序，并且不会出现快速排序可能出现的最坏情况；归并排序由于需要大量的辅助空间，所以并不值得提倡，但如果要将两个有序表组合成一个新的有序表，最好的方法是归并排序法。

8.7 实训指导：使用 IComparable<T>和 IComparer<T>接口进行排序

一、实训目的

(1) 掌握如何在 C#集合类中使用 IComparable<T>接口对元素进行排序。

(2) 掌握如何在 C#集合类中使用 IComparer<T>接口对元素进行排序。

二、实训内容

C#在 ArrayList 和 List<T>集合类中内置了排序功能，只需调用它们的 Sort( )方法便可以对集合中的元素进行排序，另外也可以将数组作为参数传递给静态方法 Array.Sort( )进行排序。而以上 Sort( )方法正是使用前面介绍的快速排序法进行排序的。

本次实训是制作一个简易的成绩信息系统，以演示如何通过 IComparable<T>接口和 IComparer<T>接口对不同的字段进行排序。

三、实训步骤

1. 界面设计

成绩信息系统界面如图 8.9 所示。

【视频 8-8】

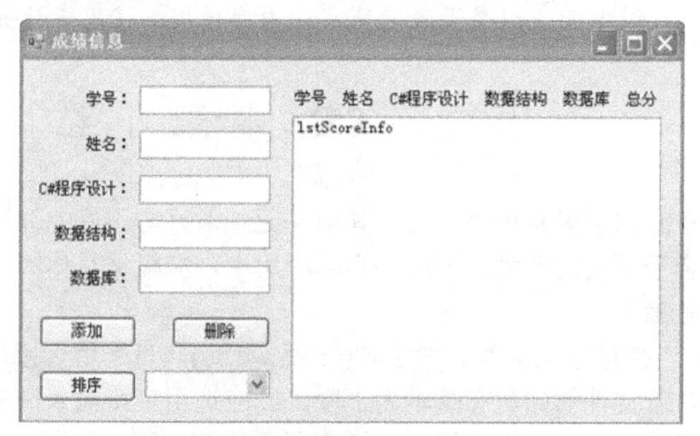

图 8.9 成绩信息系统界面

2. 代码实现

【ScoreInfo.cs】存放成绩信息的类。

```
1 public class ScoreInfo : IComparable<ScoreInfo> //成绩信息类
2 {
3     private int _id;
4     private string _name;          //姓名
5     private float _cSharp;         //C#程序设计成绩
6     private float _dataStruct;     //数据结构成绩
```

```
7      private float _database;       //数据库成绩
8      public ScoreInfo() { }         //构造方法
9      public int ID                  //“学号”属性
10     {
11        get { return _id; }
12        set { _id = value; }
13     }
14     public string Name             //“姓名”属性
15     {
16        get { return _name; }
17        set { _name = value; }
18     }
19     public float CSharp
20     {
21        get { return _cSharp; }
22        set { _cSharp = CheckScore(value); }
23     }
24     public float DataStruct
25     {
26        get { return _dataStruct; }
27        set { _dataStruct = CheckScore(value); }
28     }
29     public float Database
30     {
31        get { return _database; }
32        set { _database = CheckScore(value); }
33     }
34     public float Total //总分
35     {
36        get { return _cSharp + _dataStruct + _database; }
37     }
38     private float CheckScore(float score)
39     {   //成绩只能在0~100分之间
40        if (score < 0 || score > 100)
41        {
42           throw new ArgumentOutOfRangeException("成绩不合法！");
43        }
44        return score;
45     }
46     public int CompareTo(ScoreInfo other) //实现IComparable<T>接口
47     {
48        return _id.CompareTo(other._id);
49     }
50     public override string ToString()
51     {
52        return string.Format("{0,-3}{1,5}{2,8}{3,10}{4,9}{5,8}",
53           _id.ToString(), _name, _cSharp.ToString()
54           , _dataStruct.ToString(), _database.ToString(),
55           Total.ToString());
```

```
56     }
57 }
58 //针对 C#程序设计成绩的 IComparer 接口实现
59 public class CSharpCompare : IComparer<ScoreInfo>
60 {
61     public int Compare(ScoreInfo left, ScoreInfo right)
62     {
63         return left.CSharp.CompareTo(right.CSharp);
64     }
65 }
66 //针对数据结构成绩的 IComparer 接口实现
67 public class DataStructCompare : IComparer<ScoreInfo>
68 {
69     public int Compare(ScoreInfo left, ScoreInfo right)
70     {
71         return left.DataStruct.CompareTo(right.DataStruct);
72     }
73 }
74 //针对数据库成绩的 IComparer 接口实现
75 public class DatabaseCompare : IComparer<ScoreInfo>
76 {
77     public int Compare(ScoreInfo left, ScoreInfo right)
78     {
79         return left.Database.CompareTo(right.Database);
80     }
81 }
82 //针对总分的 IComparer 接口实现
83 public class TotalCompare : IComparer<ScoreInfo>
84 {
85     public int Compare(ScoreInfo left, ScoreInfo right)
86     {
87         float lTotal = left.CSharp + left.DataStruct + left.Database;
88         float rTotal = right.CSharp + right.DataStruct + right.Database;
89         return lTotal.CompareTo(rTotal);
90     }
91 }
```

ScoreInfo 类用于保存学生的学号、姓名以及 3 门课的成绩信息，它针对“学号”字段实现了 IComparable<T>接口，这意味着默认情况下按照“学号”字段进行排序。

以上代码还实现了 IComparer<T>接口的 4 个类，以专门用于对单门课程的成绩和总成绩进行排序。

【MainForm.cs】程序主窗体代码。

```
1  public partial class MainForm : Form
2  {
3      public MainForm()
4      {
5          InitializeComponent();
6          cbSort.SelectedIndex = 0;
```

```
7      }
8      private void btnAdd_Click(object sender, EventArgs e)
9      {   //添加一个新成绩
10         ScoreInfo sInfo = new ScoreInfo();
11         try
12         {
13             sInfo.ID = int.Parse(txtID.Text);
14             sInfo.Name = txtName.Text;
15             sInfo.CSharp = Single.Parse(txtCSharp.Text);
16             sInfo.DataStruct = Single.Parse(txtDataStruct.Text);
17             sInfo.Database = Single.Parse(txtDatabase.Text);
18             lstScoreInfo.Items.Add(sInfo);
19         }
20         catch (System.Exception ex)
21         {
22             MessageBox.Show(ex.Message, "错误",
23                 MessageBoxButtons.OK, MessageBoxIcon.Error);
24         }
25     }
26
27     private void btnDel_Click(object sender, EventArgs e)
28     {   //删除选中项
29         if (lstScoreInfo.SelectedItems.Count > 0)
30         {
31             lstScoreInfo.Items.Remove(lstScoreInfo.SelectedItem);
32         }
33     }
34     //按指定规则排序
35     private void btnSort_Click(object sender, EventArgs e)
36     {
37         lstScoreInfo.BeginUpdate();              //停止刷新
38         if (cbSort.SelectedIndex == 0)           //按学号排序
39         {
40             lstScoreInfo.Sorted = true;
41         }
42         else
43         {
44             lstScoreInfo.Sorted = false;
45             //使用一个临时数组进行排序
46             ScoreInfo[] arr = new ScoreInfo[lstScoreInfo.Items.Count];
47             lstScoreInfo.Items.CopyTo(arr, 0); //从ListBox内复制数据
48             lstScoreInfo.Items.Clear();          //清空ListBox
49             if (cbSort.SelectedIndex == 1)
50             {   //按C#程序设计成绩排序
51                 CSharpCompare csCom = new CSharpCompare();
52                 Array.Sort(arr, csCom);
53             }
54             else if (cbSort.SelectedIndex == 2)
55             {   //按数据结构成绩排序
```

```
56                DataStructCompare dsCom = new DataStructCompare();
57                Array.Sort(arr, dsCom);
58            }
59            else if (cbSort.SelectedIndex == 3)
60            {   //按数据库成绩排序
61                DatabaseCompare dbCom = new DatabaseCompare();
62                Array.Sort(arr, dbCom);
63            }
64            else if (cbSort.SelectedIndex == 4)
65            {   //按总成绩排序
66                TotalCompare totalCom = new TotalCompare();
67                Array.Sort(arr, totalCom);
68            }
69            //把在临时数组内排好序的数据复制到 ListBox 中
70            lstScoreInfo.Items.AddRange(arr);
71        }
72        lstScoreInfo.EndUpdate();                  //恢复刷新
73    }
74 }
```

运行结果如图 8.10 所示。

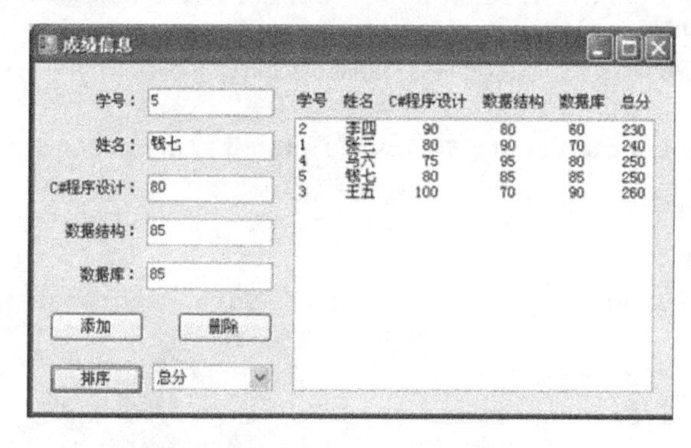

图 8.10　成绩信息系统运行结果

3. 思考与改进

在按总分排序时，总分相同的记录间按“C#程序设计”的成绩进行排序，该如何解决？

8.8　习　　题

一、选择题

1. 从未排序的序列中依次取出一个元素与已排序序列中的元素依次进行比较，然后将其放在排序序列的合适位置，该排序方法称为(　　)排序法。

A. 插入　　B. 选择　　C. 希尔　　D. 二路归并

2．在下面各种排序方法中，最好情况下的时间复杂度为$O(n)$的是(　　)。

A．快速排序　　B．直接插入排序

C．堆排序　　D．归并排序

3．用某种排序方法对线性表(25,84,21,47,15,27,68,35,20)进行排序时，无序序列的变化情况如下：

25 84 21 47 15 27 68 35 20

20 15 21 25 47 27 68 35 84

15 20 21 25 35 27 47 68 84

15 20 21 25 27 35 47 68 84

则所采用的排序方法是(　　)。

A．选择排序　　B．希尔排序　　C．归并排序　　D．快速排序

4．在下面给出的4种排序法中，(　　)排序是不稳定排序法。

A．插入　　B．冒泡　　C．二路归并　　D．堆

5．快速排序方法在(　　)情况下最不利于发挥其长处。

A．要排序的数据量太大

B．要排序的数据中含有多个相同值

C．要排序的数据已基本有序

D．要排序的数据个数为奇数

6．在下述几种排序方法中，要求内存量最大的是(　　)。

A．插入排序　　B．选择排序　　C．快速排序　　D．归并排序

7．对关键字为{50,26,38,80,70,90,8,30,40,20}的记录进行排序，各趟排序结束时的结果为：

50,26,38,80,70,90 ,8,30,40,20

50,8,30,40,20,90,26,38,80,70

26,8,30,40,20,80,50,38,90,70

8,20,26,30,38,40,50,70,80,90

其使用的排序方法是(　　)。

A．快速排序　　B．基数排序　　C．希尔排序　　D．归并排序

8．一组记录的关键字为{45，80，55，40，42，85}，则利用堆排序的方法建立的初始堆为(　　)。

A．80,45,50,40,42,85

B．85,80,55,40,42, 45

C．85,80,55,45,42,40

D．85,55,80,42,45,40

二、判断题

1．内部排序就是整个排序过程完全在内存中进行的排序。　　(　　)

2．在数据基本有序时，直接插入排序法一定是性能最好的算法。　　(　　)

3．当数据序列已有序时，若采用冒泡排序法，数据比较 n-1 次。（　）

4．内排序中的快速排序方法在任何情况下均可得到最快的排序效果。（　）

5．用希尔方法排序时，若关键字的初始排序杂乱无序，则排序效率就低。（　）

6．有一小根堆，堆中任意结点的关键字均小于它的左、右孩子关键字，则其具有最大值的结点一定是一个叶结点并可能在堆的最后两层中。（　）

7．对 n 个记录的集合进行归并排序，在最坏情况下所需要的时间复杂度是 $O(n^2)$。（　）

8．对 n 个记录的集合进行冒泡排序，在最坏情况下所需要的时间复杂度是 $O(n^2)$。（　）

三、填空题

1．当数据量特别大需借助外部存储器对数据进行排序时，则这种排序称为_______。

2．在堆排序、快速排序和归并排序中，若从节省存储空间的角度考虑，则应首先选取_______方法，其次选取_______方法；若只从排序结果的稳定性考虑，则应选择_______方法；若只从平均情况下排序的速度来考虑，则应选择_______方法；若只从最坏情况下排序最快并且要节省内存的角度考虑，则应选取_______方法。

3．对 n 个元素的序列进行冒泡排序，最少的比较次数是_______，此时元素的排列情况为_______，在_______情况下比较次数最多，其比较次数为_______。

4．直接插入排序需借助的存储单元个数(空间复杂度)为_______，最好情况下直接插入排序的算法时间复杂度为_______，最坏情况下该算法的时间复杂度为_______。

5．对一组记录(54,38,96,23,15,72,60,45,83)进行直接插入排序时，当把第 7 个记录 60 插入到已排序的有序表时，为寻找其插入位置需比较_______次。

6．在时间复杂度为 $O(\log_2 n)$的排序方法中，_______排序方法是稳定的；在时间复杂度为 $O(n)$的排序方法中，_______排序方法是不稳定的。

7．设表中元素的初态是按键值递增的，若分别用堆排序、快速排序、冒泡排序和归并排序方法对其按递增顺序进行排序，则_______最省时间，_______最费时间。

8．在归并排序中，若待排序记录的个数为 20，则共需要进行_______趟归并，在第三趟归并中，是把长度为_______的有序表归并为长度为_______的有序表。

四、简答题

1．什么是内排序？什么是外排序？

2．在冒泡排序过程中，什么情况下元素会朝向与排序相反的方向移动，试举例说明。在快速排序过程中有这种现象吗？

3．如何决定使用哪种排序算法？

五、算法设计题

1．设计一个算法，实现双向冒泡排序(可以选择正向或逆向排序)。

2．设计一个算法，使得在尽可能少的时间内重排数组，将所有取负值的关键字放在所有取非负值的关键字之前。

【第 8 章答案】

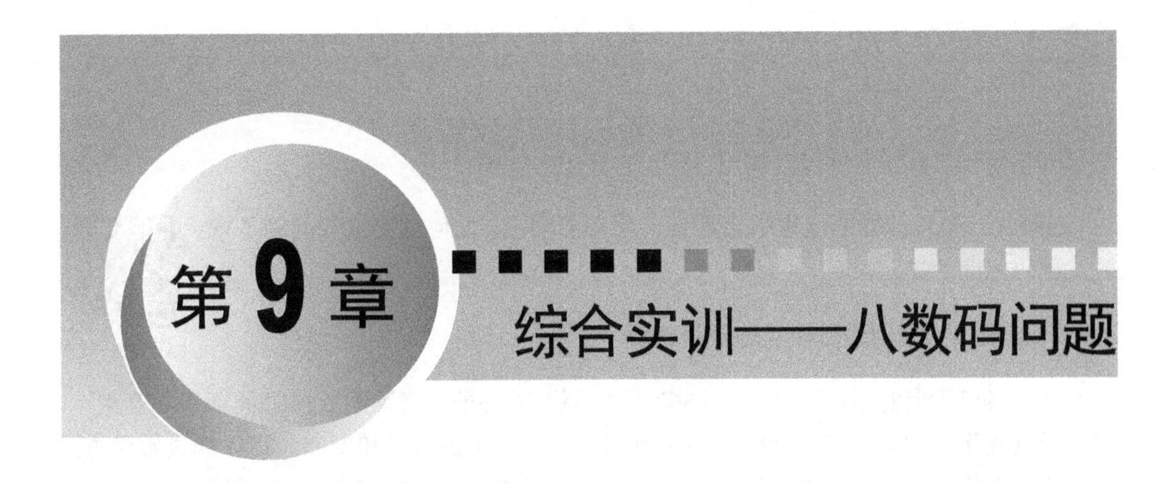

在第 5 章的迷宫最短路径问题中，介绍了人工智能问题中的图搜索问题的广度优先搜索法。本章综合实训将使用广度优先搜索法解决经典问题——八数码问题，在完成该程序的同时也搭建了一个框架，在这个框架的基础上可以很方便、专注地继续使用和研究八数码问题的各种算法。

9.1 什么是八数码问题

八数码问题就是在一个 3×3 的九宫格棋盘上，分别将标有数字 1～8 的 8 个棋子摆放其中，摆放时要求棋子不能重叠。于是在 3×3 的棋盘上将出现一个空格，允许这个空格周围的某一个棋子向空格移动。这样通过移动棋子就可以不断改变棋子的布局。假设给定一个初始的棋子布局(初始状态)和一个目标布局(目标状态)，要求移动棋子以实现从初始状态到目标状态的转变，给出一个合理的走步序列。

图 9.1 所示的就是两个九宫棋盘，其中图 9.1(a)是棋盘的初始状态，在这个布局中，数字 6 可以向右移动一格，数字 5 可以向左移动一格，数字 8 可以向上移动一格，其余数字均不能移动，也就是说走棋的规则是只有空格周围的数字可以移动。图 9.1(b)是棋盘的目标状态，求如何走棋才能使棋盘从初始状态达到目标状态。

6		5
1	8	3
7	2	4

(a) 初始状态

1	2	3
4	5	6
7	8	

(b) 目标状态

图 9.1　八数码问题

9.2 八数码问题的解析

在解决八数码问题的过程中会遇到一系列的问题，如何解决这些问题是求解八数码问题的关键。

【视频 9-1】

9.2.1 从初始状态到达目标状态是否有解

九宫格棋盘上的布局一共有 9!=362 880 种状态，并非任意两种状态之间都可相互到达。如果通过程序的搜索来最终判断程序无解将会浪费大量的时间和空间，可以通过数学方法来解决这个问题。两种状态之间是否可达可以判断它们的逆序状态的奇偶性是否相同。每个数字前面比它大的数字的个数的和，称为这个状态的逆序。若两个状态的逆序奇偶性相同，则可相互到达，否则不可相互到达。在图 9.2(a)中，从上至下、从左至右排列棋盘里的数字可得出结果为 81567342。用函数 $F(n)$表示数字 n 前面比它大的数字的个数。

$$F(8)=0$$
$$F(1)=1$$
$$F(5)=1$$
$$F(6)=1$$
$$F(7)=1$$
$$F(3)=4$$
$$F(4)=4$$
$$F(2)=6$$

将结果相加，可得图 9.2(a)的逆序状态值为 18，那么它的逆序状态为偶数。

图 9.2(b)的数字序列为 76842531。

$$F(7)=0$$
$$F(6)=1$$
$$F(8)=0$$
$$F(4)=3$$
$$F(2)=4$$
$$F(5)=3$$
$$F(3)=5$$
$$F(1)=7$$

将结果相加，可得图 9.2(b)的逆序状态值为 23，它的逆序状态为奇数即图 9.2(a)和图 9.2(b)两种状态互不可达。

8	1	5
6	7	3
4	2	

(a) 逆序状态为偶数

7	6	8
4		2
5	3	1

(b) 逆序状态为奇数

图 9.2　棋局的逆序状态

9.2.2　使用什么方法求解八数码问题的最优解

棋局的初始状态如图 9.3(a)所示，它可以衍生出图 9.3(b)和图 9.3(c)两种状态，而图 9.3(b)和图 9.3(c)又可以各自衍生出 3 种状态图 9.3(d)、图 9.3(e)、图 9.3(f)和图 9.3(g)、图 9.3(h)、图 9.3(i)，这些棋局状态又不断地衍生出新的状态，直到搜索到目标状态为止即可以求解出八数码问题。这样的搜索形成了一个树状结构，从第 5 章的迷宫最短路径问题求解中可以知道，这类问题使用广度优先搜索法可以求出其最优解。但由于在搜索过程中树的规模不断扩大，其叶子也愈加密集，最终的规模会大到无法控制，这样无论在空间还是时间上的耗费都是非常大的。如何尽可能地优化程序及缩短搜索时间成为解决该问题的重要一环。

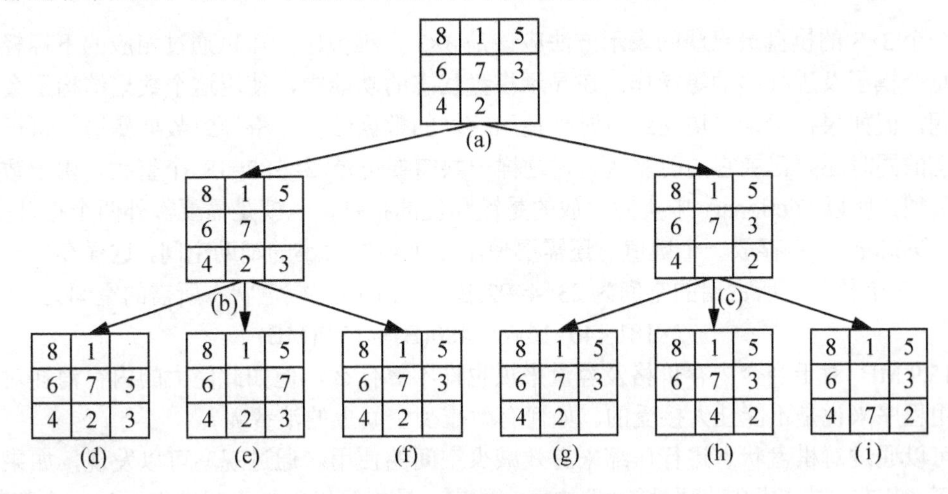

图 9.3　棋局状态的衍生

9.2.3　如何避免重复访问一个状态

从图 9.3 可以发现，状态(f)、(g)和状态(a)完全一样，搜索又回到起点，更糟糕的是状态(f)和(g)还能够重新衍生出状态(b)和(c)，这些搜索步骤是完全没有必要的，那么该如何避免这类状况发生呢？

可以通过记录访问过的状态来解决这个问题。每当访问过一个状态后，将这个状态存放到集合中，在衍生新的状态前首先到集合中判断新状态是否已存在于集合中，如果存在就不需要再次衍生这个状态。前面提到过，棋盘状态一共有 362 880 种，由于逆序奇偶性问题，在有解的情况下，棋盘的状态数为 362 880/2=181 440(种)。也就是说存放状态的集合在搜索过程中不断变大，最多有可能存在 181 440 个元素。由于在每衍生出一种状态时都需要在这个庞大集合中进行搜索，那么如何加快搜索速度就成为缩短搜索时间最关键的一环。

通过前面的学习可以知道，二叉查找树和哈希表都是非常好的进行快速查找的数据结构，可以使用 C#中的 SortedList、SortedDictionary、Hashtable、Dictionary 这些类作为存放已访问结点的集合。而哈希表在大多数情况下的查找效率优于二叉查找树，使用哈希表可以得到更快的查找速度。考虑到 Hashtable 在存放值类型元素时会导致装箱拆箱操作，以及可能出现二次聚集现象，最终选定 Dictionary 作为存入已访问结点的集合类。

9.2.4 怎样记录查找路径

程序最终的返回结果应该是一个从初始状态到目标状态的走步序列，可以在记录已访问结点的同时记录它的前驱状态，由于 Dictionary 由键值对组成，可以把当前状态作为“键”而把它的前驱状态作为“值”进行存放，初始状态的“值”为 0，这样在搜索到目标状态后可以不断地回溯前驱状态而最终得出正确的走步序列。

9.2.5 使用什么数据结构表示棋盘状态

一个 3×3 的棋盘最直观的表示方法应该是 3×3 二维数组，可以通过相应的下标轻松地访问每个棋子及进行移动等操作。在显示棋盘状态的功能中，使用这个数据结构不会有什么问题，但如果在记录已访问结点时也使用这样的数据结构，将导致数据暴增。每记录一个状态的同时还要记录它的前驱状态，这样一共需要记录 3×3×2=18 个整数。由于数组是引用类型，所以 Dictionary 中实际存放的是键和值的指针，也就是需要额外两个指针空间，另外，Dictionary 中存放一个键值对还需要使用 3 个整数大小的辅助空间，这样存放一个元素共需 23 个整数，所占用的空间为 23×4=92(B)。记录所有棋盘状态所需的空间为

$$92\times181\,440=16\,692\,480(\text{B})\approx15.9(\text{MB})$$

15.9 MB 对于当今内存价格及容量来说也许不算什么，但如此巨大的内存消耗对于一个应用程序来说是不能让人接受的。如何有效减少空间上的浪费呢？

可以通过对棋盘状态进行压缩来有效减少空间的使用。通过观察可以发现，如果以从上到下、从左到右的顺序读取棋盘里的每个数字，最终可以把棋盘状态表示为一个整数(简称状态码)，唯一需要考虑的是如何处理空格。对此有两种比较常用的表示方法。

(1) 棋盘数字用 1～9 表示，空格用 0 表示，那么图 9.4 所示的棋盘状态可以表示为整数 768 402 531。

(2) 前 8 位数字表示棋盘中的数字顺序，最后一位数字表示空格在棋盘中的位置，图 9.4 所示的棋盘状态可以表示为整数 768 425 315(单元格上方中括号中的数字表示单元格所处的位置)。

第(2)种压缩方法的巧妙之处在于，朝左/右方向移动数字时，只需简单地将状态码加/减 1 即可，所以最终选用第(2)种压缩方法。

以下是棋盘数字移动时的状态码转换公式(使用变量 S 代表状态码，n 表示状态码的个位数，即空格所处位置)。

[9] 7	[8] 6	[7] 8
[6] 4	[5]	[4] 2
[3] 5	[2] 3	[1] 1

图 9.4　棋盘状态

(1) 空格左边方格右移(→)。它的转换公式为 S++。

(2) 空格右边方块左移(←)。它的转换公式为 S−−。

(3) 空格上方方块下移(↓)。图 9.5 是图 9.4 所示棋盘状态中数字 6 向下移动的状态码转换过程。它的本质是以所移动数字和空格所处位置为界，将状态码分割为 3 个部分：高位、中间位和低位。然后将中间位的头一个数字移动到该部分的尾端，再重新拼接数字，最后重新计算空格位置，改变个位数即可。

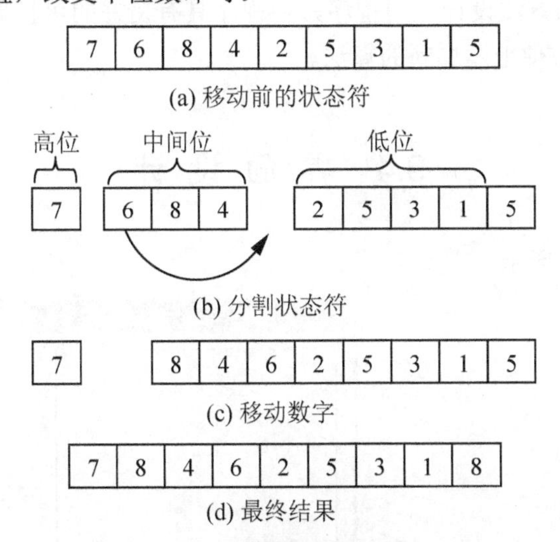

(a) 移动前的状态符

(b) 分割状态符

(c) 移动数字

(d) 最终结果

图 9.5　数字下移时的状态码转换过程

$High = S / 10^{n+3} \times 10^{n+3}$　　保留高位数字，后面的数字全部置 0

$Low = S \% 10^{n} / 10^{n}$　　低位数字，个位置 0

$Mid = S \% 10^{n+3} / 10^{n}$　　中间位

结果 = $High + (Mid \% 100 \times 10 + Mid / 100) \times 10^{n} + Low + n + 3$

(4) 空格下方方块上移(↑)。它的转换公式与下移类似。

$High = S / 10^{n} \times 10^{n}$　　保留高位数字，后面的数字全部置 0

$Low = S \% 10^{n-3} / 10 \times 10$　　低位数字，不包含个位

$Mid = S \% 10^{n} / 10^{n-3}$　　中间位

结果 = $High + (Mid \% 10 \times 100 + Mid / 10) \times 10^{n-3} + Low + n-3$

压缩后 Dictionary 存放一个元素共需 5 个整数，占用空间为 5×4=20(B)。记录所有棋盘状态所需使用的空间为

$$20 \times 181\ 440 = 15\ 240\ 960(B) \approx 3.46(MB)$$

经过以上讲解可以了解到，在本程序中使用了两种不同的数据结构来表示棋盘状态，相同的数据通过使用不同的数据结构应用于不同的场合，它们的算法也各不相同。

9.3 设计目标

(1) 具有良好的人机交互界面，可以使用户方便地对九宫棋盘的初始状态进行设置。用户既可以方便地使用随机的初始化状态，也可以通过鼠标或键盘方便地移动数字进行状态的初始化。

(2) 使用广度优先搜索求解八数码问题，求解完成后显示走步路径和耗费时间、访问结点数量等数据，并可以以动画或手动的方式对走步过程进行回放。

(3) 以面向对象的方法设计应用程序，使程序具有良好的可扩展的架构，并设计算法接口，以便将来可以方便地添加新的算法。

9.4 界面设计

界面效果如图 9.6 所示。

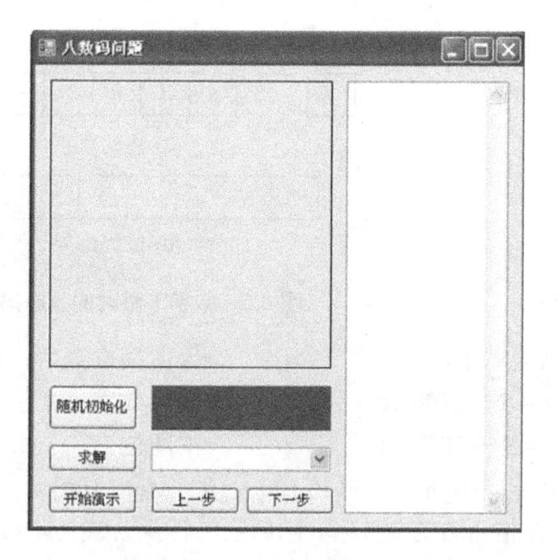

图 9.6 “八数码问题”界面

【视频 9-2】

9.5 代码编写

9.5.1 MoveDirection.cs

八数码问题的操作为上、下、左、右 4 个方向，定义一个表示移动方向的枚举一方面可以使代码容易阅读并理解，另一方面也可以在程序中方便地调用。

【视频 9-3】

【八数码问题 MoveDirection.cs】棋子移动方向举例。

```
1 public enum Direction      //移动方向枚举
2 {
3     Left = 1,              //空格右边方块左移(→)
4     Right = 2,             //空格左边方块右移(←)
5     Down = 3,              //空格上方方块下移(↓)
6     Up = 4,                //空格下方方块上移(↑)
7     None = 0               //不移动
8 };
```

9.5.2 AIResult.cs

AIResult 类用于存放运算结果，其中包括走步路径及访问的结点数。把结果包装在类中一方面可以方便传输及调用，另一方面如果需要新的数据可以添加新成员以满足程序需求。

【八数码问题 AIResult.cs】运算结果类。

```
1  public class AIResult                      //用于存放运算的结果
2  {
3      private List<Direction> _path;         //走步路径
4      private int _nodeCount;                //访问结点的数量
5      public List<Direction> Path
6      {
7          get { return _path; }
8          set { _path = value; }
9      }
10     public int NodeCount
11     {
12         get { return _nodeCount; }
13         set { _nodeCount = value; }
14     }
15 }
```

9.5.3 HashHelpers.cs

HashHelpers 类供哈希表计算表长使用。

【八数码问题 HashHelpers.cs】设计哈希表时使用的辅助类。

```
1  internal static class HashHelpers
2  {   //部分素数集合
3      static readonly int[] primes = {
4           3, 7, 11, 17, 23, 29, 37, 47, 59, 71, 89, 107, 131, 163,
5            197, 239, 293, 353, 431, 521, 631, 761, 919, 1103, 1327,
6            1597, 1931, 2333, 2801, 3371, 4049, 4861, 5839, 7013, 8419,
7            10103, 12143, 14591, 17519, 21023, 25229, 30293, 36353,
8            43627, 52361, 62851, 75431, 90523, 108631, 130363, 156437,
9           187751, 225307, 270371, 324449, 389357, 467237, 560689,
10           672827, 807403, 968897, 1162687, 1395263, 1674319, 2009191,
11           2411033, 2893249, 3471899, 4166287, 4999559, 5999471, 7199369};
12     //判断一个整数是否为素数
13     internal static bool IsPrime(int candidate)
14     {
15         if ((candidate & 1) != 0) //判断最后一位是否为0
16         {
17             int limit = (int)Math.Sqrt(candidate);
18             for (int divisor = 3; divisor <= limit; divisor += 2)
19             {   //判断candidate能否被3～Sqrt(candidate)之间的奇数整除
20                 if ((candidate % divisor) == 0)
21                     return false;
22             }
23             return true;
24         }
25         return (candidate == 2); //偶数中只有2为素数
26     }
27     //获取一个比min大，并最接近min的素数
28     internal static int GetPrime(int min)
29     {
30         for (int i = 0; i < primes.Length; i++)
31         {   //获取primes中比min大的第一个素数
32             int prime = primes[i];
33             if (prime >= min) return prime;
34         }
35         for (int i = (min | 1); i < Int32.MaxValue; i += 2)
36         {   //对于不在数组中的素数需要另外判断
37             if (IsPrime(i))
38                 return i;
39         }
40         return min;
41     }
42 }
```

9.5.4 SimpleDictionary.cs

原本可以使用 C#自带的 Dictionary 类来存放已访问的结点，但观察 Dictionary 类代码可以发现，在添加一个元素时，如果该元素已存在于哈希表中，Dictionary 将会引发一个

ArgumentException 异常。如果在程序中使用 try-catch 对异常进行处理将严重影响算法效率，这时就不得不首先调用 FindEntry( )方法查找指定键是否存在，然后才能添加数据(参考第 8 章 Dictionary 的实现)。这样访问一个结点就需要进行两次哈希查找，对程序性能有一定的影响。所以这里创建一个 SimpleDictionary.cs 类并对哈希表的 Add( )方法稍作修改，将异常的引发改为返回一个 true 或 false 值，从而使得访问一个结点只需进行一次哈希查找。

【八数码问题 SimpleDictionary.cs】修改后的泛型字典类。

```
1  public class SimpleDictionary<TKey, TValue>
2  {
3     private struct Entry               //表示哈希表中的键值对
4     {
5        public int hashCode;            //哈希码的低 31 位
6        public int next;                //指示链表中的下一个元素
7        public TKey key;                //键
8        public TValue value;            //值
9     }
10    private int[] buckets;             //存放链表头指针
11    private Entry[] entries;           //存放实际数据
12    private int count;                 //指示 entries 中使用过的最大索引
13    private int freeList;              //空缺链表表头
14    private int freeCount;             //空缺索引个数
15    //构造方法
16    public SimpleDictionary() : this(0) { }
17    public SimpleDictionary(int capacity)   //指定容量的构造方法
18    {
19       if (capacity < 0)
20       {
21          throw new ArgumentOutOfRangeException("容量不能小于 0");
22       }
23       if (capacity > 0)
24       {
25          Initialize(capacity);             //初始化
26       }
27    }
28    //属性
29    public int Count                        //元素个数
30    {
31       get { return count - freeCount; }
32    }
33    public TValue this[TKey key]            //索引器
34    {
35       get
36       {
37          int i = FindEntry(key);
38          if (i >= 0)
39          {
40             return entries[i].value;
41          }
```

```
42              return default(TValue);           //返回类型的初始化值
43          }
44      }
45      public bool Add(TKey key, TValue value) //添加元素
46      {
47          if (buckets == null)
48          {
49              Initialize(0);
50          }
51          int hashCode = key.GetHashCode() & 0x7FFFFFFF; //取哈希码低31位
52          //首先查找是否存在相同的key
53          for (int i = buckets[hashCode % buckets.Length]; i >= 0;
54               i = entries[i].next)
55          {   //当存在相同的key时返回false
56              if (entries[i].hashCode ==
57                  hashCode && entries[i].key.Equals(key))
58              {
59                  return false;
60              }
61          }
62          //无相同元素时插入到指定哈希地址的头指针处
63          int index; //用于记录新元素的插入位置
64          if (freeCount > 0)                        //如果存在空缺索引
65          {    //记录空缺链表头结点，用于插入新元素
66              index = freeList;
67              freeList = entries[index].next;   //删除头结点
68              freeCount--;
69          }
70          else
71          {   //如果处于满员状态
72              if (count == entries.Length)
73              {
74                  Resize();               //重新开辟并增加数据存储的内存空间
75              }
76              index = count;              //新记录将插入到数组末端空白处
77              count++; //移动count指针
78          }
79          int bucket = hashCode % buckets.Length; //哈希地址
80          entries[index].hashCode = hashCode;
81          entries[index].next = buckets[bucket];   //成为链表头结点
82          entries[index].key = key;
83          entries[index].value = value;
84          buckets[bucket] = index;      //buckets中的指针指向新元素
85          return true;                  //添加成功后返回true
86      }
87      private int FindEntry(TKey key) //查找指定键的索引
88      {
89          if (buckets != null)
90          {
```

```
91            int hashCode = key.GetHashCode() & 0x7FFFFFFF; //哈希码低 31 位
92            //通过 next 指针在数据桶中查找指定元素
93            for (int i = buckets[hashCode % buckets.Length]; i >= 0;
94                i = entries[i].next)
95            {   //哈希码和键值都相同时则找到指定元素
96                if (entries[i].hashCode ==
97                    hashCode && entries[i].key.Equals(key))
98                {
99                    return i;
100               }
101           }
102       }
103       return -1;                          //查找失败返回-1
104   }
105   private void Initialize(int capacity) //初始化数据存储空间
106   {   //获取离 capacity 最近的素数
107       int size = HashHelpers.GetPrime(capacity);
108       buckets = new int[size];
109       for (int i = 0; i < buckets.Length; i++)
110       {   //buckets 数组中的元素全部初始化为-1
111           buckets[i] = -1;
112       }
113       entries = new Entry[size];
114       freeList = -1;              //空缺链表头指针值为-1 表示不存在空缺索引
115   }
116   private void Resize()           //增加 Dictonary 的存储空间
117   {   //获取离 count*2 最近的素数
118       int newSize = HashHelpers.GetPrime(count * 2);
119       int[] newBuckets = new int[newSize];
120       for (int i = 0; i < newBuckets.Length; i++)
121       {   //初始化新的 buckets
122           newBuckets[i] = -1;
123       }
124       Entry[] newEntries = new Entry[newSize];
125       Array.Copy(entries, 0, newEntries, 0, count); //元素搬家
126       //由于 hashsize 改变，元素哈希地址将跟着改变
127       //这里使用了一个循环更新所有链表
128       for (int i = 0; i < count; i++)
129       {   //计算当前元素的新哈希地址
130           int bucket = newEntries[i].hashCode % newSize;
131           //将当前元素插入到链表头结点处
132           newEntries[i].next = newBuckets[bucket];
133           newBuckets[bucket] = i;         //将 buckets 中的指针指向当前元素
134       }
135       buckets = newBuckets;
136       entries = newEntries;
137   }
138   public void Clear()                     //清空哈希表
139   {
```

```
140         if (count > 0)
141         {
142             for (int i = 0; i < buckets.Length; i++) buckets[i] = -1;
143             Array.Clear(entries, 0, count);
144             freeList = -1;
145             count = 0;
146             freeCount = 0;
147         }
148     }
149 }
```

9.5.5 NumSwitch.cs

【八数码问题 NumSwitch.cs】状态码转换公式类。

```
1  public static class NumSwitch
2  {   //获取移动方格后的数字状态，s为移动前的数字状态，md为移动方向
3      public static int GetMoveBorder(int s, Direction md)
4      {
5          int n = s % 10;                    //n为s的个位数
6          if (md == Direction.Right)         //空格左边方块右移
7          {
8              if (n % 3 != 0)
9              {
10                 return ++s;
11             }
12         }
13         else if (md == Direction.Left)         //空格右边方块左移
14         {
15             if (n % 3 != 1)
16             {
17                 return --s;
18             }
19         }
20         else if (md == Direction.Down)         //空格上方方块下移
21         {
22             if (n + 2 < 9)
23             {
24                 int powLow = (int)Math.Pow(10, n);
25                 int powHigh = (int)Math.Pow(10, n + 3);
26                 int high = s / powHigh * powHigh; //高位
27                 int low = s % powLow / 10 * 10;    //低位，不包括个位
28                 int mid = s % powHigh / powLow;    //中间位
29                 return high + (mid % 100 * 10 + mid / 100) * powLow
30                     + low + n + 3;
31             }
32         }
33         else if (md == Direction.Up)                 //空格下方方块上移
```

```
34          {
35              if (n - 3 > 0)
36              {
37                  int powLow = (int)Math.Pow(10, n - 3);
38                  int powHigh = (int)Math.Pow(10, n);
39                  int high = s / powHigh * powHigh;  //高位
40                  int low = s % powLow / 10 * 10;    //低位，不包括个位
41                  int mid = s % powHigh / powLow;    //中间位
42                  return high + (mid % 10 * 100 + mid / 10) * powLow
43                      + low + n - 3;
44              }
45          }
46          return -1;
47      }
48      //判断是否可以从初始状态到达目标状态
49      //(计算两个棋局的逆序，奇偶性相同的返回 true)
50      public static bool ExistAnswer(int begin, int end)
51      {   //由于个位表示空格位置，所以去掉个位
52          begin = begin / 10;
53          end = end / 10;
54          int[] arrBegin = new int[8];
55          int[] arrEnd = new int[8];
56          for (int i = 7; i >= 0; i--)
57          {   //将两个棋局的每个数字存入数组
58              arrBegin[i] = begin % 10;
59              begin /= 10;
60              arrEnd[i] = end % 10;
61              end /= 10;
62          }
63          int beginStatus = 0, endStatus = 0;
64          for (int i = 0; i < 8; i++)
65          {
66              for (int j = i + 1; j < 8; j++)
67              {
68                  if (arrBegin[j] < arrBegin[i])
69                      beginStatus++;
70              }
71              for (int j = i + 1; j < 8; j++)
72              {
73                  if (arrEnd[j] < arrEnd[i])
74                      endStatus++;
75              }
76          }
77          return (beginStatus + endStatus) % 2 == 0;
78      }
79  }
```

9.5.6 IEightNumAI.cs

【八数码问题 IEightNumAI.cs】算法接口。

```
1 //八数码问题算法接口
2 interface IEightNumAI
3 {    //获取八数码问题的解
4     AIResult GetAIResult(int begin, int end);
5 }
```

IEightNumAI 是用于求解八数码问题的算法接口，任何算法只需实现这个接口就可以放到程序中以八数码问题进行求解。接口成员为 GetAIResult( )方法，它需要两个参数：begin 表示棋盘初始状态的状态码(状态码的设计必须参照 9.2.5 节中的第(2)种编码格式)；end 表示棋盘目标状态的状态码。GetAIResult( )方法必须返回一个 AIResult 对象(参照 9.5.2 节)，它规定了路径的表示格式。

9.5.7 BFS_AI.cs

【八数码问题 BFS_AI.cs】广度优先搜索算法。

```
1  class BFS_AI : IEightNumAI
2  {
3      Queue<int> queue;                         //用于广度优先搜索的队列
4      SimpleDictionary<int, int> CodeSet;  //哈希表，用于记录已访问过的棋盘局面
5
6      //IEightNumAI 接口实现，计算八数码问题的结果
7      public AIResult GetAIResult(int begin, int end)
8      {
9          if (queue == null)
10         {   //将用于广度优先遍历的队列初始化为 25 000 个元素
11             queue = new Queue<int>(25000);
12         }
13         if (CodeSet == null)
14         {   //将用于存放已访问结点的哈希表初始化为 181 440 个元素
15             CodeSet = new SimpleDictionary<int, int>(181440);
16         }
17         queue.Enqueue(begin);
18         CodeSet.Add(begin, 0);                 //将根结点信息加入哈希表
19         AIResult result = new AIResult();      //初始化存放结果的类
20         while (queue.Count > 0)                //广度优先遍历
21         {
22             int node = queue.Dequeue();        //出队
23             if (node == end)                   //找到目标状态时跳出循环
24             {
25                 break;
26             }
27             for (int i = 1; i <= 4; i++)
28             {//依次向上、下、左、右 4 个方向移动数字并将各自的状态码入队
```

```
29                int child = NumSwitch.GetMoveBorder(node, (Direction)i);
30                if (child != -1 && CodeSet.Add(child, node))
31                {   //Add()方法返回 false 表示该状态已被访问过
32                    queue.Enqueue(child);
33                }
34            }
35        }
36        result.Path = GetPathFormNode(end);   //获得结果路径
37        result.NodeCount = CodeSet.Count;     //获取已访问的结点数目
38        queue.Clear();                        //清空队列
39        CodeSet.Clear();                      //清空哈希表
40        return result;
41
42    }
43    //以指定结点在哈希表中回溯以寻找整条路径
44    private List<Direction> GetPathFormNode(int node)
45    {
46        List<Direction> path = new List<Direction>();
47        int next = CodeSet[node];
48        while (next != 0)
49        {
50            if (node - next == 1)
51            {
52                path.Add(Direction.Left);
53            }
54            else if (node - next == -1)
55            {
56                path.Add(Direction.Right);
57            }
58            else if (node % 10 - next % 10 == -3)
59            {
60                path.Add(Direction.Down);
61            }
62            else if (node % 10 - next % 10 == 3)
63            {
64                path.Add(Direction.Up);
65            }
66            node = next;
67            next = CodeSet[next];
68        }
69        return path;
70    }
71    public override string ToString()
72    {
73        return "广度优先搜索算法";
74    }
75 }
```

BFS_AI 类实现了 IEightNumAI 接口，并使用广度优先搜索算法求解八数码问题。

9.5.8 MainForm.cs

【八数码问题 MainForm.cs】程序主窗体代码。

```
1  public partial class MainForm : Form
2  {
3      public MainForm()
4      {
5          InitializeComponent();
6      }
7      Label[,] arrLbl = new Label[3, 3];
8      int unRow = 2, unCol = 2;
9      Label lblBegin;            //用于记录拖放开始时的标签
10     Point pos;                 //开始拖动时，鼠标按下时的坐标
11     int BeginCode;             //搜索前的棋盘编码
12     int destinationCode = 123456781;    //目标棋盘编码
13     List<Direction> path;      //记录上一次搜索的路径
14     int pathIndex;             //记录当前演示步骤的索引号
15     private void MainForm_Load(object sender, EventArgs e)
16     {   //创建 9 个 Label，放入 Panel
17         Font font = new Font("黑体", 50);
18         this.SuspendLayout();
19         for (int i = 0; i < 3; i++)
20         {
21             for (int j = 0; j < 3; j++)
22             {
23                 Label lbl = new Label();
24                 lbl.Font = font;
25                 lbl.TextAlign = ContentAlignment.MiddleCenter;
26                 lbl.BackColor = Color.Coral;
27                 lbl.BorderStyle = BorderStyle.FixedSingle;
28                 lbl.Text = Convert.ToString(3 * i + j + 1);
29                 lbl.AutoSize = false;
30                 lbl.Size = new Size(80, 80);
31                 lbl.Location = new Point(j * 80, i * 80);
32                 lbl.AllowDrop = true; //允许拖动操作
33                 lbl.Click += new EventHandler(lbl_Click);
34                 lbl.MouseDown += new MouseEventHandler(lbl_MouseDown);
35                 lbl.MouseMove += new MouseEventHandler(lbl_MouseMove);
36                 lbl.DragEnter += new DragEventHandler(lbl_DragEnter);
37                 lbl.DragDrop += new DragEventHandler(lbl_DragDrop);
38                 pnlBorder.Controls.Add(lbl);
39                 arrLbl[i, j] = lbl;
40             }
41         }
42         arrLbl[unRow, unCol].Text = "";
43         arrLbl[unRow, unCol].BackColor = Color.DimGray;
44         lblBorderStatus.Text = GridToNum().ToString();
45
```

```
46          cbAlgorithms.Items.Add(new BFS_AI());
47          cbAlgorithms.SelectedIndex = 0;
48          this.ResumeLayout();
49      }
50      private void btnRandom_Click(object sender, EventArgs e)
51      {   //将有序数组中的数字用随机方法打乱
52          int[] arrNum = { 1, 2, 3, 4, 5, 6, 7, 8, 9 };
53          Random rm = new Random();
54          for (int i = 0; i < 8; i++)
55          {
56              int rmNum = rm.Next(i, 9);
57              int temp = arrNum[i];
58              arrNum[i] = arrNum[rmNum];
59              arrNum[rmNum] = temp;
60          }
61          for (int i = 0; i < 9; i++)
62          {
63              arrLbl[i / 3, i % 3].BackColor = Color.Coral; ;
64              arrLbl[i / 3, i % 3].Text = arrNum[i].ToString();
65              if (arrNum[i] == 9)
66              {
67                  unRow = i / 3;
68                  unCol = i % 3;
69                  arrLbl[unRow, unCol].Text = "";
70                  arrLbl[unRow, unCol].BackColor = Color.DimGray;
71              }
72          }
73          lblBorderStatus.Text = GridToNum().ToString();
74      }
75      //Panel 内标签的单击事件
76      private void lbl_Click(object sender, EventArgs e)
77      {
78          int row = ((Label)sender).Top / 80;        //被单击标签所在行
79          int col = ((Label)sender).Left / 80;       //被单击标签所在列
80          if (Math.Abs(row - unRow) + Math.Abs(col - unCol) == 1)
81          {   //如果可以移动，则交换不可见标签和被单击标签中的数字
82              string temp = arrLbl[unRow, unCol].Text;
83              arrLbl[unRow, unCol].Text = arrLbl[row, col].Text;
84              arrLbl[row, col].Text = temp;
85              arrLbl[unRow, unCol].BackColor = Color.Coral;
86              arrLbl[row, col].BackColor = Color.DimGray;
87              arrLbl[row, col].Text = "";
88              unRow = row;
89              unCol = col;
90              lblBorderStatus.Text = GridToNum().ToString();
91          }
92      }
93      //Panel 内标签的鼠标按下事件，用于拖入操作
94      private void lbl_MouseDown(object sender, MouseEventArgs e)
```

```
95      {
96          lblBegin = (Label)sender;
97          pos = e.Location;
98      }
99      //Panel 内标签鼠标移动事件用于引发拖入操作
100     private void lbl_MouseMove(object sender, MouseEventArgs e)
101     {
102         if (e.Button == MouseButtons.Left &&
103            (Math.Abs(e.X - pos.X) > 10 || Math.Abs(e.Y - pos.Y) > 10))
104         {
105             DoDragDrop(((Label)sender).Text,
106                DragDropEffects.Copy | DragDropEffects.Move);
107         }
108     }
109     //Panel 内标签的拖入项目事件
110     private void lbl_DragEnter(object sender, DragEventArgs e)
111     {   //判断拖放的数据是否是字符串
112         if (e.Data.GetDataPresent(DataFormats.Text))
113         {
114             e.Effect = DragDropEffects.Move;
115         }
116         else
117         {
118             e.Effect = DragDropEffects.None;
119         }
120     }
121     //Panel 内标签的拖放操作完成时的事件
122     private void lbl_DragDrop(object sender, DragEventArgs e)
123     {
124         string txt = (string)e.Data.GetData(DataFormats.Text);
125         Label lblEnd = (Label)sender;
126         //交换数字及颜色
127         lblBegin.Text = lblEnd.Text;
128         lblEnd.Text = txt;
129         lblBegin.BackColor = Color.Coral;
130         lblEnd.BackColor = Color.Coral;
131         if (lblEnd.Text == "")
132         {
133             lblEnd.BackColor = Color.DimGray;
134             unRow = ((Label)sender).Top / 80;     //拖放结束时的标签所在行
135             unCol = ((Label)sender).Left / 80;    //拖放结束时的标签所在列
136         }
137         else if (lblBegin.Text == "")
138         {
139             lblBegin.BackColor = Color.DimGray;
140             unRow = lblBegin.Top / 80;            //拖放开始时的标签所在行
141             unCol = lblBegin.Left / 80;           //拖放开始时的标签所在列
142         }
143         lblBorderStatus.Text = GridToNum().ToString();
```

```
144     }
145     //将棋盘局面转换为数字并返回
146     private int GridToNum()
147     {
148         int nullIndex = -1;
149         StringBuilder numStr = new StringBuilder(9);
150         for (int i = 0; i < arrLbl.Length; i++)
151         {
152             if (arrLbl[i / 3, i % 3].Text != "")
153             {
154                 numStr.Append(arrLbl[i / 3, i % 3].Text);
155             }
156             else
157             {
158                 nullIndex = 9 - i;
159             }
160         }
161         numStr.Append(nullIndex);
162         return int.Parse(numStr.ToString());
163     }
164     //将数字转换为棋盘局面
165     private void NumToGrid(int num)
166     {
167         int nullIndex = num % 10;    //空白位
168         int k = num / 10;            //去除空白位的数字
169         string numStr = k.ToString();
170         for (int i = 0, j = 0; i < 9; i++)
171         {   //当遇到空白位时
172             if (9 - i == nullIndex)
173             {
174                 arrLbl[i / 3, i % 3].Text = "";
175                 arrLbl[i / 3, i % 3].BackColor = Color.DimGray;
176                 unRow = i / 3;
177                 unCol = i % 3;
178                 continue;
179             }
180             arrLbl[i / 3, i % 3].Text = numStr[j].ToString();
181             arrLbl[i / 3, i % 3].BackColor = Color.Coral;
182             j++;
183         }
184         lblBorderStatus.Text = num.ToString();
185     }
186     private void btnGo_Click(object sender, EventArgs e)
187     {
188         int end = GridToNum();
189         if (destinationCode == end)
190         {
191             lblBorderStatus.Text = "完成";
192             return;
```

```
193         }
194         if (!NumSwitch.ExistAnswer(destinationCode, end))
195         {
196             lblBorderStatus.Text = "无解";
197             return;
198         }
199         BeginCode = end;
200         //在组合框内选择当前选中的搜索算法
201         IEightNumAI ai = (IEightNumAI)cbAlgorithms.SelectedItem;
202         long oldtime = DateTime.Now.Ticks; //计时开始
203         //搜索开始
204         AIResult aiResult = ai.GetAIResult(destinationCode, end);
205         //搜索结束并计算所用时间
206         double useTime = (DateTime.Now.Ticks - oldtime) / 10000000.0D;
207         //在文本框内显示搜索结果
208         StringBuilder str = new StringBuilder(400);
209         str.Append("使用" + ai + "求解: " + "\r\n");
210         str.Append("用时: " + useTime + "秒" + "\r\n");
211         str.Append("访问结点: " + aiResult.NodeCount + "个" + "\r\n");
212         str.Append("初始编码: " + BeginCode + "\r\n");
213         str.Append("步骤     操作\r\n");
214         path = aiResult.Path;
215         for (int i = 0; i < path.Count; i++)
216         {
217             int index = i + 1;
218             string indexS = "(" + index.ToString() + ")";
219             string operS = string.Empty;
220             switch (path[i])
221             {
222                 case Direction.Left:
223                     operS = "←";
224                     break;
225                 case Direction.Right:
226                     operS = "→";
227                     break;
228                 case Direction.Down:
229                     operS = "↓";
230                     break;
231                 case Direction.Up:
232                     operS = "↑";
233                     break;
234             }
235          str.Append(string.Format("{0,-8}{1,2}\r\n", indexS, operS));
236         }
237         str.Append("结束编码: " + destinationCode);
238         txtResult.Text = str.ToString();
239         btnAutoPlay.Enabled = true;
240     }
241     //单击【开始演示】按钮事件方法
```

```
242     private void btnAutoPlay_Click(object sender, EventArgs e)
243     {
244         if (btnAutoPlay.Text == "开始演示")
245         {
246             NumToGrid(BeginCode);
247             PrepareAutoPlay();
248             btnAutoPlay.Text = "停止演示";
249             pathIndex = 0;
250             timer1.Start();         //运行计时器
251         }
252         else
253         {
254             timer1.Stop();          //停止计时器
255             StopAutoPlay();
256             btnAutoPlay.Text = "开始演示";
257         }
258     }
259     //单击【上一步】按钮事件方法
260     private void btnPrev_Click(object sender, EventArgs e)
261     {
262         if (timer1.Enabled)
263         {
264             timer1.Enabled = false;
265         }
266         if (pathIndex <= 1)
267         {
268             btnPrev.Enabled = false;
269         }
270         if (pathIndex != 0)
271         {
272             MoveTo(ReverseDirection(path[--pathIndex]));
273         }
274         if (!btnNext.Enabled)
275         {
276             btnNext.Enabled = true;
277         }
278     }
279     //单击【下一步】按钮事件方法
280     private void btnNext_Click(object sender, EventArgs e)
281     {
282         if (timer1.Enabled)
283         {
284             timer1.Enabled = false;
285         }
286         if (pathIndex == path.Count - 1)
287         {
288             btnNext.Enabled = false;
289         }
290         MoveTo(path[pathIndex++]);
```

```
291         if (!btnPrev.Enabled)
292         {
293             btnPrev.Enabled = true;
294         }
295     }
296     //准备自动演示，使其余控件不可用
297     private void PrepareAutoPlay()
298     {
299         btnRandom.Enabled = false;
300         btnGo.Enabled = false;
301         pnlBorder.Enabled = false;
302         btnNext.Enabled = true;
303         btnPrev.Enabled = true;
304     }
305     //停止演示
306     private void StopAutoPlay()
307     {
308         btnRandom.Enabled = true;
309         btnGo.Enabled = true;
310         pnlBorder.Enabled = true;
311         btnNext.Enabled = false;
312         btnPrev.Enabled = false;
313     }
314     //定时器事件，用于自动演示求解过程
315     private void timer1_Tick(object sender, EventArgs e)
316     {
317         if (pathIndex > path.Count - 1)
318         {
319             btnAutoPlay_Click(null, null);
320             timer1.Stop();
321             return;
322         }
323         MoveTo(path[pathIndex++]);
324     }
325     //按指定方向移动方块
326     private void MoveTo(Direction md)
327     {
328         int num = NumSwitch.GetMoveBorder(
329             int.Parse(lblBorderStatus.Text), md);
330         NumToGrid(num);
331         lblBorderStatus.Text = num.ToString();
332     }
333     //逆转指定方向，用于【上一步】按钮的单击事件
334     private Direction ReverseDirection(Direction md)
335     {
336         if (md == Direction.Left)
337         {
338             return Direction.Right;
339         }
```

```
340         if (md == Direction.Right)
341         {
342             return Direction.Left;
343         }
344         if (md == Direction.Down)
345         {
346             return Direction.Up;
347         }
348         if (md == Direction.Up)
349         {
350             return Direction.Down;
351         }
352         return Direction.None;
353     }
354 }
```

9.6 调 试 运 行

在进行以上步骤操作时可参照本书提供的视频。由于各部分代码息息相关，在调试程序的某项功能时有可能出现错误，应该把所有错误排除完后再继续下一步操作，这样就不至于在完成程序后由于发现过多错误而变得无所适从。

运行程序，运行结果如图 9.7 所示。尝试单击窗体中的每一个按钮，查看相关功能是否实现，并认真观察是哪些代码实现了这些功能。

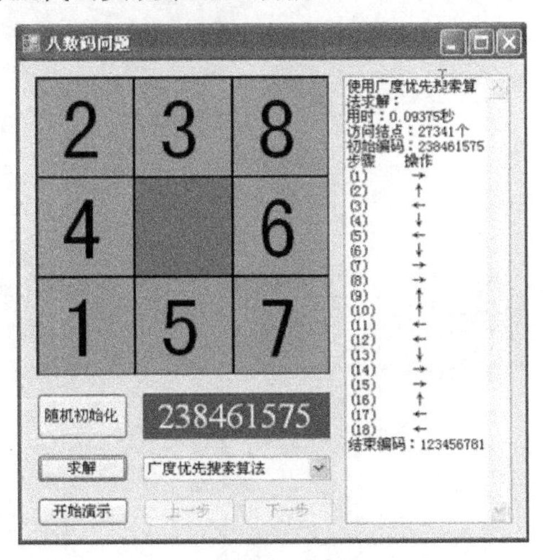

图 9.7　“八数码问题”程序运行结果

9.7 思考与改进

本案例使用广度优先搜索算法实现了八数码问题的求解，但还存在一些不足之处，可参考以下几点对该应用程序进行改进。

(1) 搜索资料并学习，使用至少两种其他算法实现八数码问题的求解。

(2) 分别使用 SortedList、SortedDictionary、Hashtable 来存放已访问结点，并实现算法，通过运行时间的结果来对比本程序中使用的哈希表，并注意这几种数据结构之间的差异。

(3) 修改程序并实现设置目标状态的功能。

(4) 添加新功能，使得程序可以存储前 100 个最耗时运算的棋盘初始状态，并可以随时将这些状态读取到九宫棋盘中重新进行运算。注意，如果存在重复状态，取耗时少的那个状态进行存储。

参 考 文 献

[1] 李英明. 数据结构[M]. 南京：南京大学出版社，2007.

[2] 孙湧. 数据结构实用教程[M]. 北京：清华大学出版社，2006.

[3] 李春葆. 数据结构教程[M]. 北京：清华大学出版社，2005.

[4] 范策. 算法与数据结构[M]. 北京：机械工业出版社，2005.

[5] 夏燕. 数据结构(C 语言版)[M]. 北京：北京大学出版社，2007.

[6] 魏衍君. 数据结构实用教程[M]. 北京：北京交通大学出版社，2007.

[7] [美]Mark Allen Weiss. 数据结构与算法分析——C 语言描述[M]. 冯舜玺，译. 北京：机械工业出版社，2004.

[8] [美]Thomas H.Cormen，Charles E.Leiserson，Ronald L.Rivest Clifford Stein. 算法导论[M]. 潘金贵，等译. 北京：机械工业出版社，2003.

[9] 严蔚敏. 数据结构(C 语言版)[M]. 北京：清华大学出版社，2007.

[10] 程杰. 大话数据结构[M]. 北京：清华大学出版社，2011.

全国高职高专计算机、电子商务系列教材推荐书目

【语言编程与算法类】

序号	书号	书名	作者	定价	出版日期	配套情况
1	978-7-301-13632-4	单片机 C 语言程序设计教程与实训	张秀国	25	2012	课件
2	978-7-301-15476-2	C 语言程序设计(第 2 版)(2010 年度高职高专计算机类专业优秀教材)	刘迎春	32	2013 年第 3 次印刷	课件、代码
3	978-7-301-14463-3	C 语言程序设计案例教程	徐翠霞	28	2008	课件、代码、答案
4	978-7-301-17337-4	C 语言程序设计经典案例教程	韦良芬	28	2010	课件、代码、答案
5	978-7-301-20879-3	Java 程序设计教程与实训(第 2 版)	许文宪	28	2013	课件、代码、答案
6	978-7-301-13570-9	Java 程序设计案例教程	徐翠霞	33	2008	课件、代码、习题答案
7	978-7-301-13997-4	Java 程序设计与应用开发案例教程	汪志达	28	2008	课件、代码、答案
8	978-7-301-15618-6	Visual Basic 2005 程序设计案例教程	靳广斌	33	2009	课件、代码、答案
9	978-7-301-17437-1	Visual Basic 程序设计案例教程	严学道	27	2010	课件、代码、答案
10	978-7-301-09698-7	Visual C++ 6.0 程序设计教程与实训(第 2 版)	王　丰	23	2009	课件、代码、答案
11	978-7-301-22587-5	C#程序设计基础教程与实训(第 2 版)	陈　广	40	2013 年第 1 次印刷	课件、代码、视频、答案
12	978-7-301-14672-9	C#面向对象程序设计案例教程	陈向东	28	2012 年第 3 次印刷	课件、代码、答案
13	978-7-301-16935-3	C#程序设计项目教程	宋桂岭	26	2010	课件
14	978-7-301-15519-6	软件工程与项目管理案例教程	刘新航	28	2011	课件、答案
15	978-7-301-12409-3	数据结构(C 语言版)	夏　燕	28	2011	课件、代码、答案
16	978-7-301-24776-1	数据结构(C#语言描述)(第 2 版)	陈　广	38	2014	课件、代码、答案
17	978-7-301-14463-3	数据结构案例教程(C 语言版)	徐翠霞	28	2013 年第 2 次印刷	课件、代码、答案
18	978-7-301-23014-5	数据结构(C/C#/Java 版)	唐懿芳等	32	2013	课件、代码、答案
19	978-7-301-18800-2	Java 面向对象项目化教程	张雪松	33	2011	课件、代码、答案
20	978-7-301-18947-4	JSP 应用开发项目化教程	王志勃	26	2011	课件、代码、答案
21	978-7-301-19821-6	运用 JSP 开发 Web 系统	涂　刚	34	2012	课件、代码、答案
22	978-7-301-19890-2	嵌入式 C 程序设计	冯　刚	29	2012	课件、代码、答案
23	978-7-301-19801-8	数据结构及应用	朱　珍	28	2012	课件、代码、答案
24	978-7-301-19940-4	C#项目开发教程	徐　超	34	2012	课件
25	978-7-301-15232-4	Java 基础案例教程	陈文兰	26	2009	课件、代码、答案
26	978-7-301-20542-6	基于项目开发的 C#程序设计	李　娟	32	2012	课件、代码、答案
27	978-7-301-19935-0	J2SE 项目开发教程	何广军	25	2012	素材、答案
28	978-7-301-24308-4	JavaScript 程序设计案例教程(第 2 版)	许　旻	33	2014	课件、代码、答案
29	978-7-301-17736-5	.NET 桌面应用程序开发教程	黄　河	30	2010	课件、代码、答案
30	978-7-301-19348-8	Java 程序设计项目化教程	徐义晗	36	2011	课件、代码、答案
31	978-7-301-19367-9	基于.NET 平台的 Web 开发	严月浩	37	2011	课件、代码、答案
32	978-7-301-23465-5	基于.NET 平台的企业应用开发	严月浩	44	2014	课件、代码、答案
33	978-7-301-13632-4	单片机 C 语言程序设计教程与实训	张秀国	25	2014 年第 5 次印刷	课件
34		软件测试设计与实施(第 2 版)	蒋方纯			

【网络技术与硬件及操作系统类】

序号	书号	书名	作者	定价	出版日期	配套情况
1	978-7-301-14084-0	计算机网络安全案例教程	陈　昶	30	2008	课件
2	978-7-301-23521-8	网络安全基础教程与实训(第 3 版)	尹少平	38	2014	课件、素材、答案
3	978-7-301-13641-6	计算机网络技术案例教程	赵艳玲	28	2008	课件
4	978-7-301-18564-3	计算机网络技术案例教程	宁芳露	35	2011	课件、习题答案
5	978-7-301-10290-9	计算机网络技术基础教程与实训	桂海进	28	2010	课件、答案
6	978-7-301-10887-1	计算机网络安全技术	王其良	28	2011	课件、答案
7	978-7-301-21754-2	计算机系统安全与维护	吕新荣	30	2013	课件、素材、答案
8	978-7-301-12325-6	网络维护与安全技术教程与实训	韩最蛟	32	2010	课件、习题答案
9	978-7-301-09635-2	网络互联及路由器技术教程与实训(第 2 版)	宁芳露	27	2012	课件、答案
10	978-7-301-15466-3	综合布线技术教程与实训(第 2 版)	刘省贤	36	2012	课件、习题答案
11	978-7-301-14673-6	计算机组装与维护案例教程	谭　宁	33	2012 年第 3 次印刷	课件、习题答案
12	978-7-301-13320-0	计算机硬件组装和评测及数码产品评测教程	周　奇	36	2008	课件
13	978-7-301-12345-4	微型计算机组成原理教程与实训	刘辉珞	22	2010	课件、习题答案
14	978-7-301-16736-6	Linux 系统管理与维护(江苏省省级精品课程)	王秀平	29	2013 年第 3 次印刷	课件、习题答案
15	978-7-301-22967-5	计算机操作系统原理与实训（第 2 版）	周　峰	36	2013	课件、答案
16	978-7-301-16047-3	Windows 服务器维护与管理教程与实训(第 2 版)	鞠光明	33	2010	课件、答案
17	978-7-301-14476-3	Windows2003 维护与管理技能教程	王　伟	29	2009	课件、习题答案
18	978-7-301-18472-1	Windows Server 2003 服务器配置与管理情境教程	顾红燕	24	2012 年第 2 次印刷	课件、习题答案
19	978-7-301-23414-3	企业网络技术基础实训	董宇峰	38	2014	课件
20	978-7-301-24152-3	Linux 网络操作系统	王　勇	38	2014	课件、代码、答案

【网页设计与网站建设类】

序号	书号	书名	作者	定价	出版日期	配套情况
1	978-7-301-15725-1	网页设计与制作案例教程	杨森香	34	2011	课件、素材、答案
2	978-7-301-15086-3	网页设计与制作教程与实训(第2版)	于巧娥	30	2011	课件、素材、答案
3	978-7-301-13472-0	网页设计案例教程	张兴科	30	2009	课件
4	978-7-301-17091-5	网页设计与制作综合实例教程	姜春莲	38	2010	课件、素材、答案
5	978-7-301-16854-7	Dreamweaver网页设计与制作案例教程(2010年度高职高专计算机类专业优秀教材)	吴　鹏	41	2012	课件、素材、答案
6	978-7-301-21777-1	ASP .NET 动态网页设计案例教程(C#版)(第2版)	冯　涛	35	2013	课件、素材、答案
7	978-7-301-10226-8	ASP程序设计教程与实训	吴　鹏	27	2011	课件、素材、答案
8	978-7-301-16706-9	网站规划建设与管理维护教程与实训(第2版)	王春红	32	2011	课件、答案
9	978-7-301-21776-4	网站建设与管理案例教程(第2版)	徐洪祥	31	2013	课件、素材、答案
10	978-7-301-17736-5	.NET桌面应用程序开发教程	黄　河	30	2010	课件、素材、答案
11	978-7-301-19846-9	ASP .NET Web应用案例教程	于　洋	26	2012	课件、素材
12	978-7-301-20565-5	ASP.NET动态网站开发	崔　宁	30	2012	课件、素材、答案
13	978-7-301-20634-8	网页设计与制作基础	徐文平	28	2012	课件、素材、答案
14	978-7-301-20659-1	人机界面设计	张　丽	25	2012	课件、素材、答案
15	978-7-301-22532-5	网页设计案例教程(DIV+CSS版)	马　涛	32	2013	课件、素材、答案
16	978-7-301-23045-9	基于项目的Web网页设计技术	苗彩霞	36	2013	课件、素材、答案
17	978-7-301-23429-7	网页设计与制作教程与实训(第3版)	于巧娥	34	2014	课件、素材、答案

【图形图像与多媒体类】

序号	书号	书名	作者	定价	出版日期	配套情况
1	978-7-301-21778-8	图像处理技术教程与实训(Photoshop版)（第2版）	钱　民	40	2013	课件、素材、答案
2	978-7-301-14670-5	Photoshop CS3图形图像处理案例教程	洪　光	32	2010	课件、素材、答案
3	978-7-301-13568-6	Flash CS3动画制作案例教程	俞　欣	25	2012年第4次印刷	课件、素材、答案
4	978-7-301-18946-7	多媒体技术与应用教程与实训(第2版)	钱　民	33	2012	课件、素材、答案
5	978-7-301-17136-3	Photoshop 案例教程	沈道云	25	2011	课件、素材、视频
6	978-7-301-19304-4	多媒体技术与应用案例教程	刘辉珞	34	2011	课件、素材、答案
7	978-7-301-20685-0	Photoshop CS5项目教程	高晓黎	36	2012	课件、素材
8	978-7-301-24103-5	多媒体作品设计与制作项目化教程	张敬斋	38	2014	课件、素材

【数据库类】

序号	书号	书名	作者	定价	出版日期	配套情况
1	978-7-301-13663-8	数据库原理及应用案例教程(SQL Server版)	胡锦丽	40	2010	课件、素材、答案
2	978-7-301-16900-1	数据库原理及应用(SQL Server 2008版)	马桂婷	31	2011	课件、素材、答案
3	978-7-301-15533-2	SQL Server 数据库管理与开发教程与实训(第2版)	杜兆将	32	2012	课件、素材、答案
4	978-7-301-13315-6	SQL Server 2005数据库基础及应用技术教程与实训	周　奇	34	2013年第7次印刷	课件
5	978-7-301-15588-2	SQL Server 2005数据库原理与应用案例教程	李　军	27	2009	课件
6	978-7-301-16901-8	SQL Server 2005数据库系统应用开发技能教程	王　伟	28	2010	课件
7	978-7-301-17174-5	SQL Server数据库实例教程	汤承林	38	2010	课件、习题答案
8	978-7-301-17196-7	SQL Server 数据库基础与应用	贾艳宇	39	2010	课件、习题答案
9	978-7-301-17605-4	SQL Server 2005应用教程	梁庆枫	25	2012年第2次印刷	课件、习题答案
10	978-7-301-18750-0	大型数据库及其应用	孔勇奇	32	2011	课件、素材、答案

【电子商务类】

序号	书号	书名	作者	定价	出版日期	配套情况
1	978-7-301-12344-7	电子商务物流基础与实务	邓之宏	38	2010	课件、习题答案
2	978-7-301-12474-1	电子商务原理	王　震	34	2008	课件
3	978-7-301-12346-1	电子商务案例教程	龚　民	24	2010	课件、习题答案
4	978-7-301-18604-6	电子商务概论（第2版）	于巧娥	33	2012	课件、习题答案

【专业基础课与应用技术类】

序号	书号	书名	作者	定价	出版日期	配套情况
1	978-7-301-13569-3	新编计算机应用基础案例教程	郭丽春	30	2009	课件、习题答案
2	978-7-301-18511-7	计算机应用基础案例教程(第2版)	孙文力	32	2012年第2次印刷	课件、习题答案
3	978-7-301-16046-6	计算机专业英语教程(第2版)	李　莉	26	2010	课件、答案
4	978-7-301-19803-2	计算机专业英语	徐　娜	30	2012	课件、素材、答案
5	978-7-301-21004-8	常用工具软件实例教程	石朝晖	37	2012	课件